Brandsicherheit
beim Schweißen

Brandsicherheit beim Schweißen

Doz. Dr.-Ing. Fritz Weikert

Prof. Dr.-Ing. habil. Karl-Dieter Röbenack

Verlag Technik GmbH Berlin · München

Die Deutsche Bibliothek – CIP-Einheitsaufnahme
Weikert, Fritz:
Brandsicherheit beim Schweissen / Fritz Weikert ; Karl-Dieter Röbenack. – 1. Aufl. – Berlin ; München : Verl. Technik, 1992
  ISBN 3-341-01066-1
NE: Röbenack, Karl-Dieter

ISBN 3-341-01066-1

© Verlag Technik GmbH Berlin · München 1992
Printed in Germany
1. Auflage 1992
Grafik: Siegfried Gottschlich
Fotos: Weikert (7)
Titelfoto: Schröder
Satz: Fotosatz Voigt · Berlin
Druck- und buchbinderische Weiterverarbeitung: Druckerei G. W. Leibniz GmbH
Lektor: BS-Ing. Rosmarie Peichel

Zum Geleit

Ich habe mich gefreut, als Herr Dr. Weikert mich fragte, ob ich seinem neuen, mit Professor Röbenack verfaßten, Fachbuch „Brandsicherheit beim Schweißen" ein Geleitwort mit auf den Weg geben möchte und nehme hier die Gelegenheit wahr, dies zu tun. Um so mehr, als ich den Wert von Fachbüchern im Laufe eines exakt 50jährigen „Brandschutzlebens" schätzen gelernt habe.

Da es zwischen 1945 und 1965 überhaupt keine entsprechenden Veröffentlichungen mehr gab, war es für mich damals schon beinahe „Pflicht", hierzu das für mich Mögliche zu tun, was schließlich zur Veröffentlichung von 32 Fachbüchern nebst 800 anderen Fachveröffentlichungen aus dem Bereich Brandschutz/Brandverhütung führte.

Das vorliegende Buch ist einmal Menetekel, zum anderen Leitfaden zur Schadenverhütung, zwar nur in einem einzigen Bereich „Schweißen, Schneiden, Schleifen und andere Feuerarbeiten", jedoch mit im wichtigsten Bereich, denn nirgendwo wird mit soviel Leichtsinn und Gleichgültigkeit gearbeitet und Schaden herbeigeführt, der sich durch Überlegung und Besinnung fast 100 %ig vermeiden ließe. Brandschäden im Bereich Schweißen u. ä. kann man nicht auf technische Ursachen herausreden: Verursacher ist immer der Mensch, der hier im Mittelpunkt des Brandgeschehens steht, weil ihm durch seine Arbeit und sein Arbeitsgerät die Gewalt über das Feuer gegeben wird. Wer mit dieser Gewalt umgeht, verfügt aber auch über die Möglichkeit, Schäden zu verhüten.

Das ist Sinn und Zweck des neuen Buches, das mir als Fachmann ob der Vielzahl (und Vielfalt) seiner praktischen Beispiele besonders wichtig und wertvoll erscheint. Mein Wunsch dazu: Es sollte jeder lesen, der mit „Feuerarbeiten" zu tun hat, als Verantwortlicher und als Ausführender.

Vorher!

Nachher zu lesen, wie man einen Brand, vielleicht auch noch mit Humanschaden, hätte vermeiden können, ist vielleicht gar nicht mehr möglich, da der, den es betreffen könnte, nicht mehr lesen kann, vielleicht, weil er beim Brand getötet wurde, vielleicht, weil dabei sein Augenlicht verloren ging.

Hunderte von Beispielen in diesem Buch zeigen Fehler auf, die nach dem Brand erkannt wurden. Viel leichter ist es, diese Fehler vor dem Brand zu erkennen und so zu vermeiden. Das kann man mit diesem Buch!

Bad Urach, im Sommer 1992
Brand-Ing. Fritz Isterling
Öffentlich bestellter und vereidigter
Sachverständiger für Industriebrandschutz,
Direktor und technisch-wissenschaftlicher Leiter
des FORUM BRANDSCHUTZ

Vorwort

Durch Schaden wird man klug! Glücklicherweise gilt das nicht nur für eigene, sondern auch für Schäden anderer, wenn man sich mit ihnen beschäftigt und sie auswertet. Bränden, Explosionen und Unfällen liegt in der Regel nicht nur eine Ursache, sondern ein Ursachengefüge zugrunde. Schon das Herauslösen einer Ursache aus dem Gefüge, beispielsweise durch technische Maßnahmen oder durch arbeits- und brandschutzgerechtes Verhalten, kann Gefährdungen weitestgehend vermindern.
Die Vielzahl der nachfolgend ausgewerteten Brände, Explosionen und Unfälle, oftmals mit tödlichem Ausgang, soll sowohl Praktikern als auch Lernenden mit aller Deutlichkeit vor Augen führen, wie wichtig es ist, Sicherheitsvorschriften gewissenhaft zu befolgen.
Arbeiten nach Vorschrift mag in allen Lebensbereichen nicht immer nur Beifall finden, vor allem dann nicht, wenn bürokratischer Ballast ein effektives Arbeiten behindert. Wer jedoch Sicherheitsvorschriften als bürokratischen Ballast ansieht, der „spielt mit dem Feuer". Für Schweißer und Brennschneider ist das sogar wörtlich zu nehmen. Die Effektivität der Arbeit wäre nicht mehr gegeben, wenn nichtbeachtete und unterlassene Sicherheitsmaßnahmen Großbrände mit Verlusten in Millionenhöhe, monatelange Arbeitsunfähigkeit Unfallbetroffener oder noch Schlimmeres nach sich ziehen.
Die aufgeführten Beispiele von Bränden, Explosionen und Unfällen sind aus einer Sammlung von mehr als tausend Fällen ausgewählt worden. Sie wurden aus der Literatur, zu einem großen Teil aber aus Berichten der Betriebe entnommen.
Anliegen dieses Buches ist es, die Aus- und Weiterbildung zur Brand- und Unfallverhütung sowie die fachspezifische Unterweisung der Schweißer, Brennschneider und Mitarbeiter, die mit ähnlichen Verfahren arbeiten, zu unterstützen. Mögen die ausgewerteten Brände, Explosionen und Unfälle, so traurig sie für die unmittelbar Geschädigten und so belastend sie für die juristisch belangten Personen auch waren, dazu beitragen, ähnliche Schäden künftig zu vermeiden!

Magdeburg und Eisleben, im März 1992

Doz. Dr.-Ing. Fritz Weikert
Prof. Dr.-Ing. habil. Karl-Dieter Röbenack

Inhaltsverzeichnis

0.	Einleitung	9
1.	Entwicklungstendenzen und Ursachen der Brände infolge von Schweiß-, Schneid- und verwandten Arbeiten	11
1.1.	Entwicklungstendenzen	11
1.2.	Charakteristische Ursachen	17
1.3.	Schwerpunkte im Brandschutz	19
2.	Was man vom Arbeits- und Brandschutz wissen sollte	20
2.1.	Arbeitsschutz	20
2.2.	Brand- und Explosionsschutz	25
2.2.1.	Entstehung und Ausbreitung von Bränden	25
2.2.2.	Brand- und Explosionsgefährdungen	27
2.2.3.	Erteilung der Schweißerlaubnis als Maßnahme des vorbeugenden Brand- und Explosionsschutzes	28
2.3.	Schweißberechtigung	28
2.4.	Rechtliche Folgen bei Verstößen gegen den Arbeits- und Brandschutz	30
3.	Sicherheitsmaßnahmen bei Schweiß- und Schneidarbeiten sowie verwandten Verfahren	31
3.1.	Fachspezifische Unterweisungen und Einweisungen	31
3.2.	Maßnahmen vor Beginn der Arbeiten	32
3.3.	Maßnahmen während der Arbeiten	33
3.4.	Maßnahmen nach Beendigung der Arbeiten	34
3.5.	Maßnahmen in der Schweißgefährdungszone	34
3.6.	Sicherheitsmaßnahmen für spezifische Bedingungen	35
3.6.1.	Arbeiten an Behältern mit gefährlichem Inhalt	35
3.6.2.	Befahren von Behältern und engen Räumen	36
4.	Brand- und Explosionsgefährdungen durch Schweißen, Schneiden und verwandte Verfahren	41
4.1.	Verfahrenstypische Gefährdungen	41
4.1.1.	Gasschweißen und Brennschneiden	41
4.1.2.	Lichtbogenhandschweißen	47
4.1.3.	Sonstige Schweißverfahren	49
4.1.4.	Verwandte Verfahren	53
4.2.	Gefährdungen durch elektrischen Strom	54
4.3.	Materialtypische Gefährdungen	61
4.3.1.	Metallstaub und -späne	61
4.3.2.	Kohle, Teer, Bitumen, Torf	66
4.3.3.	Holz, Holzwolle und -späne sowie Holzwolle-Leichtbauplatten	71

4.3.4.	Kunststoffe, Dämmstoffe und Elektroisolationsmaterial	79
4.3.5.	Papier, Pappe und Kartonagen	86
4.3.6.	Stroh, Heu, Pflanzen, Futtermittel, Lebensmittel	91
4.3.7.	Textilien, Garn, Wolle, Felle, Haare, Leder	95
4.3.8.	Brennbare Flüssigkeiten und Dämpfe	100
4.3.9.	Brennbare Gase	105
4.3.10.	Sauerstoffüberschuß und -mangel	115
4.4.	Gefährdungen in verschiedenen Bereichen der Wirtschaft und Gesellschaft	124
4.4.1.	Bauwesen	125
4.4.2.	Land- und Forstwirtschaft	132
4.4.3.	Bergbau und Metallurgie	136
4.4.4.	Energiewirtschaft	141
4.4.5.	Chemische Industrie	147
4.4.6.	Maschinen-, Anlagen- und Apparatebau	153
4.4.7.	Schiffbau	155
4.4.8.	Sonstige Industriezweige	162
4.4.9.	Handwerksbetriebe	169
4.4.10.	Transport- und Nachrichtenwesen	173
4.4.11.	Kraftfahrzeuginstandhaltung	180
4.4.12.	Handelseinrichtungen	184
4.4.13.	Gesundheits- und Bildungswesen sowie kulturelle Einrichtungen	187
4.4.14.	Freizeit- und Hobbybereich	193
4.5.	Möglichkeiten für gefahrloses Schweißen in brand- und explosionsgefährdeten Arbeitsstätten	197

5.	**Maßnahmen für den Brandfall**	**199**
5.1.	Verhalten im Brandfall	199
5.2.	Feuerlöschgeräte	201
5.2.1.	Pulverlöscher	202
5.2.2.	Halonlöscher	202
5.2.3.	Kohlendioxidlöscher (CO_2)	203
5.2.4.	Wasserlöscher	203
5.2.5.	Schaumlöscher	203
5.2.6.	Kübelspritze	203

Literatur- und Quellenverzeichnis ... 205

Tabellenverzeichnis ... 214

Sachwortverzeichnis ... 216

0. Einleitung

Ende der 80er Jahre betrugen die durch Schweißen und Schneiden (Feuerarbeiten) verursachten Brandschäden in
- den alten Bundesländern jährlich ≈ 7,7 % der Gesamtbrandschadensumme,
- den neuen Bundesländern jährlich ≈ 4 % der Gesamtbrandschadensumme.

Neben diesen Schäden (z. B. zerstörte Wohn- und Gesellschaftsbauten, Produktionsstätten, Verkehrs- und Versorgungseinrichtungen sowie vernichtete Rohstoffvorräte oder Warenbestände) kommt es zu Folgeschäden, die bis zum 20fachen der versicherten Schäden betragen können [1]. Sie wirken insbesondere als Störungen in der Produktion, im Verkehr und in anderen gesellschaftlichen Bereichen. Nicht übersehen und unterschätzt werden dürfen neben den materiellen Verlusten die ideellen Verluste, insbesondere die Auswirkungen von großen Schadensfällen, die nicht in Zahlen meßbar, aber trotzdem gesellschaftlich relevant sind. Als Beispiel sei der Ausfall von Energienetzen genannt, der für die Bevölkerung mit einer unerwarteten, einschneidenden Verschlechterung der Lebensbedingungen verbunden ist.

Schweißen, Schneiden und verwandte Verfahren, bei denen mit offenen Flammen und Lichtbögen gearbeitet wird und bei deren Anwendung mit starker Funken- und Schweißspritzerbildung zu rechnen ist, sind als Zündquellen für Brände und Explosionen ernst zu nehmen. An den Großbränden in der Industrie haben sie einen beträchtlichen Anteil [2]. Die grundsätzliche Brandgefahr bei diesen Verfahren ist allgemein bekannt. Zu den Bedingungen, die Brände, aber auch Unfälle begünstigen, gehören:
- mangelnde Kenntnisse und Fertigkeiten aufgrund ungenügender Qualifikation,
- falsche Bewertung von Sicherheitsrisiken infolge Unkenntnis, Leichtsinn und Verantwortungslosigkeit,
- sich ändernde Umgebungsbedingungen bei mobilen Schweißarbeitsplätzen (z. B. bei Bau-, Reparatur- und Demontagearbeiten).

Obwohl genügend Vorschriften auf dem Gebiet des Arbeits- und Brandschutzes für Schweißen, Schneiden und verwandte Verfahren vorliegen und auch Unterweisungen darüber durchgeführt werden, entstehen immer wieder Brände, die meist auf die Nichtbeachtung elementarer Sicherheitsgrundsätze und -bestimmungen zurückzuführen sind. Subjektive Faktoren haben beim gegenwärtigen Entwicklungsstand der Schweiß- und Schneidtechnik noch einen wesentlichen Einfluß auf das Sicherheitsniveau. Sowohl die Leiter als auch die Schweißer und Brennschneider sind für die Einhaltung der Vorschriften des Arbeits- und Brandschutzes im Betrieb und auf den Baustellen verantwortlich. Die Unternehmer und Führungskräfte müssen vor allem grundlegende technische, organisatorische und personelle Voraussetzungen für ein sicheres Arbeiten schaffen. Sie sind für die Anleitung, Einweisung und Unterweisung des Produktionspersonals zuständig. Die Schweißer und Brennschneider haben ihre Fachkenntnisse umfassend und verantwortungsbewußt anzuwenden. Für alle Beteiligten gilt es, mit Wissen, Können und Verantwortung Brände und andere Schäden zu verhüten!

Nachfolgend einige Begriffe, die in diesem Buch häufig gebraucht werden.

Betriebsleiter
Für die Erlaubniserteilung verantwortlicher Leiter oder ein von ihm beauftragter leitender Mitarbeiter von Betrieben, die Schweiß-, Schneid- oder verwandte Arbeiten durchführen.

Brand
Unkontrollierte Verbrennung, bei der ein brennbarer Stoff mit einem Oxydationsmittel (meist Luftsauerstoff) mit großer Geschwindigkeit reagiert und dabei beträchtliche Energiemengen in Form von Wärme und Licht freisetzt [3].

Explosion
Sehr schnell verlaufende exotherme chemische Reaktion von festen, flüssigen, gas-, nebel- oder staubförmigen Stoffen, die in einem bestimmten Mischungsverhältnis mit Luft oder Sauerstoff vorliegen. Durch Einwirkung von Wärme auf die Gasmassen tritt eine große Volumenausdehnung ein. Diese bewirkt eine Drucksteigerung, wodurch starke Zerstörungen hervorgerufen werden können. Je nach Reaktionsgeschwindigkeit des Vorganges wird in Verpuffung, Explosion und Detonation unterschieden [3].

Schweißen, Schneiden und verwandte Verfahren
Verfahren der Schweißtechnik (z. B. Schweiß-, Löt-, thermische Trenn- und Spritzverfahren, Verfahren der Autogentechnik sowie Flammwärmen und Flammrichten, Flammhärten, Widerstandserwärmen).

Schweißerlaubnisschein (SES)
Schriftliche Erlaubnis zur Anwendung von Schweiß-, Schneid- und verwandten Verfahren in Bereichen, in denen sich die Brandgefahren nicht vollständig beseitigen lassen.

Schweißgefährdungszone (SGZ)
Räumlicher Bereich, in dem technologisch bedingt durch Schweiß-, Schneid- oder verwandte Verfahren Gefährdungen auftreten können (z. B. durch Lichtbogen- oder Flammenwirkung, Funkenflug, abtropfende oder versprizte hocherwärmte Metall-, Oxid- oder Schlacketeile, Wärmeleitung und Wärmestrahlung). Die räumliche Ausdehnung ist von den am Arbeitsplatz vorliegenden örtlichen, betrieblichen und baulichen Verhältnissen und bei Arbeiten im Freien von den Witterungsbedingungen abhängig.

1. Entwicklungstendenzen und Ursachen der Brände infolge von Schweiß-, Schneid- und verwandten Arbeiten

1.1. Entwicklungstendenzen

Brände infolge von Schweiß-, Schneid- und verwandten Arbeiten nahmen in den 70er und 80er Jahren zwar nur einen Anteil von ≈ 3 % der Gesamtanzahl meldepflichtiger Brände in der ehemaligen DDR ein, sie lagen jedoch bezüglich der Schadenshöhe weit über dem Durchschnitt (s. Abb. 1). Obwohl sich die Anzahl der Brände und auch die relative Häufigkeit in den letzten 20 Jahren bedeutend vermindert haben, folgt die Schadenssumme der Brände infolge von Schweiß- und Schneidarbeiten nicht dieser Tendenz. Trotz Inkrafttretens neuer Vorschriften stieg die Brandschadenssumme in den letzten Jahren besorgniserregend an. Die Ursachen für diese Entwicklung lagen zum einen in der steigenden Wertkonzentration im Produktions-, Kommunikations-, Wohn- und Freizeitbereich. Zum anderen haben einige Fälle besonders grober Fahrlässigkeiten große Schäden verursacht.

Zahlenvergleiche mit Österreich und dem Freistaat Bayern ergeben – mit Ausnahme der großen Anzahl versicherungsrelevanter Brände in Bayern (s. Abb. 2) –

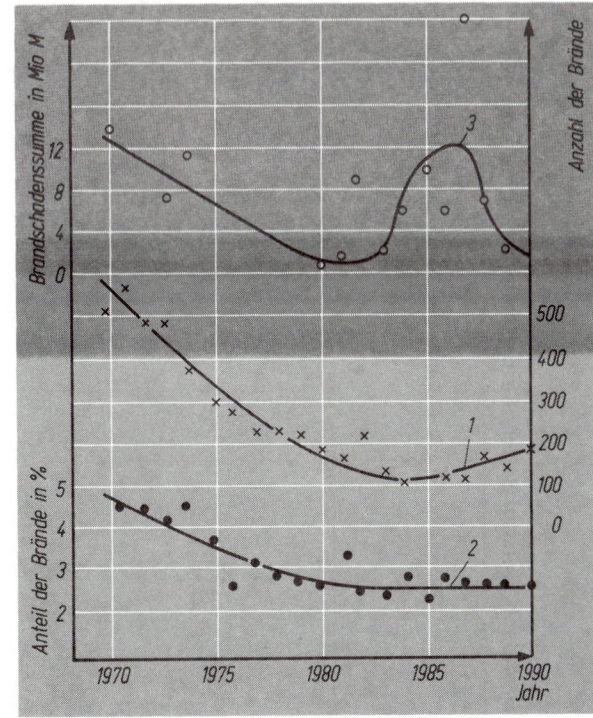

Abb. 1
Entwicklungstendenzen meldepflichtiger Brände bei Schweißarbeiten in den neuen Bundesländern,
1 Anzahl der Brände, 2 prozentualer Anteil der Brände, 3 Brandschadenssumme

Tabelle 1
Brandschäden bei Schweißarbeiten in der ehemaligen DDR

Jahr	Anzahl der Brände	Anzahl der Großbrände	Brandschadenssumme in Mio M		Objekt der Großbrände	Schadenssumme je Brand in TM	Schweißverfahren
			gesamt	bei Großbränden***			
1973	488	1	7,4	1,0	Waschmittelwerk Genthin	15	
1974	387	1	11,6	9,0	Lagerhalle, Rostock	31	
1980	196	–	1,4	0,3	Bagger im Tagebau	7	Brennschneiden
1981	222	2	2,0	0,2	Werkstattwagenbrand	9	
				0,3	Lagerobjekt Möbel		
1982	130	3	9,0	1,9	Baumechanisierung, Berlin	10	Brennschneiden
				4,0	Plattenwerk, Leipzig		E-Schweißen*
				1,7	Bautechnische Versorgung		Brennschneiden
1983	150	2	3,0	1,5	Spreekonserve, Gölzau	17	Brennschneiden
				1,3	Produktionsgebäude, Leipzig		E-Schweißen*
1984	117	2	6,0	4,4	Teppichfabrik, München-Bernsdorf	51	Brennschneiden
				1,2	Rückkühlwerk, Leipzig		

Jahr	Anzahl der Brände	Anzahl der Großbrände	Brandschadenssumme in Mio M		Objekt der Großbrände	Schadenssumme je Brand in TM	Schweißverfahren
			gesamt	bei Großbränden***			
1985	116	1	10,0	7,5	Fernsehgerätewerk, Halle	86	Brennschneiden
1986	126	3	6,0	1,1	Steingutwerk, Wallhausen	48	Brennschneiden
				2,0	Straßenbahnhof, Tolkewitz		A-Schweißen**
1987	122	2	32,0	19,0	Schuhfabrik, Langensalza	260	Brennschneiden
				10,0	Chemiefaserwerk, Schwarza		
1988	130	2	6,0	0,3	Mastbullenstall	46	Schweißen
				0,5	Lebensmittelindustrie		
1989	123	2	2,0	0,3	Elektro-Apparate-Werke, Berlin	16	Brennschneiden
1990	180		1,5				

Anmerkungen
* Elektrolichtbogenhandschweißen
** Autogenschweißen
*** Schadenssumme > 0,25 Mio M

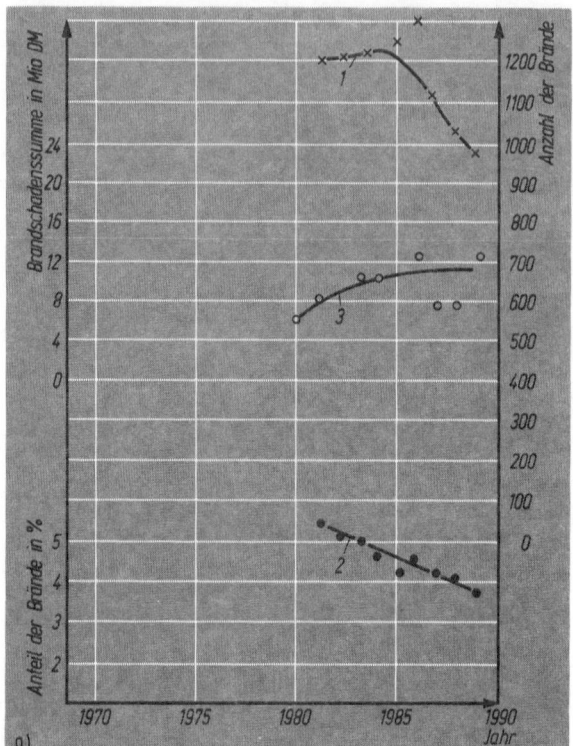
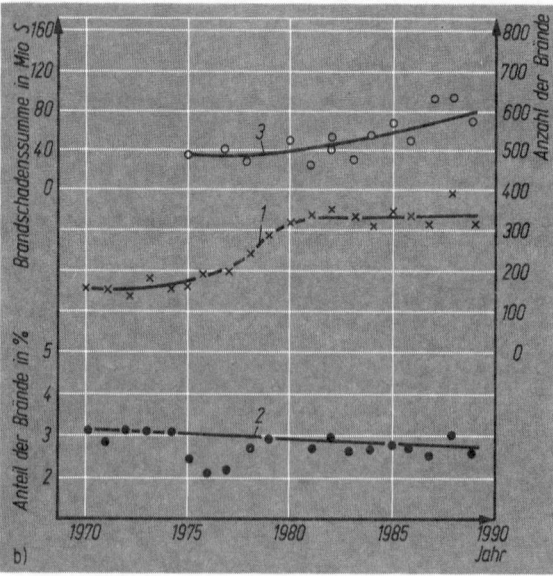

Abb. 2
Entwicklungstendenzen versicherungsrelevanter Brände bei Schweißarbeiten
a) in Bayern,
b) in Österreich,
1 Anzahl der Brände, 2 prozentualer Anteil der Brände, 3 Brandschadenssumme

unter Berücksichtigung der jeweiligen Bevölkerungsanzahl weitgehende Übereinstimmungen. Geht man davon aus, daß auch bezüglich der Schadenssummen von Bränden infolge von Schweiß- und Schneidarbeiten vergleichbare Proportionen zu den Gesamtbrandschadenssummen vorliegen, dann lassen sich, gestützt auf Angaben über Brandschadenssummen [4, 5], für die alten Bundesländer jährliche Brandschäden bei Schweißarbeiten in Höhe von 180 ... 200 Millionen DM

Tabelle 2
Beispiele für Großbrände infolge von Schweißarbeiten

Jahr	Brandschadensumme in Mio DM	Personenschaden	Objekt	Ursache
1980	50	–	Wien: Großkaufhaus in Brand geraten	Schweißfunken entzündeten Staubablagerung
1981	75	1 Toter	Autoreparaturwerk in Brand geraten	Kühlen mit Sauerstoff, Löschen mit Benzin
1982	5	–	Crailsheim: Lagerhalle mit Verpackungsmaterial abgebrannt	Schweißfunken entzündeten Kunststoffolien
1983	6	–	Lagerhalle in Brand gesetzt	Brennspritzer entzündeten Elektroerzeugnisse
	1	–	Zellstoffentwässerungsmaschine in Brand gesetzt	Schweißfunken beim Gasschweißen
1984	4	–	Öltauschbecken in einem Industriebetrieb abgebrannt	Funkenflug im Öltauschbecken
	5	–	89 000 Telefonanschlüsse und Computernetze zerstört	Schneidbrenner nicht abgestellt
1985	300	–	Philadelphia: Geschäftshaus abgebrannt	Funkenflug beim Elektrolichtbogenhandschweißen
	1	–	Bankneubau abgebrannt	Lötarbeiten
1986	30	–	Eschweiler: Schmieröl und Lackfabrik explodiert und abgebrannt	Schweißfunken beim Gasschweißen entzündeten Ölreste
	1	–	Wien: Großbrand im Autohaus	Gasschweißen an Auspuffanlage

Jahr	Brandschadensumme in Mio DM	Personenschaden	Objekt	Ursache
1987	5	–	Karlsruhe: Brand in einer Werkhalle durch einen Pkw	Schweißfunken beim Gasschweißen entzündeten Polsterung
		7 Tote	Explosion auf einer Werft in Mihonoseki (Japan) durch Entzündung von Farbverdünnung	Schweißfunken beim Elektrolichtbogenhandschweißen entzündeten Verdünnung
	100	–	Großbrand in einer Rauchgasentschwefelungsanlage im Kraftwerk	Schweißfunken entzündeten Kunststoffisolierung
1988	56	–	Flensburg: Brauerei abgebrannt	Funkenflug beim Gasschweißen
	5	1 Toter	Rüsselsheim: Explosion eines 900 000-l-Benzinbehälters	Elektrolichtbogenhandschweißen
	3	–	Brand im Freilager einer Kraftwerk-Baustelle in Vorderasien	Schweißfunken entzündeten Verpackungsmaterial
1989	80	–	Saarlouis: Verzinkerei durch Entzünden von Dämmstoff abgebrannt	Funkenflug beim Gasschweißen

abschätzen. Die Folgeschäden betragen nach ISTERLING [5] das 10fache des Brandschadens.
Die Tabelle 1 gibt eine Übersicht über die Anzahl und die Schadenssumme von Großbränden in der DDR von 1973 ... 1990 in Relation zur Gesamtanzahl der Brände infolge von Schweiß- und Schneidarbeiten. Bemerkenswert ist der große Anteil des Brennschneidens an den Schadensfällen. Einige der in Tabelle 1 aufgeführten Brände werden in den Abschnitten 3. und 4. ausführlich beschrieben [6].
Eine Reihe markanter Brände, die sich in den 80er Jahren in den alten Bundesländern und im Ausland ereigneten, sind in Tabelle 2 zusammengestellt. Die materiellen Schäden wurden dabei näherungsweise in DM umgerechnet. Aus den Literaturangaben waren die zur Anwendung gekommenen thermischen Verfahren nicht in allen Fällen eindeutig zu erkennen, so daß Aussagen über die Proportion zwischen autogenen und anderen Schweiß- und Schneidarbeiten nicht eindeutig sind [7]. Sichtbar wird aber in jedem Fall, daß die traditionellen handwerklichen Verfahren, wie elektrisches Lichtbogenschweißen, Autogenschweißen sowie

Brennschneiden, bei den Bränden eindeutig dominieren. Das gilt nicht nur für die in den Tabellen 1 und 2 aufgeführten Großbrände, sondern für alle untersuchten Brände.

1.2. Charakteristische Ursachen

Schadensfälle, einschließlich Brände, haben in der Regel nicht nur **eine** Ursache, sondern ein Ursachengefüge, bestehend aus Ursachenfaktoren und Ursachenketten [8]. Ziel der Untersuchung von Schadensfällen ist es, möglichst viele Ursachenfaktoren und ihr Zusammenwirken zu erfassen. Das ist am Einzelbeispiel oftmals nicht mit der gewünschten Genauigkeit möglich. Untersuchungen an einer größeren Anzahl von Beispielen ergeben unter Anwendung der Statistik klarere Konturen zu den Ursachengefügen. Grundsätzlich kann man davon ausgehen, daß bei der Auswertung von Brandschäden
– verfahrensspezifische Parameter (Art des Verfahrens, Zündquellen, Verfahrensstörungen, Arbeitsgegenstände),
– stoff- und brandspezifische Parameter (zuerst gezündetes Material, geometrische und zeitliche Bedingungen) sowie
– arbeits- und organisationsspezifische Parameter (Arbeitsstellen, Art der Arbeiten, Arbeitsabläufe, Sicherheitsmaßnahmen)
entscheidende Informationen zur Brandentstehung und -ausbreitung liefern [9]. Brände ereignen sich vor allem bei nichtstationären Schweiß- und Schneidarbeiten, das heißt bei Bau- und Montagearbeiten (28 %), Abbrüchen und Demontagen (17 %) sowie Instandsetzungen und Rekonstruktionen (37 %). Obwohl die Anwendung des autogenen Schweißens und Brennschneidens in der Wirtschaft nur $\approx$ 20 % erreicht, beträgt der Anteil dieser Verfahren an Bränden $\approx$ 80 %. Das ist auch international bestätigt [10].
Bei Zündquellen, die bei $\approx$ 75 % der in [9] untersuchten Fälle eindeutig bestimmbar waren, ergibt sich folgende Verteilung:
– glühende Partikel und herabfallende Teile $\approx$ 50 %,
– Wärmequellen (Flammen, Lichtbogen) $\approx$ 20 %,
– Verfahrensstörungen $\approx$ 3 %,
– Wärmestau $\approx$ 2 %.
Für die Entstehung von Bränden und das Ausmaß der Schäden sind insbesondere die zuerst gezündeten Stoffe von Bedeutung. Hier nehmen Kunststoffe, Dämm- und Isoliermaterialien mit $\approx$ 35 % sowie brennbare Flüssigkeiten und Gase mit $\approx$ 26 % die Spitzenpositionen ein. Es ist zu berücksichtigen, daß Dämmstoffe in Form von Mineralfaserplatten, die im allgemeinen als nichtbrennbar angesehen werden, dann in Brand geraten können, wenn sie mehr als 13 % organische Bindemittel enthalten. Der wichtigste sicherheitstechnische Kennwert brennbarer Flüssigkeiten, der Flammpunkt, verliert seine Bedeutung, wenn sich die Flüssigkeit auf einem Trägerwerkstoff als Film ausgebreitet hat und wie an einem Docht verdampfen kann.
Analysen von Bränden bei Schweißarbeiten, die in verschiedenen Bereichen der Wirtschaft und Gesellschaft entstanden sind, zeigen, daß am häufigsten die Sicherheitsmaßnahmen in der Schweißgefährdungszone nicht eingehalten werden (s. Abb. 3) [11]. Weitere charakteristische Ursachenfaktoren für Brände bei Schweißarbeiten sind

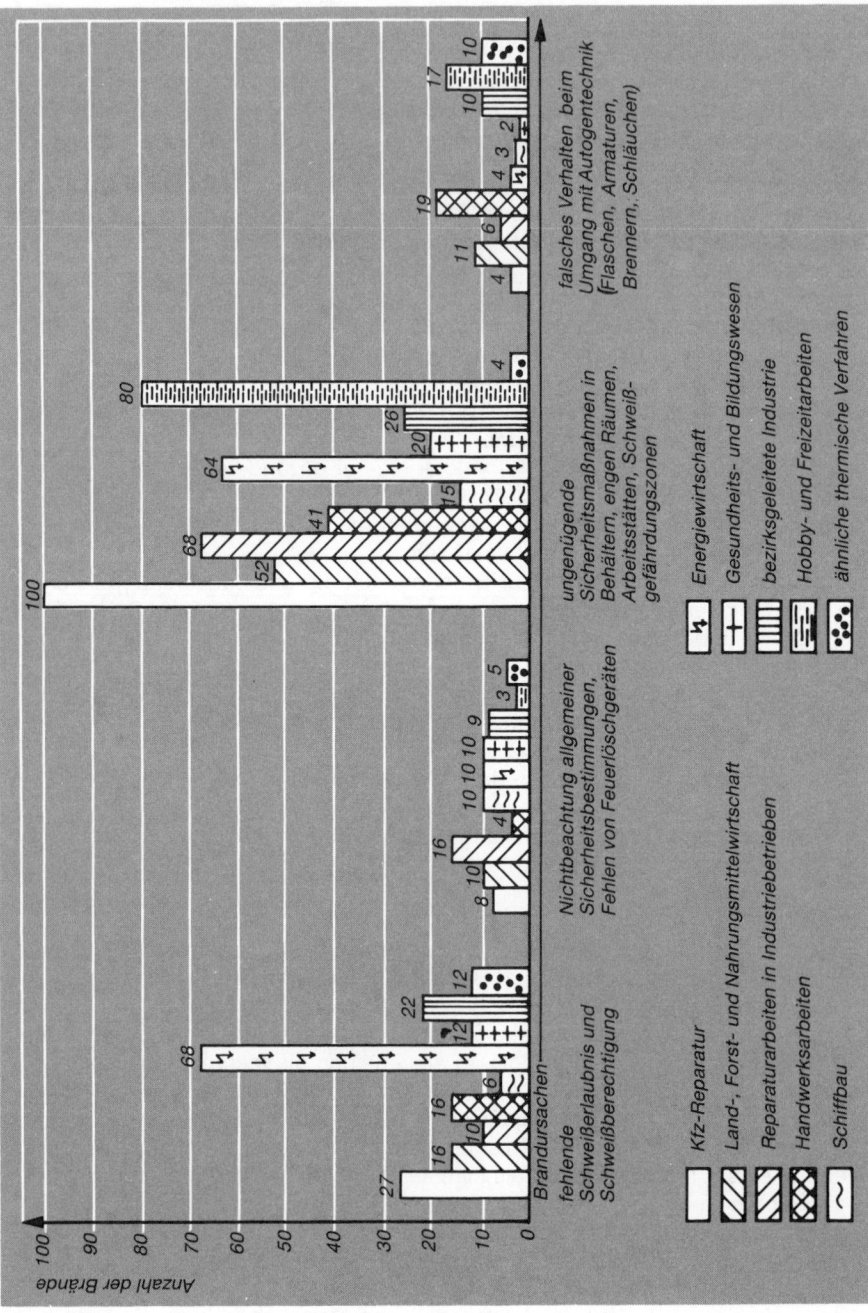

Abb. 3 Ursachenfaktoren von Bränden infolge von Schweißarbeiten in ausgewählten Bereichen der Wirtschaft

- nicht erteilte Schweißerlaubnis oder unvollständig bzw. fehlerhaft ausgefüllte Schweißerlaubnisscheine,
- fehlende Schweißberechtigung für das anzuwendende Verfahren,
- unsachgemäßes Bedienen und Benutzen von Geräten und Anlagen der Autogentechnik (Brenner, Gasschläuche, Armaturen, Druckgasflaschen, Entwickler),
- fehlende oder nicht einsatzbereite Feuerlöschgeräte und -vorrichtungen,
- fehlende oder unqualifizierte Aufsicht (Brandwache) bzw. fehlende Nachkontrollen.

Als Tendenz fällt in den letzten Jahren der steigende relative Anteil der Brände im Freizeitbereich, bezogen auf die Anzahl der Brände und die durchschnittlichen Schadenssummen, auf. Demgegenüber sinken die Anteile im produzierenden Bereich.

1.3. Schwerpunkte im Brandschutz

Analysiert man die bei Schweißarbeiten entstandenen Brände unter dem Gesichtspunkt rechtlicher Sanktionen, dann fällt auf, daß vor allem in der ehemaligen DDR sehr häufig gleichzeitig sowohl Schweißer und Brennschneider als auch Leiter zur Verantwortung gezogen wurden. Durch folgende Maßnahmen kann man den Ursachen und begünstigenden Faktoren für die Brandentstehung und -ausbreitung wirksam begegnen:
- Festlegung der Aufgaben und Verantwortung,
- Ausstattung der leitenden Mitarbeiter mit den für ihren Verantwortungsbereich zutreffenden aktuellen Vorschriften,
- Erarbeitung betrieblicher Regelungen und Weisungen zur Umsetzung von Vorschriften für spezifische betriebliche Bedingungen,
- fachgerechte Einstufung der Produktionsstätten in brand- und explosionsgefährdete Bereiche sowie Präzisierung bei Nutzungsänderungen [12],
- Erarbeitung und Einhaltung von Reinigungs- und Instandhaltungsplänen sowie Plänen für das Antihavarietraining,
- Ausstattung der Betriebe und Einrichtungen mit Feuerlöschgeräten sowie sorgfältiges Prüfen und Entscheiden der Erfordernisse zum Einbau automatischer Brandwarn- und -meldeanlagen sowie Feuerlöschanlagen,
- wirksame Kontrolle der Einhaltung der Vorschriften und betrieblichen Festlegungen,
- Qualifizierung der Mitarbeiter,
- Lösung offener Probleme bezüglich der Sicherheit.

Die ausgeprägten subjektiven Komponenten im Arbeits- und Brandschutz der Schweißtechnik geben den Anleitungen und Unterweisungen einen besonderen Stellenwert:
- Die Bedienungsvorschriften für Maschinen, Anlagen, Geräte und Feuerlöschgeräte müssen von den Mitarbeitern als wichtig angesehen werden.
- Die Mitarbeiter sind zu sicherheitstechnischen Maßnahmen regelmäßig und fachkundig zu unterweisen. Dabei ist zu beachten, daß selbst inhaltlich und methodisch gut gestaltete Unterweisungen nicht den gewünschten Erfolg haben, wenn der Unterweisende zwar Richtiges lehrt, aber Unzulässiges duldet.
- Die Mitarbeiter sind durch Training zu richtigem Verhalten im Brandfall zu befähigen.

2. Was man vom Arbeits- und Brandschutz wissen sollte

Der Arbeits- und Brandschutz sowie der Schutz vor Explosionen und Havarien sind eng miteinander verbunden und weisen hinsichtlich der prinzipiellen Art und Weise der Lösung der Aufgaben viele Gemeinsamkeiten auf. Sie werden häufig auch unter dem Oberbegriff Arbeits- und Produktionssicherheit zusammengefaßt.

2.1. Arbeitsschutz

Ursachen für Gesundheitsschädigungen sind hauptsächlich die in Schweißrauchen enthaltenen Gefahrstoffe, ultraviolette und infrarote Strahlung sowie Kälte (beim Arbeiten im Freien) (s. Tab. 3) [13 ... 22]. Ursachen für Arbeitsunfälle sind vorwiegend Wärme und Strahlung, Funken und Schweißspritzer, äußere Einwirkungen, elektrischer Strom, nitrose Gase sowie Sauerstoffüberschuß oder -mangel [17, 18, 23, 25]. Ein Arbeitsunfall ist die Schädigung eines Mitarbeiters im Arbeitsprozeß, die durch ein plötzlich eintretendes, von außen wirkendes Ereignis hervorgerufen wird. Erforderlich für die Anerkennung ist, daß er ursprünglich mit einer dem Betrieb wesentlich dienenden Tätigkeit zusammenhängt.

Tabelle 3
Mögliche Berufskrankheiten und häufige Gesundheitsgefährdungen beim Schweißen und Schneiden

BK-Nr.	Berufskrankheit
4107	Erkrankung an Lungenfibrose durch Metallstäube bei der Herstellung oder Verarbeitung von Hartmetallen
4109	Bösartige Neubildung der Atemwege und der Lunge durch Nickel oder seine Verbindungen
4301	Obstruktive Atemwegserkrankungen durch allergisierende Stoffe (einschließlich Rhinopathie)

Gesundheitsgefährdungen
Asthma bronchiale (durch Cr-Ni-haltige Aerosole),
Zink-Kupfer-Fieber,
akute Intoxikationen (z. B. durch nitrose Gase, Kohlenmonoxid, Kohlendioxid, Ozon, Phosgen),
chronische Intoxikationen (Kohlenmonoxid),
Unfälle durch elektrischen Strom,
rezidivierende Gastro-Duodenitis (Magen-Dünndarmschleimhautentzündung).

Einwirkung von Schweißrauch und Gasen
Schweißrauch und Gase entstehen bei jedem Schweißverfahren. Die Menge und Zusammensetzung sind vom Verfahren, vom Werkstoff, von den Zusatzwerkstoffen und den Schweißparametern abhängig. Die Konzentration am Arbeitsplatz wird vor allem durch die Lüftungsverhältnisse bestimmt.
Schweißrauch besteht aus festen Partikeln mit einer Korngröße < 1 μm. Er bildet sich beim Verbrennen und Verdampfen von Grund- und Zusatzwerkstoffen, Farb- und Schutzschichten sowie Verunreinigungen unter Einwirkung eines Lichtbogens oder einer Flamme. Die häufigsten Rauchbestandteile sind in Tabelle 4 aufgeführt [25]. Chromate und Nickel sind in Rauch enthalten, der beim Schweißen von hochlegierten Stählen entsteht. Cadmium, Blei und Zink werden beim Überschweißen, Schneiden oder Warmbiegen korrosionsgeschützter Konstruktionsteile freigesetzt. Fluoride entstehen aus kalkbasischen Elektroden. Die Grenzwerte der zulässigen Schweißrauch- bzw. Gaskonzentration sind in Vorschriften [26] festgelegt.

Tabelle 4
Bestandteile der Schweißrauche und Stäube

Inerte Bestandteile	Toxische Bestandteile	Kanzerogene Bestandteile
Aluminium	Blei	Chromate
Eisen	Zink	Nickel
	Zinn	Cobalt
	Vanadium	Beryllium
	Mangan	
	Kupfer	
	Molybdän	
	Barium	

Nachfolgend sind die wichtigsten gasförmigen Schadstoffe charakterisiert [25].
Ozon ist ein stechend riechendes Gas mit starker Reizwirkung auf die Atemwege. Es entsteht durch die Einwirkung ultravioletter Strahlung auf den Sauerstoff der Luft, das heißt bei allen Lichtbogen- und Plasmaschweißverfahren, bei denen der Lichtbogen bzw. das Plasma nicht abgedeckt sind. Ozon ist als atomarer Sauerstoff auch umweltschädlich.
Nitrose Gase (Stickstoffoxide) sind Schadstoffe, die auf die Lunge einwirken. Gefährlich ist, daß die Wirkungen erst nach längerer beschwerdefreier Zeit, der Latenzzeit, eintreten [27]. Nitrose Gase bilden sich aus dem Stickstoff und Sauerstoff der Luft unter Einwirkung eines Lichtbogens oder einer Flamme. Je größer die Reaktionszone ist, um so mehr Stickstoffoxide entstehen. Darum bilden sich an der langen Flamme beim Gasschweißen (besonders, wenn die Flamme in Arbeitspausen frei brennt) mehr Stickstoffoxide als am kurzen Lichtbogen.
Kohlenmonoxid hat eine große Affinität zum Hämoglobin, wodurch die Transportfähigkeit des Blutes für den Sauerstoff verringert wird. Es entsteht beim Metall-Aktiv-Gas-schweißen durch thermische Spaltung des Schutzgases Kohlendioxid sowie beim Abschmelzen cellulosehaltiger Elektroden.

Phosgen kann sehr schwere Lungenschäden verursachen (Zerstörung der Lungenbläschen). Es entsteht, wenn an Werkstücken geschweißt wird, an denen noch Reinigungsmittelreste von Halogenkohlenwasserstoffen (z. B. Trichlorethylen oder Perchlorethylen) haften.
Phosphorwasserstoff (Phosphin) ist sehr giftig. Es entsteht bei der Erzeugung von Acetylen aus Calciumcarbid. An Großentwickleranlagen können beim Reinigen und Beschicken gefährliche Konzentrationen auftreten.
Pyrolysegase reizen stark die Augen und Atemwege. Sie bilden sich beim Überschweißen von Kunststoffbeschichtungen, Farben und anderen organischen Schichten (s. Tab. 5).

Die gesundheitsschädigende Wirkung von Schweißrauch und Gasen auf den menschlichen Organismus bei Überschreitung der maximal zulässigen Arbeitsplatzkonzentration ist erwiesen (s. Tab. 6). Bei der Erfassung von Erkrankungen liegt gegenwärtig noch eine relativ große Dunkelziffer vor, da leichtere Krankheitsfälle den Zusammenhang mit Schweißrauch und Gasen oft nicht mit Sicherheit erkennen lassen. Das trifft auch auf chronische Atemwegserkrankungen zu.
Gesundheitsgefährdungen infolge von Schweißrauch und Gasen sind durch Raumlüftung bzw. Absaugung am Arbeitsplatz zu verhindern. Es gibt vielfältige technischen Möglichkeiten zur Absaugung. Stationäre Arbeitsplätze werden in der Regel mit ortsfesten Absauganlagen ausgestattet. Für Montagen und Arbeiten

Tabelle 5
Schadstoffe, die beim Überschweißen organischer Schichten entstehen können

Bindemittelbasis	Schadstoffe
Alkydharze	Acrolein Phthalsäureanhydrid Buttersäure
Epoxidharze	Phenole Formaldehyd Blausäure
Öle	Acrolein Butyraldehyd Buttersäure
Phenolharze	Phenole Formaldehyd
Polyurethane	Isocyanate Blausäure
Polyvinylbutyral	Acetaldehyd Acrolein Buttersäure

Tabelle 6
Wirkungen verschiedener Schadstoffe [27]

Schadstoff	Einatemzeit in min		
	5...10	30...60	
	tödlich	gefährlich	erträglich
	Schadstoffanteil in der Luft in mg · m^{-3}		
Nitrose Verbindungen	1000	200	100
Kohlenmonoxid	6000	2400	1200
Phosgen	200	100	4
Schwefelkohlenstoff	6000	3000	1500

an großen Konstruktionen sowie Behältern eignen sich flexible Absaugungen. Weiterhin wurden Schutzschilde und Schutzgasbrenner mit Absaugvorrichtungen entwickelt [28 ... 32]. Grundsätzlich gelten für den Betrieb von Absauganlagen folgende Regeln:
– die Schadstoffe sind so nahe wie möglich an der Entstehungsstelle abzusaugen (sie dürfen nicht durch den Atembereich führen),
– die Absaugleitung ist so auszulegen, daß am Arbeitsplatz des Schweißers und in den Arbeitsräumen die Grenzwerte nicht überschritten werden,
– Zugluftwirkung ist zu verhindern.

Einwirkung von Strahlung
Die beim Lichtbogenschweißen auftretende ultraviolette Strahlung ruft an unbedeckten Körperteilen Verbrennungen ähnlich dem Sonnenbrand hervor. Das Nichtbenutzen der vorschriftsmäßigen Arbeitsschutzkleidung bildet die Hauptursache für Hautschädigungen. Daneben fördern reflektierende Flächen, wie Glasfassaden oder Aluminiumwände bzw. -dächer, Schädigungen durch ultraviolette Strahlung, von denen nicht nur Schweißer, sondern auch andere Personen betroffen werden können. Maßnahmen zur Abschirmung der Strahlung sind deshalb besonders wichtig, zumal sie außer Hautschädigungen das Verblitzen der Augen hervorrufen können und eine Blendgefahr darstellen. Infrarotstrahlen schädigen bei längerer Einwirkung die Linse des Auges und führen zur Linsentrübung. Diese Trübung wird als Feuerstar bezeichnet und tritt hauptsächlich bei Elektroschweißern auf.
Werkstoffprüfer, aber auch andere, an den Schweißnahtprüfungen unbeteiligte Personen, müssen zuverlässig gegen Belastungen durch ionisierende Strahlung geschützt werden.

Einwirkung von Kälte
Schweißer, die im Freien arbeiten, sind Erkältungsgefahren ausgesetzt. Durch entsprechende Kleidung, Bereitstellung von Sitzkissen, Liegematten, Schutzzelten sowie Schaffung von Aufwärmmöglichkeiten kann man diesen Gefahren begegnen.

Einwirkung von Wärme
Bei den Arbeitsunfällen stehen Verbrennungen an Schweißnähten und Schnittfugen, durch heiße Metall- und Schlackespritzer sowie durch Flammen und Lichtbögen an erster Stelle. Zu den wichtigsten Ursachen zählen dabei Unaufmerksamkeit, beengte Platzverhältnisse, Nichtbenutzen von Körperschutzmitteln und unsachgemäßer Umgang mit den Schweißarmaturen. Verbrennungen durch Funken und Spritzer gehören in der Regel zu den leichten Verletzungen, sie treten aber in großer Anzahl auf. Schweißarbeiten in Zwangspositionen begünstigen derartige Verletzungen. Bei autogenen Schweiß- und Schneidarbeiten besteht die Gefahr der Sauerstoffanreicherung in der Kleidung und in engen Räumen durch Undichtigkeiten an Verbrauchsgeräten, Gasschläuchen und Druckgasflaschen, aber auch durch grobe Fahrlässigkeit.

Verletzungen durch um- oder herabfallende Arbeitsgegenstände
Ein charakteristischer Ursachenkomplex für Arbeitsunfälle ist das Um- oder Herabfallen von Schweißteilen oder abgebrannten Konstruktionsteilen. Falsche Einschätzung der Masse und ungenügende Sicherung der Konstruktion als subjektive Faktoren, aber auch die objektiv vorhandene Sichtbehinderung des Schweißers oder Brennschneiders kennzeichnen diese Gruppe von Arbeitsunfällen. Auch das Auf- und Abladen sowie das Transportieren von Druckgasflaschen erfordern besondere Aufmerksamkeit.

Absturz und Fall von Personen
Anteilmäßig geringer, aber hinsichtlich der Folgen schwerwiegender sind die Absturzunfälle. Sie haben vor allem folgende Ursachen:
- Benutzen unvorschriftsmäßiger Arbeitsplätze,
- Um- oder Absturz durch Bruch fehlerhaft ausgeführter Schweißungen an Konstruktionen oder Auftreten instabiler Gleichgewichtsbedingungen,
- Stolpern über Leitungen und Kabel,
- fehlende Absturzsicherungen.

Einwirkung des elektrischen Stromes
Die Gefährdung durch elektrischen Strom geht von beschädigten Kabeln aus. Ursachen für diese Beschädigungen sind häufig Quetschungen, die infolge unsachgemäßer Verlegung der Kabel entstehen. Feuchtigkeit vergrößert die Unfallgefahr.
Auch die unvorschriftsmäßige Schweißrückstromleitung über größere Strecken an Metallkonstruktionen führt zu Irrströmen, die tödliche Unfälle und Brände verursachen können, insbesondere bei Überlastung der Schutzleitersysteme. Unbefugte Eingriffe in Schweißmaschinen, Stromverteiler usw. gehören ebenfalls zu

den Ursachen schwerer Unfälle. Derartige Arbeiten sind von Elektrikern ausführen zu lassen. Subjektive Ursachen kommen besonders zum Ausdruck in
- unterlassener Anwendung von Körperschutzmitteln,
- unbefugtem Benutzen und Betreiben von Arbeitsmitteln sowie
- unvorschriftsmäßiger Arbeitsausführung.

2.2. Brand- und Explosionsschutz

2.2.1. Entstehung und Ausbreitung von Bränden

Für den Ablauf von Verbrennungsreaktionen sind folgende Voraussetzungen erforderlich:
- ein brennbarer Stoff,
- ein Oxydationsmittel (in der Regel Sauerstoff),
- die Einstellung bestimmter Mengenverhältnisse zwischen brennbarem Stoff und Oxydationsmittel,
- eine geeignete Zündquelle.

Darüber hinaus können Katalysatoren die Einleitung der Verbrennung wesentlich beeinflussen.

Ein Brand kann entstehen, wenn eine Zündquelle mit ausreichend hoher Temperatur genügend Energie auf einen brennbaren Stoff überträgt, so daß eine exotherme Reaktion mit dem Sauerstoff der umgebenden Luft einsetzt [9]. Die Verbrennung ist durch die Entwicklung von Brandgasen und Rauch begleitet.

Das Zündverhalten eines brennbaren Stoffes wird durch einen Komplex von Einflußfaktoren bestimmt. Es ist zum Beispiel abhängig von
- der Temperatur eines Stoffes, die aus dem zugeführten Wärmestrom und der gleichzeitig wirkenden Wärmeableitung resultiert,
- der Dauer der Erwärmung,
- dem Zustrom der Luft an die erwärmte Stelle,
- dem Feuchtegehalt des Stoffes,
- der spezifischen Oberfläche und räumlichen Verteilung sowie
- der Vermischung mit anderen Stoffen.

Allgemein kann festgestellt werden, daß ein Stoff um so leichter entzündbar ist, je größer sein Verteilungsgrad ist (s. Abb. 4).

Bei organischen festen Stoffen, wie Kohle, Holz, Kunststoff, Fette, aber auch bei Flüssigkeiten mit einem hohen Flammpunkt können im Ergebnis einer Temperaturerhöhung nicht umkehrbare chemische Abbaureaktionen einsetzen, die der eigentlichen Verbrennung vorangehen und als Pyrolyse bezeichnet werden. Die Temperatur, bei der die Pyrolyse beginnen kann, liegt bei Holz und Kunststoff im Bereich von 120 ... 250 °C, die Zündtemperatur der Schwelprodukte dieser Materialien dagegen zwischen 410 und 570 °C.

Die Pyrolyseprodukte können gasförmig, flüssig oder fest sein und sich an der heißen Oberfläche des pyrolysierenden Stoffes oder durch eine weitere Wärmequelle entzünden. Solange das nicht geschieht, spricht man von einem Schwelbrand bzw. bei Aussendung von Lichtstrahlung von einem Glimmbrand. Sie sind häufig Vorläufer eines Flammenbrandes. Kommt es zur Entzündung der Pyrolyse-

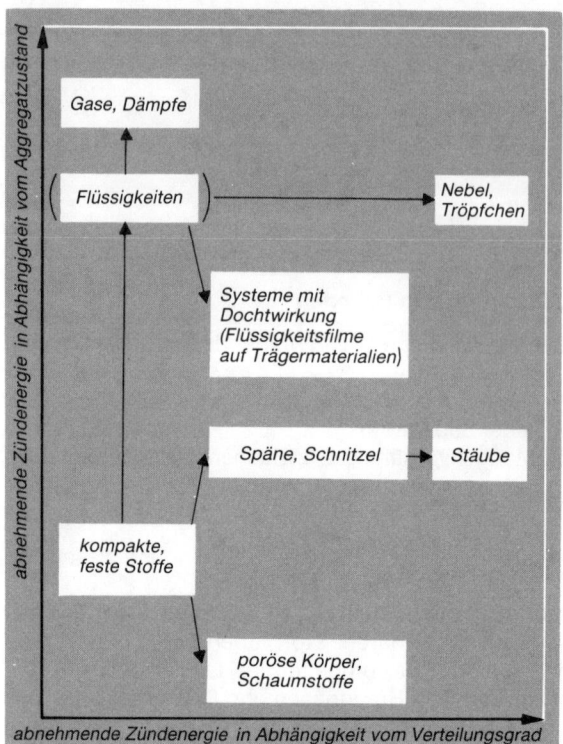

Abb. 4
Entzündbarkeit von Stoffen in Abhängigkeit vom Verteilungsgrad und vom Aggregatzustand [9]

produkte, kann sich der Brand in kurzer Zeit schlagartig, beispielsweise über eine Verpuffung, ausbreiten. Dieser Übergang vom Schwelbrand zum Flammenbrand wird als Feuerübersprung (Flash-over) bezeichnet. Brände können sich bei Sauerstoffmangel, Luftabschluß und geringer Luftventilation lange im Schwel- oder Glimmstadium befinden (z. B. Brände von Holz- und Isolierstoffen in Wand- oder Deckenkonstruktionen, Staubablagerungen, Heu oder Grünfutter). Aus Tabelle 7 ist ersichtlich, daß ≈ 5 % der Brände erst nach mehr als 6 h nach Abschluß der Schweißarbeiten zum Ausbruch kommen [33]. Es sind Fälle bekannt, bei denen die Schwelphase mehrere Tage dauerte [34, 35].

Im Gegensatz zu Schwelbränden kann es bei Vorhandensein größerer Mengen leichtentzündlicher Stoffe, vor allem brennbarer Flüssigkeiten mit niedrigem Flammpunkt, Textilien, Verpackungsmaterialien, Stroh, Schaumstoffen und dergleichen, oft unmittelbar nach einer Zündung zum Feuerübersprung kommen.

Eine Explosion setzt neben Vorhandensein einer Zündquelle voraus, daß der brennbare Stoff und das Oxydationsmittel als Gemisch vorliegen, wobei der brennbare Stoff staub-, dampf- oder gasförmig auftreten kann. Bereits ein Bodenbelag von 0,5 ... 1 mm Staub reicht aus, um im aufgewirbelten Zustand in einem 10 m hohen Raum ein brisantes explosibles Gemisch zu bilden. Explosible Gas- und Dampf-Luft-Gemische entstehen überwiegend durch Gasaustritt, Verdamp-

Tabelle 7
Zeiten bis zum Brandausbruch nach Abschluß von Schweiß-, Schneid- und verwandten Arbeiten in verschiedenen Bereichen

Bereich	Zeit bis zum Brandausbruch in h		
	0...2	>2...6	>6
	Anteil der Brände in %		
Handwerk	92	3	5
Kraftfahrzeuginstandsetzung	95	3	2
Industrie, Bauwesen, Gesundheitswesen	77	21	2
Landwirtschaft	79	14	7
Durchschnitt	85	10	5

fung von Flüssigkeiten und Pyrolyse. Auch hierbei genügen oftmals geringe Mengen des brennbaren Stoffes (z. B. 2 Eßlöffel Benzin in einem 200-l-Faß), um explosible Gemische zu erzeugen. Gefahrdrohende Mengen an brennbaren Stoffen im Sinne einer Gasexplosionsgefährdung liegen vor, wenn 50 % der unteren Zündgrenze erreicht sind.
Hybride Gemische (z. B. brennbarer Staub – brennbares Gas) können wesentlich andere Eigenschaften haben als die jeweiligen Grundstoffe (z. B. Zündtemperatur und Mindestzündenergie) [36]. So ändert sich die Mindestzündenergie für Steinkohlenstaub, die 80 J beträgt, bei Methanzusatz wie folgt:
– Zusatz von 1 Vol.-% Methan 25 J,
– Zusatz von 2 Vol.-% Methan 5 J,
– Zusatz von 3 Vol.-% Methan 1,5 J.
Eine Senkung der Zündtemperatur wird unter anderem durch Peroxide, Hydroperoxide, Aldehyde, Azoverbindungen und Stickstoffoxide bewirkt. Zum Beispiel beträgt die Zündtemperatur von Acetylen 305 °C. Bei Zusatz von 1 ... 2 Vol.-% Stickstoffmonoxid verringert sie sich auf 85 °C. Insgesamt läßt sich feststellen, daß die Brand- und Explosionsentstehung sowie -ausbreitung durch verfahrensspezifische, stoff- und brandspezifische sowie arbeits- und organisationsspezifische Parameter beeinflußt werden.
Bezüglich der Brandauswirkung auf Gebäude und bauliche Anlagen ist zu beachten, daß Baustoffe und -teile nicht nur verbrennen, sondern auch versagen können. Stahl verliert mit zunehmender Temperatur seine Tragfähigkeit, so daß sowohl Stahl- als auch Stahlbetonkonstruktionen zerstört werden.

2.2.2. Brand- und Explosionsgefährdungen

Die Brand- und Explosionsgefährdungen werden maßgeblich
– von der Art und Menge, den Eigenschaften und dem Zustand des brennbaren Stoffes und des Oxydationsmittels,

- vom Energiegehalt und von der Art der Zündquelle sowie
- vom Verhalten der am Arbeitsprozeß beteiligten Menschen

bestimmt. Das bedeutet, daß eine Vielzahl von Einflußfaktoren zur Beurteilung von Brand- und Explosionsgefährdungen herangezogen werden muß.

Für das Schweißen und Schneiden brandgefährdete Bereiche sind Bereiche, in denen Stoffe oder Gegenstände vorhanden sind, die sich durch Schweißarbeiten in Brand setzen lassen. Solche Stoffe oder Gegenstände sind zum Beispiel Staubablagerungen, Papier, Pappe, Packmaterial, Textilien, Faserstoffe, Isolierstoffe, Holzwolle, Spanplatten, Holzteile, bei längerer Wärmeeinwirkung auch Holzbalken.

Explosionsgefährdete Bereiche sind Bereiche, in denen gefährliche explosionsfähige Atmosphäre auftreten kann. Solche Atmosphäre entsteht zum Beispiel beim Vorhandensein von brennbaren Flüssigkeiten, Gasen oder Stäuben.

Bei der Vorbereitung von Schweiß-, Schneid- und verwandten Arbeiten ist es von entscheidender Bedeutung, sich über die Brand- und Explosionsgefährdung Gewißheit zu verschaffen, um sachgerecht entscheiden zu können, ob unter den gegebenen Bedingungen die Arbeiten durchgeführt werden dürfen oder ob die Bedingungen am Schweißarbeitsplatz verändert werden müssen.

2.2.3. Erteilung der Schweißerlaubnis als Maßnahme des vorbeugenden Brand- und Explosionsschutzes

Vor Beginn von Schweißarbeiten in brand- oder explosionsgefährdeten Bereichen ist dafür zu sorgen, daß die Brand- und Explosionsgefahr beseitigt wird. Läßt sich die Brandgefahr aus baulichen oder betriebstechnischen Gründen nicht restlos beseitigen, hat der Betriebsleiter oder ein von ihm beauftragter leitender Mitarbeiter die anzuwendenden Sicherheitsmaßnahmen für den Einzelfall in einer schriftlichen Schweißerlaubnis (s. Abb. 5) festzulegen. Die Sicherheitsmaßnahmen umfassen insbesondere [37, 38]
- das Abdecken verbleibender brennbarer Stoffe und Gegenstände,
- das Abdichten von Öffnungen zu benachbarten Bereichen.

Die Schweißarbeiten dürfen erst begonnen werden, wenn die Schweißerlaubnis vorliegt und die festgelegten Sicherheitsmaßnahmen durchgeführt sind. Der brandgefährdete Bereich und seine Umgebung sind durch eine mit geeigneten Feuerlöschgeräten ausgerüstete Brandwache zu überwachen. Der Betriebsleiter hat dafür zu sorgen, daß auch im Anschluß an die Schweißarbeiten der brandgefährdete Bereich und seine Umgebung wiederholt kontrolliert werden. Dabei ist zu berücksichtigen, daß ein Brandausbruch auch mehrere Stunden nach Abschluß der Schweißarbeiten möglich ist.

2.3. Schweißberechtigung

Mit Schweißarbeiten dürfen nur Mitarbeiter betraut werden, die das 18. Lebensjahr vollendet haben und mit den Vorrichtungen und Verfahren vertraut sind. Die Altersgrenze gilt nicht für die Beschäftigung von Jugendlichen über 16 Jahre, soweit das zur Erreichung ihres Ausbildungszieles erforderlich ist und ihr Schutz durch einen Aufsichtsführenden gewährleistet ist. Als Aufsichtsführender gilt, wer die Durchführung der Arbeiten zu überwachen und für die arbeitssichere Ausführung zu sorgen hat. Er muß hierfür ausreichende Kenntnisse und Erfahrungen

Erlaubnisschein

für Schweiß-, Schneid-, Löt-, Auftau- und Trennschleifarbeiten

1	Arbeitsort/-stelle	....
2	Arbeitsauftrag (z. B. Konsole anschweißen)	....
3	Art der Arbeiten	☐ Schweißen ☐ Schneiden ☐ Trennschleifen ☐ Löten ☐ Auftauen
4	Sicherheitsvorkehrungen vor Beginn der Arbeiten	☐ Entfernen sämtlicher brennbarer Gegenstände und Stoffe, auch Staubablagerungen, im Umkreis von .... m und – soweit erforderlich – auch in angrenzenden Räumen ☐ Abdecken der gefährdeten brennbaren Gegenstände, z. B. Holzbalken, Holzwände und -fußböden, Kunststoffteile usw. ☐ Abdichten der Öffnungen, Fugen und Ritzen und sonstigen Durchlässe mit nichtbrennbaren Stoffen ☐ Entfernen von Umkleidungen und Isolierungen ☐ Beseitigen der Explosionsgefahr in Behältern und Rohrleitungen ☐ Bereitstellen einer Brandwache mit gefüllten Wassereimern, besser noch Feuerlöschern, oder mit angeschlossenem Wasserschlauch
5	Brandwache	während der Arbeit Name .... nach Beendigung der Arbeit Name .... Dauer .... Std.
6	Alarmierung	**Standort des nächstgelegenen** Brandmelders .... Telefons .... **Feuerwehr Ruf-Nr.** ....
7	Löschgerät, -mittel	☐ Feuerlöscher mit ☐ Wasser ☐ CO_2 ☐ Halon ☐ Pulver ☐ gefüllte Wassereimer ☐ angeschlossener Wasserschlauch
8	Erlaubnis	Die aufgeführten Sicherheitsmaßnahmen sind durchzuführen. Die Unfallverhütungsvorschriften der Berufsgenossenschaften (VBG 1 §§ 43, 44 sowie VBG 15), ggf. die Landesverordnungen zur Verhütung von Bränden und die Sicherheitsvorschriften der Versicherer sind zu beachten.

Datum	Unterschrift des Betriebsleiters oder dessen Beauftragten	Unterschrift des Ausführenden

Abb. 5

besitzen sowie weisungsbefugt sein. Jugendliche unter 18 Jahren dürfen nicht mit Schweißarbeiten in engen Räumen, in brand- oder explosionsgefährdeten Bereichen und an Behältern mit gefährlichem Inhalt beschäftigt werden.

2.4. Rechtliche Folgen bei Verstößen gegen den Arbeits- und Brandschutz

Bei Verstößen gegen den Arbeits- und Brandschutz kommen in Abhängigkeit vom Verschulden, der entstandenen Schäden und herbeigeführten Gefährdungen differenzierte Rechtsfolgen zur Anwendung. Sie reichen vom Verwaltungszwang über Verwarnungsgeld und Geldbuße bis zur Kriminalstrafe. Bemerkenswert ist, daß nicht nur Schäden, sondern auch fahrlässig oder vorsätzlich verursachte Gefährdungen durch Geldbuße und Kriminalstrafe geahndet werden können [39, 40].

3. Sicherheitsmaßnahmen bei Schweiß- und Schneidarbeiten sowie verwandten Verfahren

3.1. Fachspezifische Unterweisungen und Einweisungen

Grundsätzlich gilt, daß die Versicherten vor Aufnahme der Beschäftigung und danach in angemessenen Zeitabständen, mindestens jedoch einmal jährlich über die bei ihrer Tätigkeit auftretenden Gefahren sowie über die Maßnahmen zur Abwendung zu unterweisen sind. Der Unterweisungszyklus ist in betrieblichen Regelungen festzulegen. Diese Unterweisungen haben zum Ziel
– Wissen zu reaktivieren,
– neues Wissen zu vermitteln,
– Besonderheiten von Arbeitsaufgaben deutlich zu machen,
– positive Einstellungen zu Ordnung, Sauberkeit und Sicherheit zu entwickeln,
– Betriebsblindheit und Gewöhnung an Gefährdungen zu bekämpfen.
Grundlage der Unterweisungen sind die einschlägigen fachspezifischen Vorschriften. Der Inhalt der Unterweisungen sollte in einem Unterweisungsplan, der die realen Bedingungen und Besonderheiten des Tätigkeitsbereiches der Schweißer angemessen berücksichtigt, festgelegt werden.
Ausgangspunkt für einen inhaltlich gut gestalteten Unterweisungsplan sind die Gefährdungen. Sie können an Schweißarbeitsplätzen in den verschiedenen Wirtschaftszweigen sehr unterschiedlich sein. Deshalb ist es notwendig, aus Unfällen, Bränden und anderen Schadensfällen des eigenen Betriebes bzw. Arbeitsgebietes zunächst eine Struktur des Unfall- und Brandgeschehens abzuleiten, um festzustellen, welcher Art die typischen Ursachen sind. Zum Beispiel können Unterweisungsschwerpunkte aus der Häufigkeitsverteilung von Vorschriftenverletzungen abgeleitet werden [41]. Neben dieser retrospektiven Methode gibt es auch prospektive Methoden. Sie gehen davon aus, Gefährdungen zu erfassen und auszuwerten, um Sicherheitsmaßnahmen festlegen zu können, bevor es zu einem Unfall oder Schadensfall kommt. Eine einfache Möglichkeit besteht darin, Hinweise und Beanstandungen kontrollbefugter haupt- und nebenamtlich tätiger Mitarbeiter (Sicherheitsfachkräfte, Schweißingenieure, Sicherheitsbeauftragte usw.) im betrieblichen Maßstab in abgestimmter Form aufzubereiten und auszuwerten. Auf diese Weise lassen sich Gefährdungsanalysen anfertigen. Gestützt auf die retrospektiv und prospektiv erhaltene Übersicht der Gefährdungen ist der Unterweisungsplan inhaltlich abzustimmen.
Neben einem guten, ausgewogenen Unterweisungsplan ist es von entscheidender Bedeutung, wie die Unterweisungen durchgeführt werden. Die denkbar uneffektivste Vorgehensweise besteht darin, die Unterweisung auf das Vorlesen von Vorschriftenpassagen zu begrenzen. Handlungen oder Unterlassungen sollten nicht schematisch erfolgen, sondern in Kenntnis der Ursachen und möglichen Konsequenzen. Das setzt einerseits voraus, daß der Unterweisende fachlich in der Lage ist, die Aussagen der Vorschriften zu begründen, zu kommentieren und naturwissenschaftlich oder technisch zu untersetzen, und erfordert andererseits die Herausbildung von Überzeugungen, daß Verstöße gegen Vorschriften nicht

nur theoretisch, sondern real Gefahren heraufbeschwören. Damit wird deutlich, daß die exemplarische Methode der Wissensvermittlung (Darlegung bestimmter Probleme an typischen Beispielen, insbesondere an Unfällen und Bränden) in den fachspezifischen Unterweisungen der Schweißer, Brennschneider sowie der Mitarbeiter, die mit ähnlichen Verfahren arbeiten, eine große Bedeutung hat. Die Wirkung wird noch gesteigert, wenn die mündliche Auswertung von Beispielen optisch durch Dias, Fotos usw. ergänzt werden kann. Gelingt es dem Vortragenden schließlich, aus interessierten Zuhörern aktive Diskussionsteilnehmer zu machen, dann wird die Unterweisung den höchsten Effekt erreichen.

Unterweisungen sind grundsätzlich aktenkundig zu machen. Versicherte, die bei Unterweisungen nicht anwesend sein können, müssen baldmöglichst nachunterwiesen werden. Außer den Unterweisungen, die in zeitlichen Abständen erfolgen, in betrieblichen Regelungen festgelegt und nachweispflichtig sind, begleiten weitere Unterweisungen den Arbeitsprozeß ständig. Sie sind insbesondere erforderlich bei
- Übertragung von Arbeitsaufgaben,
- Änderung von Arbeitsaufgaben,
- Änderung von Bedingungen in der Arbeitsdurchführung.

Die Unterweisungen im Arbeitsprozeß beinhalten nicht nur sicherheitstechnische Aspekte, sondern auch technologische und organisatorische. Sie müssen klar und eindeutig sein. Bei Einführung neuer Technologien und Erzeugnisse sowie bei Vorliegen komplizierter Arbeitsbedingungen müssen sie besonders ausführlich und verständlich sein.

3.2. Maßnahmen vor Beginn der Arbeiten

Vor Beginn von Schweißarbeiten ist zu prüfen, ob Brand- oder Explosionsgefahren vorhanden sind. Wenn das der Fall ist, müssen sie beseitigt werden. Bei verbleibenden Brandgefahren dürfen die Schweißarbeiten nur mit einer schriftlichen Schweißerlaubnis durchgeführt werden. Es ist außerdem zu klären, ob weitere Genehmigungen (z. B. Befahrerlaubnis für Behälter) einzuholen sind.

Mit der Durchführung der Arbeiten dürfen nur Versicherte beauftragt werden, die das 18. Lebensjahr vollendet haben und mit den Einrichtungen und Verfahren vertraut sind.

Von entscheidender Bedeutung für den Brand- und Explosionsschutz ist die richtige Erfassung der Schweißgefährdungszone sowie die Festlegung und Einhaltung der notwendigen Sicherheitsmaßnahmen. Dazu muß die Arbeitsstelle vom Betriebsleiter besichtigt und der Schweißer vor Ort in seine Arbeitsaufgabe eingewiesen werden. Die Einweisung darf sich nicht nur auf Restgefährdungen beziehen, sondern muß auch das Verhalten im Brandfall umfassen (z. B. Bedienung von Feuerlöschgeräten, Alarmierung, Fluchtwege). Außer den Vorkehrungen zum Schutz vor Bränden und Explosionen sind weitere wichtige sicherheitstechnische Maßnahmen durchzusetzen. Dazu gehören die Herstellung sicherer Arbeitsebenen, die Absaugung von Schweißrauchen und Gasen sowie die Frischluftzufuhr, der Witterungsschutz bei Arbeiten im Freien, die Sicherung von Schweißteilen oder abzubrennenden Konstruktionsteilen vor Ab- und Umsturz, die Aufstellung von Blendschutzwänden usw. Die notwendigen Vorbereitungen für das Arbeiten an Behältern mit gefährlichem Inhalt sind in Abschnitt 3.6.1. beschrieben.

Im Besitz eines vollständig ausgefüllten und unterschriebenen Schweißerlaubnisscheines, obliegt dem Schweißer nunmehr die technische Kontrolle seiner Arbeitsmittel. Auf dem Gebiet der Autogentechnik müssen die Verbrauchsgeräte, Druckminderer, Gasschläuche und anderen Arbeitsmittel vor der Inbetriebnahme auf ihren vorschriftsmäßigen Zustand und ihre Funktionstüchtigkeit überprüft werden. Vor der ersten Anwendung sind die Sauerstoffschläuche mit Sauerstoff oder inerten Gasen und die Brenngasschläuche mit Druckluft oder Brenngas auszublasen. Alle lösbaren Verbindungsstellen müssen auf Dichtigkeit geprüft werden (z. B. mit schaumbildendem Mittel). Eingefrorene Druckminderer dürfen nur durch indirekte Erwärmung (warme Luft, warmes Wasser) aufgetaut werden. Vor dem täglichen Arbeitsbeginn ist der Zustand der Düsen und Dichtungen der Schweiß- und Schneidbrenner sowie der feste Sitz der Druckdüse in der Mischdüse zu prüfen. Die Überwurfmutter am Einsatz des kombinierten Schweiß- und Schneidbrenners muß fest angezogen sein.

Der Elektroschweißer muß kontrollieren, ob sich die Elektrodenhalterkabel und Kabelverbinder in einwandfreiem Zustand befinden. Die Kabel müssen so verlegt sein, daß Beschädigungen ausgeschlossen sind. Der die Schweißarbeiten ausführende Versicherte darf die Arbeit nicht beginnen, wenn er erkennt, daß die erforderlichen Sicherheitsmaßnahmen nicht oder nur teilweise realisiert sind.

3.3. Maßnahmen während der Arbeiten

Der Schweißer muß mit den erforderlichen Körperschutzmitteln ausgerüstet sein und sie auch benutzen. Mit ungeschütztem Körper, aufgekrempelten Ärmeln oder entblößtem Oberkörper darf nicht geschweißt werden. Während der Arbeiten hat der Schweißer oder die Aufsichtsperson das nähere Umfeld zu beobachten. Dabei ist besonders darauf zu achten, ob und inwiefern sich die zu Beginn der Arbeiten herrschenden Bedingungen hinsichtlich der Brandgefährdung ändern. Treten Veränderungen auf, die andere oder zusätzliche Sicherheitsmaßnahmen erfordern, müssen die Arbeiten unterbrochen werden. Bei Entstehungsbränden sind Sofortmaßnahmen einzuleiten. Ein mit der Aufsicht beauftragter Mitarbeiter darf nicht gleichzeitig mit anderen Aufgaben betraut werden.

Die Verbrauchsgeräte der Autogentechnik sind nach den Bedienungs- und Gebrauchsvorschriften der Hersteller in Betrieb zu setzen. Bei Flammenrückschlägen mit Verdacht auf einen Gerätedefekt oder bei anderen Störungen muß die weitere Gasversorgung sofort an den Gasversorgungs- oder -entnahmestellen unterbrochen werden. Verbrauchsgeräte und Gasschläuche, die an Druckgasflaschen oder Entnahmestellen angeschlossen sind, dürfen nicht in oder auf Behältern, in denen ein Eindringen oder Sammeln von Gasen möglich ist, abgelegt werden. Bei Arbeiten in Behältern und engen Räumen müssen die Verbrauchsgeräte so gezündet werden, daß unverbrannte Brenngase und Sauerstoff nicht in die Behälter bzw. engen Räume gelangen können. Die Gasschläuche sind geordnet zu führen und gegen Beschädigung zu schützen. Das Führen von Gasschläuchen durch Kanäle oder Schächte ist nur für die Dauer der unmittelbaren Arbeitsdurchführung zulässig. Die Geräte der Autogentechnik sind so zu benutzen, daß sich die Arbeitskleidung nicht mit Sauerstoff anreichern kann. Die Geräteteile für Sauerstoff dürfen nicht mit Öl oder Fett in Berührung kommen, da durch Öl oder Fett Explosionsgefahr besteht.

Bei Elektroschweißarbeiten kommt es besonders darauf an, den Elektrodenhalter so zu halten, daß kein Strom durch den Körper des Schweißers fließen kann. Nach der Arbeit oder bei Arbeitsunterbrechung ist der Elektrodenhalter sicher abzulegen oder aufzuhängen (s. Abschn. 4.2.). Die Elektrodenhalter dürfen nicht mit Flüssigkeiten gekühlt werden, und die Kabel sind vor Beschädigung zu schützen. Vor dem Koppeln und Trennen von Stromleitungen ist bei Einstellen-Schweißanlagen die Stromquelle auszuschalten und bei Mehrstellen-Schweißplätzen der belastungsfreie Zustand herzustellen.

3.4. Maßnahmen nach Beendigung der Arbeiten

Nach Beendigung der Arbeiten müssen die Verbrauchsgeräte der Autogentechnik entsprechend den Bedienungsanleitungen der Hersteller außer Betrieb gesetzt werden. Die Ventile für Brenngas und Sauerstoff sind zu schließen. Das gilt auch bei längerer Unterbrechung der Gasentnahme (z. B. Frühstückspause, Mittagspause, Schichtwechsel). Bei längeren Arbeitsunterbrechungen müssen die Gasschläuche drucklos gemacht werden. Nach Arbeiten in Behältern und engen Räumen sind die außer Betrieb gesetzten Verbrauchsgeräte außerhalb der Behälter bzw. Räume abzulegen. Die Gasschläuche müssen im aufgewickelten Zustand auf die dafür vorgesehenen Vorrichtungen aufgehängt werden. Unter Baustellenbedingungen ist es notwendig, die Verbrauchsgeräte, Druckminderer und Gasschläuche vor dem Zugriff Unbefugter zu sichern und unter Verschluß zu nehmen. Die Schweißstromquellen der Elektroschweißgeräte müssen ausgeschaltet werden. Auf Baustellen ist der Netzstecker zu ziehen; die Kabel sind aufzurollen und nach Möglichkeit witterungsgeschützt abzulegen.
Die Ablage von Lötgeräten und Zubehörteilen hat so zu erfolgen, daß die noch vorhandene Wärmeenergie zu keinen Gefährdungen führt. Lötgeräte für flüssigen Brennstoff dürfen erst nach Erkalten nachgefüllt werden.
Zur Verhinderung von Störungen ist es wichtig, daß die außer Betrieb gesetzten Arbeitsgeräte auf Mängel und Defekte überprüft werden. Die Mängel sind sofort zu beseitigen, oder es ist ein Auswechseln der Geräte bzw. Geräteteile zu veranlassen.
Unmittelbar nach der Außerbetriebnahme der Schweiß-, Schneid- und sonstigen Geräte muß die Schweißgefährdungszone von dem Mitarbeiter, der die Arbeiten durchgeführt hat, auf Brandnester kontrolliert werden. Bei Feststellung von Brandnestern muß er sofort Löschmaßnahmen ergreifen.
Bei erforderlichen Nachkontrollen sind die Kontrollabstände und die Gesamtkontrollzeit festzulegen. Als Richtwert für die Kontrollzeit gelten 6 h. Nach Ermessen der Verantwortlichen kann die Kontrollzeit verlängert werden. Abschließend ist der Arbeitsbereich an die Brandwache zu übergeben.

3.5. Maßnahmen in der Schweißgefährdungszone

Bei der Vorbereitung von Schweißarbeiten ist die Schweißgefährdungszone (SGZ) festzulegen. Dabei muß man besonders auf Öffnungen, Wand-, Decken- und Fußbodendurchbrüche sowie auf Rohre oder andere Bauteile, die mit oder ohne sichtbare Öffnungen in angrenzende Räume führen, achten.

Im Bereich der Schweißgefährdungszone sind alle Gefährdungen, die sich beim Einbringen von Zündquellen ergeben können, einzuschätzen. Diese Einschätzung ist Grundlage für die Festlegung der erforderlichen Sicherheitsmaßnahmen. Zu den Sicherheitsmaßnahmen gehören insbesondere:
- die Beseitigung möglichst aller brennbaren Stoffe, soweit sie nicht für das Arbeitsverfahren notwendig sind,
- der Schutz der verbleibenden brennbaren Stoffe, Gegenstände, Bauteile, Einbauten und Isolierungen vor Entzündung, Brand oder Explosion (z. B. Abdecken mit Blechen, Wärmeschutzfolien, Sand und/oder Befeuchten),
- die Verhinderung der Wärmeübertragung auf verdeckte brennbare Bauteile, Isolierungen und Einbauten (z. B. Anwendung wärmeableitender Pasten),
- die Abdichtung bzw. Abdeckung von Öffnungen, Mauerdurchbrüchen, Rohrdurchführungen (z. B. mit Gips, Lehm, Sand),
- das Prüfen der Dichtigkeit von Ventilen, Schiebern, Flanschen und Rohrleitungen sowie des Rohrleitungsverlaufes auf Öffnungen,
- die Bereitstellung von Löschmitteln und Feuerlöschgeräten (z. B. Gefäße mit Wasser, Kübelspritzen, Handfeuerlöscher, Druckschlauchleitungen mit Strahlrohren an Hydranten).

Bei Brandgefährdung von Arbeitsstätten, die unmittelbar an die Schweißgefährdungszone angrenzen, sowie bei verbleibenden Restgefährdungen in der Schweißgefährdungszone (z. B. brennbare Einbauten), ist eine Aufsicht (Brandwache) zu stellen, wenn keine ausreichenden technischen Sicherheitsmaßnahmen realisiert werden können.

In Abhängigkeit von den örtlichen und betrieblichen Verhältnissen sowie den Gefährdungen sind während der Durchführung und insbesondere nach Beendigung der Arbeiten Kontrollen festzulegen. Werden Nachkontrollen erforderlich, sind die Kontrollabstände und die Kontrollzeit nach Erfordernis zu bestimmen.

3.6. Sicherheitsmaßnahmen für spezifische Bedingungen

3.6.1. Arbeiten an Behältern mit gefährlichem Inhalt

Schweißarbeiten an Behältern, die gefährliche Stoffe enthalten oder enthalten haben können, sind unter Aufsicht eines Sachkundigen auszuführen.

Der Sachkundige hat vor Beginn der Schweißarbeiten unter Berücksichtigung des Behälterinhalts die notwendigen Sicherheitsmaßnahmen festzulegen und die Durchführung der Arbeiten zu überwachen.

Vor Beginn der Arbeiten sind die Behälter sachgemäß zu entleeren und zur Beseitigung von Rückständen so lange zu reinigen (z. B. durch Ausdämpfen), bis durch eine Luftanalyse der gefährdungsfreie Zustand nachgewiesen ist. Das beim Ausdämpfen entstehende Kondensat muß vollständig entfernt werden. Können die Rückstände nicht ausreichend beseitigt werden oder entstehen infolge der Erwärmung Gefährdungen durch Beschichtungen oder Auskleidungen, ist während der Dauer der Arbeiten Wasserdampf oder Schutzgas zur Inertisierung durch das Bauteil zu leiten, oder der Behälter ist gründlich mit Wasser zu spülen und während der Arbeiten ausreichend mit Wasser gefüllt zu halten, wobei eine offene Verbindung des Behälterinneren mit der Atmosphäre gewährleistet sein muß (s.

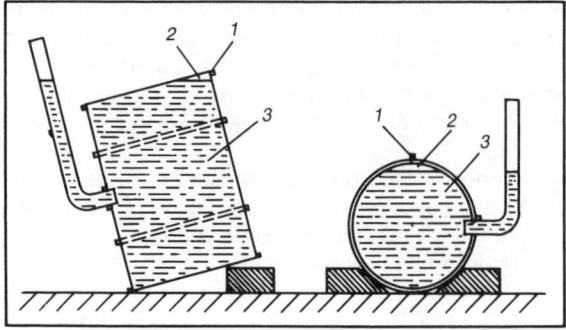

Abb. 6
Arbeitstechnik beim Schweißen an Fässern oder ähnlichen Hohlkörpern, 1 Schweißstelle, 2 kleiner Hohlraum, 3 Wasserfüllung

Abb. 6). Metallmundstücke der Installation für das Ausdämpfen oder Füllen mit Schutzgas sind mit dem Bauteil elektrisch leitend zu verbinden und zu erden.
Bei Arbeiten an demontierbaren Teilen sind die Teile vorzugsweise vom Bauteil abzunehmen.
Neben den Anlagen der chemischen Industrie gehören Kraftstofftanks von Fahrzeugen zu den Behältern mit gefährlichem Inhalt, die in Verbindung mit Schweiß-, Schneid- und verwandten Arbeiten besondere Beachtung erfordern (s. Abschn. 4.3.11.).

3.6.2. Befahren von Behältern und engen Räumen

Die erforderlichen Sicherheitsmaßnahmen für das Befahren von Behältern und engen Räumen sind in Vorschriften festgelegt [42]. Unter einem engen Raum versteht man einen Raum ohne natürlichen Luftabzug und zugleich mit einem Luftvolumen < 100 m^3 oder einer Abmessung (Länge, Breite, Höhe, Durchmesser) < 2 m (z. B. Tanks, Apparate, Bunker, Silos, Gruben, Kanäle, Rohrleitungen, Kielräume), in denen sich beim Befahren für die Mitarbeiter durch
- gesundheitsgefährdende und/oder zündwillige Gase, Dämpfe, Stäube, Nebel und Rauch,
- Sauerstoffmangel oder -überschuß sowie
- sonstige Ursachen

arbeitsbedingte Gefährdungen ergeben können. Unter Befahren eines Behälters ist jedes Einsteigen, Einfahren, Hineinkriechen, Hineinbeugen, Aufhalten oder Verlassen zu verstehen. Das Befahren von Behältern ist grundsätzlich nur zulässig, wenn ein Befahrerlaubnisschein (s. Abb. 7 u. 8) ausgestellt, die Erlaubnis zum Befahren erteilt und eine Unterweisung durchgeführt wurden. Vor dem Befahren muß geprüft werden, ob die im Befahrerlaubnisschein festgelegten Sicherheitsmaßnahmen erfüllt sind. Der Befahrerlaubnisschein ersetzt nicht den Schweißerlaubnisschein.
Ändern sich die auszuführenden Arbeiten und/oder tritt eine die Arbeitssicherheit beeinträchtigende Änderung der Arbeitsbedingungen ein, sind die Arbeiten zu unterbrechen. Der Betreiber ist davon in Kenntnis zu setzen. Er hat zu prüfen, ob das Befahren gemäß dem vorliegenden Befahrerlaubnisschein fortgesetzt werden kann. Ist das nicht möglich, ist die Erlaubnis aufzuheben.

Erlaubnisschein
für Arbeiten in Behältern und engen Räumen
(gemäß Abschnitt 5.3 der „Richtlinien für Arbeiten in Behältern und engen Räumen" [ZH 1/77])

Objekt/Ort/Arbeitsstelle: ....

Art der Arbeiten: ....

Aufsichtführender: ....

1 Vorbereitende Schutzmaßnahmen (nach Abschnitt 5)

1.1 Welche Stoffe sind oder waren vorhanden? ....

.... Menge/Konzentration? ....

1.2 Welche Stoffe können entstehen? ....

.... Menge/Konzentration? ....

1.3 Vorhandene Einrichtungen? ....

1.4 Eingebrachte Einrichtungen? ....

1.5 Freizumachende Zugangsöffnungen? .... Anzahl? ....

Größe? ....

2 Festlegung der Schutzmaßnahmen (nach Abschnitt 6–10)

2.1 Entleeren erforderlich ☐ ja ☐ nein Art: ....

2.2 Rückstandsbeseitigung erforderlich ☐ ja ☐ nein Art: ....

2.3 Abtrennen erforderlich ☐ ja ☐ nein

wenn ja, Maßnahmen: ....

Abb. 7

2.4 Lüftung: natürliche ☐ technische ☐

wenn technische, Maßnahmen: ....

....

2.5 Luftanalyse erforderlich   ☐ ja ☐ nein

2.6 Atemschutz erforderlich   ☐ ja ☐ nein

wenn ja, Art: ....

....

2.7 Einrichtungen vorhanden oder eingebracht   ☐ ja ☐ nein

wenn ja, Sicherungsmaßnahmen: ....

....

2.8 Persönliche Schutzausrüstungen erforderlich   ☐ ja ☐ nein

wenn ja, welche: ....

....

2.9 Explosionsschutzmaßnahmen erforderlich   ☐ ja ☐ nein

wenn ja, welche: ....

....

2.10 Sicherungsposten   ☐ ja ☐ nein

erforderliche Rettungseinrichtungen: ....

....

---

3 Aufhebung der Schutzmaßnahmen durch: ....

Angeführte Schutzmaßnahmen beachtet: Freigegeben

vom .... um .... Uhr

bis .... um .... Uhr

....
(Aufsichtführender)

....
(Unternehmer oder Beauftragter)

Fortsetzung von Abb. 7

Erlaubnisschein

für Änderungs- oder Instandhaltungsarbeiten in Hohlräumen mit kleinen Zugangsöffnungen und/oder kleinen Öffnungen in den Zwischenwänden (§ 9 Absatz 4 Unfallverhütungsvorschrift „Schiffbau" — VBG 34)

Schiff _____

Räume _____

_____

Die Erweiterung der vorhandenen Öffnungen und das Schaffen zusätzlicher, ausreichender Öffnungen ist nicht möglich aufgrund
(Zutreffendes ist angekreuzt)

☐ baulicher Besonderheiten   ☐ sicherheitstechnischer Bestimmungen

Die Erlaubnis für das Arbeiten in den o. g. Räumen wird unter folgenden Voraussetzungen erteilt:

1. Namen der Beschäftigten, die die Arbeit ausführen

_____

_____

2. Namen der zur eventuellen Rettung bereitstehenden Hilfspersonen

_____

_____

3. Die Hilfspersonen sind erreichbar

_____

_____

4. Name des Sicherungpostens _____

Ausrüstung	☐ Telefon	☐ Feuerlöscher
	☐ Funksprechgerät	☐ Atemschutzgerät
☐ _____	☐ Horn	☐ Rettungsgerät

5. Sonstige Maßnahmen   ☐ Lüftung   ☐ schwer entflammbare Kleidung
     ☐ Unterweisung   ☐ Ex-Schutz   ☐ Sicherheitsgeschirr
     ☐ Zugänge freihalten   ☐ Löscheinrichtung   ☐ Sicherungsleine
     ☐ Unbeteiligte fernhalten   ☐ Rettungsgerät   ☐ Selbstretter
     ☐ Not-Rettungsöffnung festlegen   ☐ Atemschutz   ☐ _____

Datum: Unterschrift:

Abb. 8

Vor dem Ausstellen des Befahrerlaubnisscheines muß geprüft werden, ob im Behälter Schadstoffe vorhanden sind, ob Sauerstoffmangel herrscht oder ob während des Befahrens Schadstoffe oder Sauerstoffmangel entstehen können. Wurden gefährliche Konzentrationen an Luftschadstoffen oder Sauerstoffmangel festgestellt, muß grundsätzlich für eine natürliche oder mechanische Lüftung gesorgt werden. Das Belüften mit Sauerstoff ist verboten! Lassen sich Gefährdungen nicht mit Sicherheit ausschließen, sind Atemschutzgeräte zu benutzen. Erforderlichenfalls müssen die Behälter vor dem Befahren gereinigt werden (z. B. durch Ausspülen oder Ausspritzen mit Wasser, Verdrängen der Luftschadstoffe durch Füllen mit Wasser, Ausdämpfen oder Ausblasen mit Luft). Während des Befahrens ist zu sichern, daß keine gesundheitsgefährdenden Stoffe in den Behälter eindringen können.

Zum Schutz vor Bränden und Explosionen sind Zündquellen jeder Art auszuschließen, wenn im Objekt zündfähige Gas-, Dampf- oder Staub-Luft-Gemische bzw. Sauerstoffüberschuß auftreten oder sich während des Befahrens bilden können. Acetylenentwickler und Druckgasflaschen müssen außerhalb der zu befahrenden Behälter aufgestellt werden. Darüber hinaus sind Sicherheitsmaßnahmen für Gefährdungen durch bewegliche Teile, ortsveränderliche elektrotechnische Betriebsmittel und Verschütten erforderlich. Beim Befahren von Behältern ist Sicherheitsgeschirr mit Schulter- und Schrittriemen anzulegen. Die einsteigenden Personen sind beim Befahren von Sicherheitsposten ständig zu beobachten und mit einer straffgeführten Sicherheitsleine zu sichern. Die Sicherheitsleine und der Luftzuführungsschlauch sind durch die Befahröffnung zu legen. Es ist zu gewährleisten, daß der Sicherheitsposten bei Gefahr, ohne seinen Standort zu verlassen, sofort Hilfe herbeirufen kann (z. B. durch ein Alarmsignal oder einen Melder). Erst wenn Hilfe zur Stelle ist, darf angeseilt, und wenn erforderlich, mit angelegtem Atemschutzgerät und Rettungsgerät nachgestiegen werden.

4. Brand- und Explosionsgefährdungen durch Schweißen, Schneiden und verwandte Verfahren

4.1 Verfahrenstypische Gefährdungen

4.1.1 Gasschweißen und Brennschneiden

Beim autogenen Schweißen und Brennschneiden entstehen über 80 % der Schweißbrände. Zur Verhütung von Unfällen, Bränden und Explosionen ist deshalb die Kenntnis der Eigenschaften der verwendeten Gase erforderlich. In Tabelle 8 sind die sicherheitstechnischen Kennwerte einiger Gase angegeben [43].

Acetylen ist ein ungesättigter Kohlenwasserstoff. Es kann auch ohne Luft- oder Sauerstoffzutritt durch Druckanstieg, Temperaturerhöhung und/oder mechanischen Stoß explosionsartig in seine Komponenten zerfallen. Es ist nicht möglich, Acetylen in gasförmigem Zustand auf hohe Drücke zu verdichten. Andererseits löst sich Acetylen sehr gut in Aceton. Diese Eigenschaft bietet günstige Voraussetzungen für eine wirtschaftliche Speicherung in Druckgasflaschen, die spundvoll mit einer porösen Masse gefüllt sind, deren Kapillaren das Aceton aufsaugen (Flaschendruck 1,5 MPa). Neben der Bereitstellung in Druckgasflaschen kann das Gas auch am Arbeitsplatz des Schweißers in Acetylenentwicklern erzeugt oder über Leitungssysteme zugeführt werden. Hervorzuheben ist der sehr große Zündbereich von Acetylen in Luft und Sauerstoff.

Propan ist doppelt so schwer wie Luft. Die Speicherung erfolgt in Druckgasflaschen als Flüssiggas (Flaschendruck 2,5 MPa). Bei unkontrolliertem Ausströmen kann sich Propan am Erdboden, in Gräben und in Kellern ansammeln. Dort besteht durch Verdrängung der Luft Erstickungsgefahr. Zwischen dem Propan und der darüberliegenden Luft bildet sich eine zündwillige Grenzschicht, die zu einer Explosion führen kann.

Wasserstoff hat unter den Brenngasen die geringste Dichte und kann sich deshalb im oberen Bereich von Behältern und Räumen ansammeln. Sicherheitstechnisch wichtig ist der große Zündbereich. Wasserstoff wird verdichtet in Druckgasflaschen gespeichert (Flaschendruck 15 MPa).

Stadtgas ist eine Mischung verschiedener brennbarer Gase (CO, H_2, CH_4) mit nichtbrennbaren Gasen (CO_2, N_2). Es ist leichter als Luft und aufgrund des Kohlenmonoxidgehaltes sehr giftig. Es kann in Druckgasflaschen verdichtet gespeichert (Flaschendruck 15 MPa) oder durch Gasleitungen dem Verbraucher zugeführt werden.

Erdgas enthält hauptsächlich Methan, daneben Stickstoff sowie oft auch Anteile von Propan und Butan. Es ist halb so schwer wie Luft. Die Speicherung erfolgt wie beim Stadtgas.

Sauerstoff ist zwar nichtbrennbar, aber für jede Verbrennung erforderlich. Mit zunehmendem Sauerstoffgehalt der Luft steigen die Entflammbarkeit, die Verbrennungsgeschwindigkeit und die Verbrennungstemperatur, während die Zündtemperatur sinkt. Eine Anreicherung der Luft mit Sauerstoff um wenige Prozent

Tabelle 8
Kennwerte von Brenngasen und Sauerstoff

Kenngröße	Einheit	Acetylen	Propan	Wasserstoff	Stadtgas	Erdgas	Sauerstoff
Chemisches Zeichen	–	C_2H_2	C_3H_8	H_2	Gas-gemisch	CH_4 (vor-wiegend)	O_2
Dichte (bei 0 °C und 1013 kPa)	kg · m^{-3}	1,171	2,019	0,090	≈ 0,680	≈ 0,830 … 0,870	1,429
Dampfdichte, bezogen auf Luft	–	0,906	1,562	0,0695	≈ 0,5	≈ 0,6 … 0,7	1,105
Zündbereich in Luft in Sauerstoff	Vol.-% Vol.-%	2,3 … 82 2,3 … 93	2,1 … 9,5 2,0 … 48	4,1 … 75 4,5 … 95	4 … 40 7 … 70	4 … 17 4,5 … 60	– –
Zündtemperatur in Luft in Sauerstoff	°C °C	305 300	510 490	510 450	560 450	645 645	– –
Flammentemperatur in Luft in Sauerstoff	°C °C	2325 3150	1925 2850	2045 2660	1918 2730	1875 2930	– –
Zündgeschwindigkeit in Luft in Sauerstoff	cm · s^{-1} cm · s^{-1}	131 1350	32 450	267 890	68 707	35 330	– –
Heizwert	kJ · m^{-3}	59 034	101 823	12 770	17 585	35 910	–
Flammenleistung	kJ · cm^{-2} · s^{-1}	44,8	10,7	14	12,7	12	–

Kenngröße	Einheit	Acetylen	Propan	Wasserstoff	Stadtgas	Erdgas	Sauerstoff
Mischungsverhältnis Brenngas – Sauerstoff	–	1:1	1:3,5	4:1	1,7:1	1:1,7	–
Zur Verbrennung von 1 m^3 Gas werden benötigt: Luft Sauerstoff	m^3 m^3	11,9 2,5	23,9 5,0	2,38 0,5	3,83 0,81	9,52 2,00	– –
Ungeeignete bzw. verbotene Werkstoffe	–	acetonlösliche organische Verbindungen, Ag, Pb, Cu und Cu-Legierungen > 65 % Cu	Naturkautschuk	Cu bei Wärme			Öl, Fett und Glyzerin
Zustand in Druckgasflaschen	–	gelöst in Aceton	verflüssigt	verdichtet	verdichtet	verdichtet	verdichtet

43

kann sich bereits verhängnisvoll auswirken. Öl, Fett und Glycerin sowie alle anderen brennbaren Stoffe können, wenn sie mit reinem, insbesondere unter hohem Druck stehenden Sauerstoff in Berührung kommen, ihre Zündtemperatur erreichen und stichflammenartig verbrennen. Mit Sauerstoff getränkte Kleidung verbrennt bei Zündung (z. B. durch Funken oder heiße Spritzer) hellauflodernd. Der Sauerstoffgehalt macht ein Ersticken der Flammen unmöglich. Sauerstoff wird in Druckgasflaschen (Flaschendruck 15 und 20 MPa) gespeichert oder über Leitungen den Schweißarbeitsplätzen zugeführt [44].

Gefährlich ist aber auch Sauerstoffmangel, der durch längere Schweißarbeiten in Räumen oder Behältern oder durch Verwendung von Schutzgasen usw. hervorgerufen wird.

Die Freisetzung der chemischen Energie der Brenngase erfolgt über die Flamme des Schweiß- oder Brennschneidgerätes. Bei Schneidvorgängen kommt neben der Flamme die Energie des verbrennenden Stahls zur Wirkung. Abtropfende Metallperlen und heiße, abgebrannte Metallteile sind sehr wichtige Zündquellen. Flüssiger Stahl hat Temperaturen von > 1 500 °C, aufprallende Metallperlen in der Regel noch ≈ 900 °C.

Bei den Flammen stellt neben dem sichtbaren Teil, der bei ≈ 1 200 °C endet, auch der unsichtbare Teil, die sogenannte Beiflamme (s. Abb. 9), das heißt der Strom

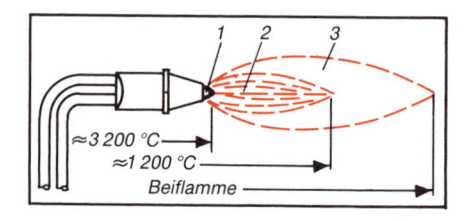

Abb. 9
Wärmewirkung einer Autogenflamme, 1 weißer Flammenkegel, 2 sichtbarer Flammenbereich, 3 Beiflamme

Tabelle 9
Temperaturen in der Nähe einer Schweißbrennerflamme [45]

Temperaturmeßstelle	Temperatur in °C		
	100	200	300
	Flammenentfernung in mm		
Senkrecht über der nach oben brennenden Flamme	1200	800	600
Neben der waagerecht brennenden Flamme	850	650	550
Senkrecht unter der nach unten brennenden Flamme	550	500	480

Anmerkung
Schweißbrennereinsatz Größe 4, Nennbereich 4 ... 6 mm Stahlblechdicke

Tabelle 10
Gefährdungen und Sicherheitsmaßnahmen beim Gasschweißen und Brennschneiden

Gefährdung durch	Sicherheitsmaßnahme
Zustand der Arbeitsmittel undichte Ventile an den Druckgasflaschen und am Brenner	Kontrolle der Dichtigkeit mit schaumbildenden Mitteln; Kennzeichnung der undichten Druckgasflaschen bei Rückgabe; Reparatur des Brenners durch Sachkundige
undichte Anschlüsse an den Gasschläuchen, den Druckminderern und am Brenner	Herstellen ordnungsgemäßer Anschlüsse und Verbindungen; Prüfung mit schaumbildenden Mitteln
eingefrorene Flaschenventile, Sicherheitsvorlagen und Druckminderer	Auftauen mit warmem Wasser, heißer Luft oder Dampf (nicht mit offener Flamme)
Verunreinigung der Druckgasflaschen, Druckminderer und Gasschläuche	ordnungsgemäßes Aufstellen und Lagern der Druckgasflaschen sowie Verlegen der Gasschläuche
mangelnde Funktionstüchtigkeit der Druckminderer, Gasschläuche und Brenner	funktionsuntüchtige Arbeitsmittel nicht in Betrieb nehmen; reparieren oder Reparatur durch Sachkundige veranlassen; bei Injektorbrennern Saugprobe durchführen
Fehlhandlungen Umsturz stehender Druckgasflaschen	stehende Druckgasflaschen gegen Umstürzen sichern
Benutzung waagerecht liegender Acetylen- und Propanflaschen (bei Acetylenflaschen kann Aceton und bei Propanflaschen Flüssiggas in den Druckminderer und die Gasschläuche gelangen; Brand- und Explosionsgefahr, außer Acetylenflaschen mit rotem Ring am Flaschenhals)	nur stehende bzw. am Kopfende in einem Winkel von mindestens 30° erhöht gelagerte Druckgasflaschen verwenden
Arbeiten mit Propan in Gruben und Kellern (Erstickungsgefahr; Explosionsgefahr)	in Gruben und Kellern nicht mit Propan arbeiten

Gefährdung durch	Sicherheitsmaßnahme
Aufstellung der Druckgasflaschen in der Nähe von Wärmequellen (Entstehung unzulässiger Flaschendrücke; Acetylenzerfall; Gefahr des Flaschenzerknalls)	Druckgasflaschen in angemessener Entfernung von Wärmequellen aufstellen
Beschädigung der Gasschläuche durch unsachgemäßes Verlegen (Überfahren, scharfe Kanten)	Gasschläuche ordnungsgemäß verlegen und vor Beschädigung schützen
falsche Gasdruckeinstellung	Arbeitsdruck entsprechend Gasart und Brennereinsätze einstellen; auf Flaschenleerung achten
neu angeschlossene lange Gasschläuche ungenügend gespült (Explosionsgefahr bei Flammenrückschlag)	durch längeres Spülen Luft aus dem Brenngasschlauch verdrängen
Bedienung der Brennerventile in falscher Reihenfolge	Öffnen: zuerst Sauerstoff, dann Brenngas; Schließen: zuerst Brenngas, dann Sauerstoff
falsche Reaktion bei Flammenrückschlag, Schlauchexplosion und Flaschenbrand	bei Flammenrückschlag sofort Brennerventile in richtiger Reihenfolge schließen und Brenner kühlen
Nichtbeachtung möglicher Gasansammlungen in zündfähiger Konzentration bzw. Sauerstoffanreicherung in Behältern und engen Räumen	mögliche Bildung explosibler Gasgemische bzw. Sauerstoffanreicherung vor der Zündung beachten; Behälter und Räume belüften
Spielerei mit Brenngasen	Unterlassung jeglicher Spielerei
Nichtbenutzen von persönlichem Körperschutz	Schweißeranzug, Schweißerhandschuhe, festes Schuhwerk, Kopfbedeckung, Schutzbrille benutzen; keine synthetische Unterwäsche tragen
mangelnde Sicherung der Schweißteile oder der abzubrennenden Teile gegen Um- und Herabfallen	Masse einschätzen; Teile sicher aufstellen bzw. ablegen, Abstützungen oder Aufhängungen verwenden
Arbeitsablauf offene Flamme	Schutz der Wände, Decken, Fußböden, Rohre, Behälter, Isolierstoffe usw. vor direkter Flammeneinwirkung (z. B. Abdecken mit Blechen)

Gefährdung durch	Sicherheitsmaßnahme
Funken, Schweißspritzer, Schweißperlen	Schweißgefährdungszone genau bestimmen; Sicherheitsmaßnahmen in der Schweißgefährdungszone durchführen (z. B. Verschließen von Öffnungen, Bereitstellung von Löschmitteln)
Wärmeleitung in Metallen	Vermeidung zu großer Schweißspalte; Verwendung wärmeableitender Pasten
Sauerstoffentzug aus der Luft bei Bildung nitroser Gase	Be- und Entlüftung der Schweißarbeitsplätze; Sicherheitsposten bei Arbeiten in Behältern und engen Räumen einteilen

heißer Verbrennungsgase, eine nicht zu unterschätzende Gefahr dar. Die Tabelle 9 zeigt, daß noch in beträchtlichen Entfernungen die Zündtemperaturen verschiedener brennbarer Materialien erreicht werden. Die Beiflamme wird teilweise durch Ritzen und Fugen angesaugt.
Das autogene Schweißen ist auch dadurch gekennzeichnet, daß der spezifische Energieaufwand (z. B. je cm^3 geschmolzenem Zusatzwerkstoff) sehr hoch liegt. Das hat zur Folge, daß an den Schweißteilen ausgedehnte Temperaturfelder entstehen, die durch Wärmeleitung auch in beträchtlichen Entfernungen von der Schweißnaht oder Brennfuge noch Zünd- oder Schweltemperaturen verschiedener Materialien erreichen.
Charakteristische Gefährdungen, die beim Gasschweißen und Brennschneiden auftreten, sowie erforderliche Sicherheitsmaßnahmen sind aus Tabelle 10 ersichtlich.

4.1.2. Lichtbogenhandschweißen

Dem elektrischen Lichtbogenhandschweißen (E-Schweißen) sind ≈ 15 % der Schweißbrände zuzurechnen. Die Wärmequelle ist der Lichtbogen mit einer Temperatur von ≈ 4 000 °C. Durch das Aufschmelzen von Stahl entstehen Metall- und Schlackespritzer. Außerdem sind die heiße Elektrode, der heiße Elektrodenhalter sowie das Schweißteil als Wärmequellen zu beachten. Eine nicht zu unterschätzende Brandgefahr geht auch von Irrströmen aus, die infolge falschen Anschlusses der Schweißstromrückleitung entstehen. Die Irrströme können insbesondere zur thermischen Überlastung von Nulleitern führen, wodurch sowohl Brände als auch Unfälle entstehen können. Den Irrströmen wird an mechanischen Verbindungen von Konstruktionsteilen (Schraub- und Nietverbindungen) ein großer Widerstand entgegengesetzt, was ein Glühen und Durchschmelzen der Verbindungsteile zur Folge haben kann. Unfälle und Brandgefahren entstehen auch durch beschädigte Schweißkabel sowie unsachgemäß ausgeführte Kabelverbindungen und -anschlüsse (s. Abschn. 4.2.). Die vom Lichtbogen ausgehende Strahlung ist intensiver als beim Gasschweißen. Die Schweißer müssen Körperschutzmittel

Tabelle 11
Gefährdungen und Sicherheitsmaßnahmen beim Lichtbogenschweißen

Gefährdung durch	Sicherheitsmaßnahme
Zustand der Arbeitsmittel beschädigte Stecker, Kabel, Elektrodenhalter und Klemmen der Schweißstromrückleitung	Stecker nur durch Elektriker reparieren lassen; beschädigte Kabel, Elektrodenhalter usw. auswechseln oder ordnungsgemäß reparieren lassen
Laufen von Umformern im verkehrten Drehsinn	Phasen durch einen Elektriker umklemmen lassen
Verschmutzung und Durchnässung der Schweißanlage	im Freien aufgestellte Schweißstromquellen durch Hauben oder Planen schützen
Fehlhandlungen unbefugte Eingriffe des Schweißers im Netzteil der Maschine, an Steckern und Verteilerkästen	erforderliche Arbeiten von einem Elektriker ausführen lassen; vor Reparaturarbeiten an der Schweißstromquelle Netzstecker ziehen
Beschädigung der Kabel infolge unsachgemäßen Verlegens (Überfahren, scharfe Kanten)	Hochhängen der Kabel oder Verlegung zwischen 2 Bohlen; Kantenschutz verwenden oder aufhängen
falsche Einstellung der Schweißparameter bzw. Benutzung ungeeigneter Elektroden für den gewählten Einstellwert	Fernregler verwenden oder Einstellwerte manuell nachregulieren
Nichtbenutzen von persönlichen Schutzausrüstungen	Schweißerschirm mit unbeschädigten Augenschutzfiltern in ausreichender Stärke, Schweißeranzug, Schweißerhandschuhe, festes Schuhwerk, Kopfbedeckung benutzen
unkontrolliertes Ablegen des Elektrodenhalters	Elektrodenhalter auf nichtleitender Unterlage ablegen; bei eingespannter Elektrode und eingeschalteter Maschine darf die Elektrode infolge unbeabsichtigter Lageveränderung des Halters keinen Masseschluß herstellen

Gefährdung durch	Sicherheitsmaßnahme
mangelnde Absaugung von Schweißrauch und -gasen	Bereitstellung leistungsfähiger Absauganlagen; beim Arbeiten im Freien Windrichtung beachten
falschen Anschluß der Schweißstromrückleitung	Schweißstromrückleitung direkt am Schweißteil in der Nähe der Schweißstelle anschließen
Reinigungs- und Wartungsarbeiten	Reinigungs- und Wartungsarbeiten nur bei abgeschalteten Geräten durchführen (Netzstecker ziehen)
Arbeitsablauf offenen Lichtbogen	zündwillige Materialien aus dem Wirkungsbereich des Lichtbogens entfernen (Konservierung, Schmiermittel); Wirkung der Wärmekonzentration des Lichtbogens auf der Rückseite des Schweißteils beachten
Bildung von Funken, Schweißspritzern, Schweißperlen	Schweißgefährdungszone genau bestimmen; Sicherheitsmaßnahmen durchführen
heiße Elektrodenspitzen	Elektrodenreste in Blechgefäßen und Elektrodenhalter mit eingespannter Elektrode sicher ablegen
Wärmeleitung in Metallen	wärmeableitende Pasten verwenden
Bildung von Schweißrauch und Gasen	Gase und Rauch in unmittelbarer Nähe der Schweißstelle absaugen

benutzen. Zum Schutz anderer Personen eignen sich Vorhänge oder Stellwände, die Strahlung und Schweißspritzer abhalten.
Die charakteristischen Gefährdungen, die beim Lichtbogenhandschweißen auftreten, sowie die erforderlichen Sicherheitsmaßnahmen sind aus Tabelle 11 ersichtlich.

4.1.3. Sonstige Schweißverfahren

Neben den in den Abschnitten 4.1.1. und 4.1.2. beschriebenen Schweiß- und einem Trennverfahren gibt es noch eine Vielzahl anderer Verfahren, die nachfolgend zusammengefaßt behandelt werden, denn:
- viele Verfahren (z. B. das Unterpulver-, Elektroschlacke-, Abbrennstumpf-, Widerstandspunktschweißen) werden ausschließlich oder vorwiegend stationär

in Produktionsstätten angewandt; erfahrungsgemäß ist jedoch unter diesen Bedingungen die Häufigkeit von Unfällen und Bränden sehr gering;
- die weit über 1 000 ausgewerteten Brände infolge von Schweiß- und Schneidarbeiten enthalten nur sehr wenige Beispiele zu diesen Verfahren. Zu ähnlichen Ergebnissen kommen Untersuchungen von Unfällen [46].

Bei Schweiß- und Schneidarbeiten unter stationären Bedingungen treten die gleichen Zündquellen wie bei den in den Abschnitten 4.1.1. und 4.1.2. beschriebenen

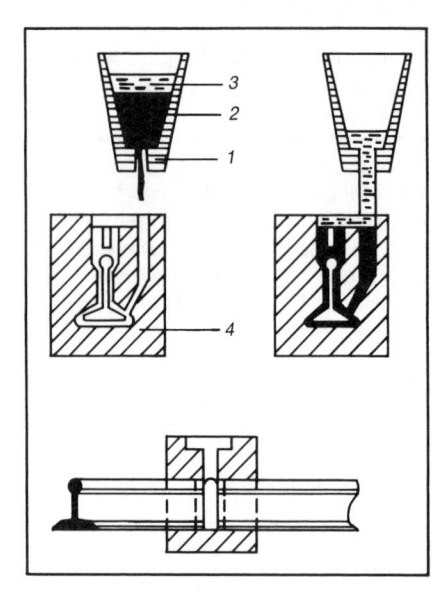

Abb. 10
Schematische Darstellung des Gießschmelzschweißens,
1 Schmelztiegel, 2 flüssiger Stahl, 3 Schlacke, 4 Schweißform

Tabelle 12
Gefährdungen und Sicherheitsmaßnahmen beim Gießschweißen

Gefährdung durch	Sicherheitsmaßnahme
Zustand der Arbeitsmittel und Schweißmassen Verwendung defekter Arbeitsmittel (z. B. Tiegel, Formkästen, Tiegelhalter, Kokillen)	Arbeitsmittel auf ihren Zustand prüfen; keine beschädigte Geräte und Kokillen verwenden
Verwendung defekter Arbeitsmittel für das Vorwärmen (Brenner, Schläuche, Druckminderer)	Dichtigkeit der Schlauchanschlüsse und Ventile prüfen; keine defekten Geräte verwenden
Verwendung feuchter Schweißmassen	Schweißmassen bis zur Verwendung in geschlossenen Räumen lagern

Gefährdung durch	Sicherheitsmaßnahme
Fehlhandlungen ungenügende Sicherung der Schweißgefährdungszone	Eindämmen des intensiven Funkenflugs durch Abdecken des Schmelztiegels; die Möglichkeit des plötzlichen Ausfließens flüssiger Schmelzprodukte beachten
unsichere Aufstellung der Schmelztiegel	Schmelztiegel unter Berücksichtigung möglicher Erschütterungen durch den Reaktionsvorgang kippsicher aufstellen
zu frühes Entfernen der Schweißformen	Einhalten der technologischen Vorgaben bezüglich des Entfernens der Formen
ungenügende Trittsicherheit im Arbeitsbereich (Rückweg nach dem Zünden der Schweißmasse)	Fluchtwege freihalten
Nichtbenutzung der Körperschutzmittel	Schweißeranzug, Schweißerhandschuhe, festes Schuhwerk benutzen
falsche Lagerung der Schweißmassen und Zündhölzer	Materialien getrennt, trocken und unter Verschluß lagern
Arbeitsablauf intensive thermische Reaktion mit Funken und Spritzern	Feuchtigkeit im Schweißpulver, im Schmelztiegel und in der Gießform vermeiden; Reaktionsgefäß abdecken
Bildung großer Mengen flüssigen Stahls und flüssiger Schlacke	Auffanggefäße aufstellen bzw. Sandschüttungen unter dem Schmelztiegel und der Gießform anlegen
großen Wärmeeintrag in das Schweißteil	geringe Abkühlungsgeschwindigkeit und große Wärmeleitung beachten
erwärmte Arbeitsmittel	abgebaute Arbeitsmittel sicher ablegen; die Möglichkeit des Abfallens von Keramik- oder Formsandkokillenteilen während der Abkühlung beachten
unsachgemäßen Umgang mit Arbeitsmitteln und Hilfsstoffen zum Vorwärmen (z. B. Propan, Propylen oder Benzin)	Arbeitsmittel entsprechend den Bedienungsanleitungen verwenden, siehe auch Tabelle 10

Tabelle 13
Gefährdungen und Sicherheitsmaßnahmen beim Widerstandspunkt- (WP) und Abbrennstumpfschweißen (WA)

Gefährdung durch	Sicherheitsmaßnahme
Zustand der Arbeitsmittel Klemmbacken- bzw. Elektrodenverschleiß	planmäßig vorbeugende Instandsetzung und sachgemäße Reparatur durchführen
defekte Kühlung der Elektroden	
elektrotechnische Mängel	
Fehlhandlungen Nichtbenutzung der Körperschutzmittel	Schweißeranzug, Schweißerschürze, Schweißerhandschuhe, festes Schuhwerk, Kopfbedeckung, Schutzbrille benutzen
unzulässiges Hantieren in der Nähe beweglicher Maschinenteile	erforderliche Qualifikationen und betriebliche Berechtigung zum Bedienen der Arbeitsmittel erwerben; Bedienungsanleitung einhalten
ungenügende Sicherung der Schweißgefährdungszone	brennbare Stoffe, insbesondere Wartungs- und Pflegemittel, beseitigen
Arbeitsablauf Spritzer, Funken	Körperschutzmittel benutzen; brennbare Stoffe aus der Schweißgefährdungszone entfernen
flüssige Metalltropfen (nur WA)	
hohe Temperatur des Arbeitsgegenstandes	
Verletzungsgefahr am Stauchgrat (nur WA)	Schweißerhandschuhe benutzen

Verfahren auf. Im allgemeinen ist jedoch die Umgebung dieser Arbeitsplätze frei von brennbaren Materialien. Eine Gefährdung ist bei Wartungs- und Pflegearbeiten gegeben, da Putzlappen, Öl und Waschbenzin in die Schweißgefährdungszone gelangen können. Eine spezifische Gefährdung stellen Undichtigkeiten der wassergekühlten Gleitschuhe beim Elektroschlacke- und Elektrogas-Schweißen dar. Austretendes Wasser führt zum explosionsartigen Verspritzen des Schweißgutes und damit zu Unfall- oder Brandgefahren.
Zum unkontrollierten Austritt großer Mengen flüssigen Schweißgutes kann es auch beim aluminothermischen Schmelzschweißen kommen (s. Abb. 10 u. Tab.

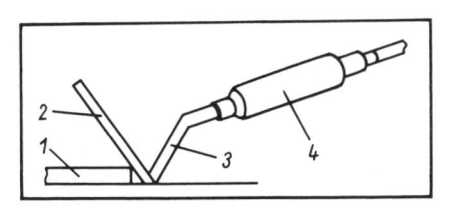

12). Gefährdungen und Sicherheitsmaßnahmen beim Widerstandspunkt- und Abbrennstumpf-Schweißen sind aus Tabelle 13 ersichtlich. Die Regel, daß mit zunehmendem technologischem Niveau der Arbeitsverfahren und Prozesse tendentiell auch das Sicherheitsniveau steigt, trifft auch für das Schweißen und Schneiden zu.

4.1.4. Verwandte Verfahren

Verwandte Verfahren sind das Löten, Flammwärmen, Flammrichten, Metallspritzen, Flammstrahlen, Flammhärten und Widerstandswärmen. Bei diesen Verfahren entstehen ≈ 5 % der Brände.

Das *Löten* wird vor allem bei Ausbauarbeiten, bei Reparaturarbeiten an Installationen sowie im Freizeit- und Hobbybereich angewandt. Gefahrenquellen sind die offene Flamme bzw. der heiße Kolben, vor allem, wenn die Geräte unbeaufsichtigt im Betriebszustand abgestellt werden. Propangaslötgeräte erfordern die Beachtung der spezifischen Besonderheiten von Flüssiggasen (z. B. Gasansammlung in Vertiefungen). Auf die Dichtigkeit von Schlauchanschlüssen und -verbindungen ist besonders zu achten.

Das *Flammwärmen und Flammrichten* ist hauptsächlich bei Installationsarbeiten sowie bei Reparaturen an Arbeitsmitteln erforderlich. Dabei wird mit der offenen Flamme von Schweiß- und Schneidbrennern gearbeitet. Gefahrenschwerpunkte bilden brennbare Stoffe (z. B. Öl, Benzin) sowie Hydrauliköl in der Nähe der Anwärmstelle oder in Leitungen, die gerichtet werden sollen.

Das *Metallspritzen* wird zur Verbesserung der Korrosionsbeständigkeit oder Verschleißfestigkeit von Werkstücken bzw. zur Regenerierung von Bauteilen angewandt. Gefahrenschwerpunkt bilden die staubförmigen Rückstände, die in geeigneten Vorrichtungen niederzuschlagen sind. Die Probleme beim Metallspritzen sind ausführlich in Abschnitt 4.3.1. beschrieben.

Das *Flammstrahlen* dient der Oberflächenbehandlung von Metallen (teilweise auch von Holz) mit dem Ziel, Verunreinigungen, Anstriche, Rost und Zunder zu entfernen. Anwendungsmöglichkeiten sind im Stahlbau sowie auf dem Gebiet des Korrosionsschutzes gegeben. Neben dem Funkenflug durch wegspringende Zunder-, Rost- oder Schmutzteile ist der Brand von Anstrichstoffen ein Gefahrenschwerpunkt. Die Brandintensität hängt vom Alter, von der Dicke und der Art der Anstrichstoffe ab. Bitumenanstriche sind besonders gefährlich. Von großer sicherheitstechnischer Bedeutung ist die Bildung toxischer Verbrennungsprodukte (z. B. Bleimennige).

Gefährdungen, die beim Löten auftreten, sowie erforderliche Sicherheitsmaßnahmen sind aus Abbildung 11 und Tabelle 14 ersichtlich.

Abb. 11
Schematische Darstellung von verwandten Verfahren,
1 Grundwerkstoff, 2 Lot, 3 Lötspitze, 4 Heizpatrone

Tabelle 14
Gefährdungen und Sicherheitsmaßnahmen beim Löten

Gefährdung durch	Sicherheitsmaßnahme
Zustand der Arbeitsmittel durch elektrischen Strom	Arbeitsmittel in ordnungsgemäßem Zustand halten, Funktionstüchtigkeit kontrollieren, fachgerecht instandsetzen
durch Brenngase	
Fehlhandlungen Berühren heißer Arbeitsmittel und Arbeitsgegenstände	Geräte sicher aufstellen bzw. ablegen
unkontrolliertes Ablegen in Betrieb befindlicher Geräte (z. B. Lötkolben)	vor dem Verlassen des Arbeitsplatzes Geräte außer Betrieb setzen
Arbeitsablauf schädliche Gase und Dämpfe (z. B. Metalldämpfe, Flußmitteldämpfe)	für ausreichende Lüftung und Absaugung sorgen
abtropfendes und verspritzendes Lot	erforderlichenfalls Schutzbrille benutzen

4.2. Gefährdungen durch elektrischen Strom

Unfälle und Brände infolge Einwirkung des elektrischen Stromes beim Schweißen haben im Ursachengefüge wesentliche Gemeinsamkeiten. Deshalb wird eine gemeinsame Beschreibung in den nachfolgenden Ausführungen als zweckmäßig angesehen. Die Unfälle durch elektrischen Strom sind im Vergleich zu anderen Unfällen mit großer Lebensgefahr verbunden [47 ... 53]. Entscheidend ist der Stromfluß durch den Körper. Die Schwere der Störungen der Lebensvorgänge

Tabelle 15
Auswirkungen des elektrischen Stromes auf den menschlichen Körper

Stromstärke in mA	Wirkungen auf den menschlichen Körper
5 ... 25	Muskelverkrampfungen an Händen und Armen; keine bleibenden Schäden
25 ... 80	Muskelverkrampfungen am gesamten Körper; Lebensgefahr durch Lähmungen (Atemstillstand)
> 80	Beeinträchtigung des natürlichen Rhythmus der Herztätigkeit (Herzkammernflimmern), die häufig zu Bewußtlosigkeit und zum Tod führt

hängt dabei von der Stromstärke ab (s. Tab. 15). Der Widerstand, den der menschliche Körper dem Stromdurchfluß unter den Bedingungen erhöhter elektrischer Gefährdungen entgegensetzt, ist aus Abbildung 12 ersichtlich. Unter den

Längsdurchströmung
Hand – Fuß ≈ 1 000 Ω
Hand – Füße ≈ 750 Ω
Hände – Füße ≈ 500 Ω

Erhöhte elektrische Gefährdung liegt vor

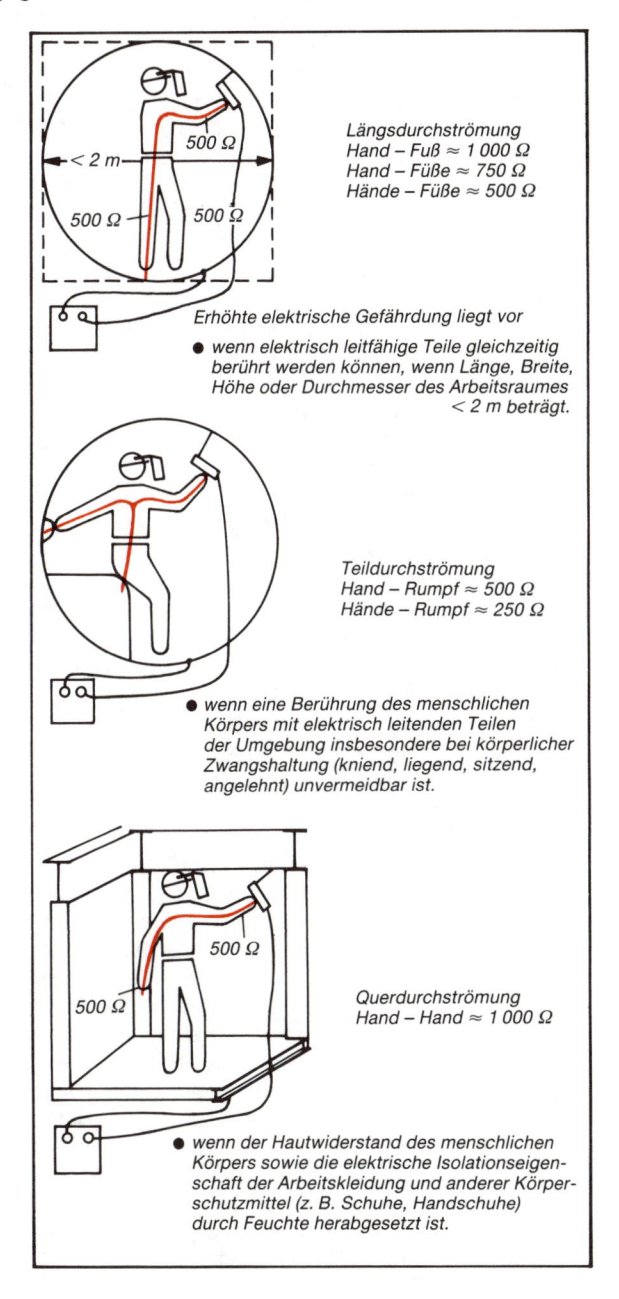

- wenn elektrisch leitfähige Teile gleichzeitig berührt werden können, wenn Länge, Breite, Höhe oder Durchmesser des Arbeitsraumes < 2 m beträgt.

Teildurchströmung
Hand – Rumpf ≈ 500 Ω
Hände – Rumpf ≈ 250 Ω

- wenn eine Berührung des menschlichen Körpers mit elektrisch leitenden Teilen der Umgebung insbesondere bei körperlicher Zwangshaltung (kniend, liegend, sitzend, angelehnt) unvermeidbar ist.

Querdurchströmung
Hand – Hand ≈ 1 000 Ω

- wenn der Hautwiderstand des menschlichen Körpers sowie die elektrische Isolationseigenschaft der Arbeitskleidung und anderer Körperschutzmittel (z. B. Schuhe, Handschuhe) durch Feuchte herabgesetzt ist.

Abb. 12
Arbeitsbedingungen bei erhöhter elektrischer Gefährdung

Ursachen für Brände dominieren Widerstandserwärmungen und Kurzschlüsse mit Lichtbögen.

Die meisten untersuchten Unfälle und Brände ereigneten sich in Standardsituationen. An erster Stelle der Gefährdungsursachen ist das falsche Anbringen von Schweißstromrückleitungen zu nennen, das häufig zum Schmelzen der Schutzleiter führt und eine erhebliche Brand- und Unfallgefahr darstellt. Die Brände können dabei sofort am schmelzenden Schutzleiter entstehen, während die Unfallgefahr in der Regel latent besteht, das heißt, ein Unfall kann dann eintreten, wenn der Schutzleiter infolge Zerstörung seine sicherheitstechnische Funktion nicht mehr erfüllt. Das ist besonders dann der Fall, wenn die Gehäuse elektrischer Geräte durch technische Fehler unter Spannung stehen [24]. Schadhafte Arbeitsmittel, vor allem Kabel, Stecker und Schweißzangen, sind weitere Gefährdungsquellen.

Subjektives Fehlverhalten drückt sich nicht zuletzt im verhältnismäßig häufigen Auftreten von Verstößen gegen die Grundsätze, Elektrodenhalter auf isolierenden Unterlagen abzulegen, Schweißmaschinen in Arbeitspausen, bei Wartungsarbeiten und Durchführung technischer Veränderungen abzuschalten, vorgeschriebene Körperschutzmittel zu benutzen, aus.

Zur Vermeidung von Gefährdungen durch elektrischen Strom bei Schweiß-, Schneid- und verwandten Verfahren sind folgende Sicherheitsmaßnahmen erforderlich [12, 60, 61]:

- Die Schweiß- oder Schneidstromzuführungen und die Rückleitungen sowie die Leitungsverbindungen müssen grundsätzlich von der Stromquelle bis zum Elektrodenhalter, Schweiß- oder Schneidbrenner oder Schweißkopf bzw. bis zur Werkstückklemme isoliert oder in anderer Weise gegen zufälliges Berühren geschützt sein. Die Leitungen dürfen keine leitende Verbindung mit dem Schutz- und Neutralleiter des Netzes haben.
- Beschädigungen der Schweißleitungen, insbesondere durch Überfahren mit Fahrzeugen und Geräten, sind auszuschließen.
- Elektrodenhalter bzw. Handschweiß- und -schneidbrenner mit beschädigtem Griffstück müssen sofort ausgewechselt werden.
- Bei Arbeitsunterbrechungen sind die Elektrodenhalter auf isolierende Unterlagen abzulegen oder isoliert aufzuhängen.
- Elektrisch leitende Teile, die eine erhöhte Gefährdung verursachen, sind gegen betriebsmäßiges oder zufälliges Berühren zu isolieren. Es ist unbeschädigtes trockenes Schuhwerk mit Gummisohle zu tragen.
- Die Schweiß- bzw. Schneidstromrückleitung ist unmittelbar am Schweißteil oder an der Schweißteilauflage, nahe der Schweiß- oder Schneidstelle anzubringen. Zur Gewährleistung eines sicheren Stromüberganges sind Farb-, Rost-, Schmutz- und Oxidschichten an der Anschlußstelle zu entfernen. Der Anschluß ist so auszuführen, daß ein selbsttätiges Lockern oder unbeabsichtigtes Lösen der Verbindung ausgeschlossen ist. Der Anschluß auf der Netzseite darf nur von Mitarbeitern ausgeführt werden, die die Voraussetzungen für Arbeiten an elektrotechnischen Anlagen und Betriebsmitteln erfüllen.
- Für Schweißstellen dürfen elektrisch leitende Teile von Gebäuden oder Betriebsvorrichtungen, wie Gebäude- und Anlagenkonstruktionen, Bewehrungen, Rohrleitungen, Schienen und Gleise nur dann als Stromleiter verwendet werden, wenn diese Teile Schweißteil sind oder wenn es sich um ausgedehnte, in sich abgegrenzte elektrisch leitende Teile von Konstruktionen oder Betriebs-

anlagen mit nachweislich gesicherten Stromübergängen an den Verbindungsstellen handelt, für die geeignete Anschlußstellen betrieblich festgelegt und entsprechend gekennzeichnet sind.
- Steht das Schweißteil oder die Schweißteilauflage in leitender Verbindung mit Schutzleitern, ist zu gewährleisten, daß die Schutzleitungen bei Unterbrechung des Stromkreises nicht durch Irrströme gefährdet und in ihrer Wirksamkeit beeinträchtigt werden.
- Stromquellen und Geräte sind bei Wartungsarbeiten vom Netz zu trennen.
- Die Schweiß- oder Schneidanlage ist abzuschalten, wenn die Anlage bei Arbeitsunterbrechungen nicht beaufsichtigt werden kann oder der Arbeitsplatz verlassen wird.
- Bei Arbeiten in landwirtschaftlichen Gebäuden oder baulichen Anlagen, in denen sich Zucht- und Nutztiere befinden, sind die Tiere im Umkreis von mindestens 5 m von der Schweiß- oder Schneidstelle zu entfernen. Darüber hinaus ist ein Blendschutz vorzusehen.

Beispiele
für Unfälle, Brände und Explosionen

Brände infolge falscher Ablage des Stabelektrodenhalters
Eine Sammelrohrleitung, die zu einem Schornstein führte, verlief teilweise über dem Dach einer in Stahlbauweise ausgeführten Halle. An dieser Rohrleitung wurden Montagearbeiten durchgeführt. Ein Elektroschweißer hängte das Schweißkabel mit dem Elektrodenhalter über das Rohr. Nach dem Einschalten der Schweißmaschine begab er sich nicht sofort zum Arbeitsplatz. Durch das Arbeiten der Monteure am Rohr fiel der Elektrodenhalter auf das Aluminiumdach. An drei Schmorstellen schmolz das Metall durch, und der darunter befindliche Dämmstoff entzündete sich. Der Brand konnte schnell gelöscht werden. Es entstand ein geringer Sachschaden. Die Feuerwehr sprach eine Ordnungsstrafe gegen den Schweißer aus.

Abb. 13
Thermische Überlastung des Nulleiters mit nachfolgendem Brand durch Berührung des genullten Gehäuses des Schweißtransformators mit der Elektrode,
1 Schweißteil, 2 Transformatorgehäuse, 3 Nulleiter

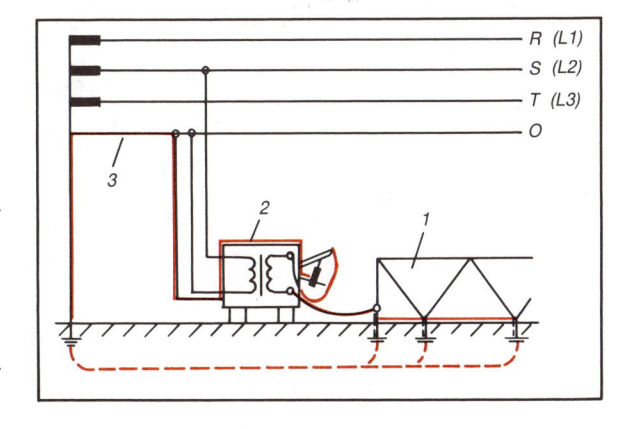

In einem anderen Fall unterbrach ein Schweißer seine Arbeiten an einer Stahlkonstruktion. Er hängte den Elektrodenhalter mit eingespannter Elektrode an die noch eingeschaltete Schweißstromquelle und entfernte sich. Beim Abgleiten des Elektrodenhalters von der Aufhängung kam die Elektrode in Verbindung mit dem genullten Gehäuse des Schweißstromtransformators, wodurch sich der Stromkreis über Elektrode – Transformatorgehäuse – Nulleiter – Betriebserdungsleiter – Erde – Stahlkonstruktion – Schweißkabel schloß (s. Abb. 13). Die Stromstärke im Fehlerstromkreis betrug 200 A, was eine thermische Überlastung des Nulleiters mit anschließendem Brand zur Folge hatte [24].

Verstöße gegen die Sicherheitsbestimmungen:
– Elektrodenhalter nicht isoliert abgelegt bzw. sicher aufgehängt,
– in Betrieb befindliche Schweißanlagen blieben unbeaufsichtigt.

Brände durch falschen Schweißstromrückfluß
Um an einer Grubenabdeckung Schweißarbeiten auszuführen, wurde die Schweißmaschine mit der Schweißstromrückleitung vorschriftswidrig an die Rollenbahn angeschlossen (s. Abb. 14). Der Schweißer hoffte, daß die Grubenabdeckung über die Abdeckplatten Kontakt mit der Rollenbahn hat. Gleichzeitig bestand aber über den Nulleiter des Kabels eines Motors und den Elektroverteiler Kontakt mit der Rollenbahn. Da diese Schweißstromrückleitung einen wesentlich geringeren Widerstand als die Abdeckplatten hatte, floß der größte Teil des Stromes über den Nulleiter. Dieser wurde aufgeheizt und zerstörte das Kabel für den Motor, was einen längeren Produktionsausfall zur Folge hatte.

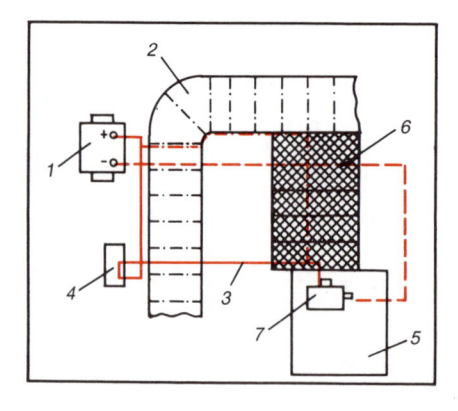

Abb. 14
Falsch angeschlossene Schweißstromrückleitung,
1 Stromquelle, 2 Rollenbahn, 3 Nulleiter des Kabels, 4 Elektro-Verteiler, 5 Grubenabdeckung, 6 Abdeckplatten, 7 Motor,
– – – – Schweißstromzuleitung,
–·–·– vom Schweißer beabsichtigter Schweißstromrückfluß, —— tatsächlich eingetretener Schweißstromrückfluß

Verstöße gegen die Sicherheitsbestimmungen:
– Schweißstromrückleitung nicht unmittelbar am Schweißteil angebracht, sondern an elektrischen Teilen der Betriebsvorrichtung, die keine gesicherten Stromübergänge an den Verbindungsstellen hatten.

Unfall infolge Beschädigung eines Steckers und eines Schweißkabels
Ein Auszubildender erhielt den Auftrag, einen Schweißgenerator an das Netz anzuschließen. Er übersah, daß ein Teil der Führungsnase des Kraftstromsteckers

abgebrochen war und führte den Stecker verkehrt in die Steckdose ein. Das Stekkergehäuse wurde kurzzeitig (bis die entsprechende Sicherung ansprach) unter Spannung gesetzt. Der Auszubildende erlitt eine elektrische Durchströmung [56].
Verstöße gegen die Sicherheitsbestimmungen:
- Lehrfacharbeiter und Meister haben entweder die Kontrolle der Arbeitsmittel vernachlässigt oder den Zustand des Steckers wissentlich geduldet,
- Auszubildender war nicht unterwiesen.
Weitere Beispiele sind in Tabelle 16 enthalten.

Tabelle 16
Beispiele für Brände infolge Einwirkung des elektrischen Stromes

Sachverhalt	Verstoß gegen die Sicherheitsbestimmungen	Schaden
Bei Elektroschweißarbeiten an einem Absperrgitter kam es zu einem Brand, da die zu verbindenden Gitterteile galvanisch über zwei verschiedene Geräte (Motor und Schaltschrank) verbunden waren. Durch die Verbindung wurde der Schutzleiter kurzzeitig mit Schweißstrom belastet. Der Schutzleiter erwärmte sich auf Entzündungstemperatur, wodurch die Anlage zerstört wurde.	Schweißstromrückleitung nicht unmittelbar am Schweißteil angebracht	Groß
In einem Plattenwerk wurde ein für das Anschweißen von Laschen an Betonformen benötigter Transformator ständig in Betrieb gelassen, auch während der Schichtübergabe und in den Arbeitspausen. Der Transformator erwärmte sich so, daß er auf dem Fußboden befindliche Ölverschmutzungen entzündete und die Plattenstraße in Brand setzte.	Schweißstromquelle in den Arbeitspausen nicht abgeschaltet	Sehr groß
Um Schweißarbeiten an einem Elektrotrockenschrank vornehmen zu können, wurde die Schweißstromrückleitung durch Legen eines Stahlstückes zwischen der Kanalabdeckung der Halle aus Metall und der konservierten Schranktür hergestellt. Der Schweißstrom floß über die elektrische Zuleitung des Schrankes, zerstörte diese teilweise und setzte den Schrank unter Spannung.	Schweißstromrückleitung nicht unmittelbar am Schweißteil angebracht	Sachschaden; Gefährdung

Sachverhalt	Verstoß gegen die Sicherheitsbestimmungen	Schaden
Bei Montagearbeiten stellte ein Schweißer fest, daß sein Umformer in verkehrter Richtung lief. Er polte den Stecker selbst um, beachtete jedoch nicht, daß die Litzenenden nicht verzinnt waren. Aus der Schraubenbefestigung hervorstehende Litzendrähte berührten das Steckergehäuse. Beim Einführen des Steckers in die Steckdose bekam der Schweißer einen Stromschlag, der zu Verbrennungen an den Händen und Füßen führte. Unfallbegünstigend wirkte sich die feuchte Witterung und das fehlende feste Schuhwerk aus.	Schweißer nahm auf der Netzseite Eingriffe vor	Arbeitsunfall
Ein Schlosser schweißte Metalltreppen von einem fahrbaren Arbeitsgerüst aus, dessen Boden aus Aluminiumblechen bestand. Er legte den Elektrodenhalter und die Schutzhandschuhe auf dem Gerüstboden ab und verließ das Gerüst. Beim Herabsteigen kippte der Elektrodenhalter seitlich um. Als der Schlosser gleichzeitig Treppe und Gerüst berührte, erhielt er einen elektrischen Schlag. Er war nicht mehr in der Lage, seine Hände vom Gerüst zu lösen. Ein Mitarbeiter reagierte geistesgegenwärtig und zog den Netzstecker. Der Schweißer fiel ohnmächtig um.	Elektrodenhalter bei der Arbeitsunterbrechung nicht isoliert abgelegt bzw. aufgehängt	Arbeitsunfall
Bei Schweißarbeiten in einem Gebäude wurde das Stromversorgungskabel durch eine Blechtür geführt. Die Tür war nicht gesichert und wurde von einem Arbeiter geschlossen. Dabei kam es zur Beschädigung des Kabels. Der Arbeiter erhielt über die Tür einen tödlichen elektrischen Schlag.	Stromversorgungskabel nicht vor Beschädigung geschützt	Tödlicher Arbeitsunfall

Sachverhalt	Verstoß gegen die Sicherheitsbestimmungen	Schaden
Ein Schweißer setzte die Schweißmaschine in Betrieb, legte den Elektrodenhalter auf der zu schweißenden Konstruktion ab und klemmte anschließend an der Maschine das Schweißkabel um. Dabei verunglückte er unter Stromeinwirkung tödlich.	Elektrodenhalter nicht isoliert abgelegt; Schweißstromquelle nicht ausgeschaltet	Tödlicher Arbeitsunfall
In einem Rinderstall waren Schweißarbeiten an Freßgittern auszuführen. Die Gesamtkonstruktion war stark korrodiert, die Klemme der Schweißstromrückleitung wurde lose ausgelegt. Der Schweißstrom nahm einen unkontrollierten Weg und tötete in 15 m Entfernung Kälber, die mit Ketten am Freßgitter befestigt waren. Eine Schweißerlaubnis lag nicht vor.	Schweißstromrückleitung nicht unmittelbar am Schweißteil angebracht	Tötung mehrerer Kälber; Sachschaden

4.3. Materialtypische Gefährdungen

4.3.1. Metallstaub und -späne

Mit Ausnahme von Edelmetallstaub ist jeder Metallstaub bei entsprechender Teilchengröße pyrophor, das heißt selbstentzündlich, wobei das Metall chemisch zum inerten Oxid umgewandelt wird. Besonders große Neigung zur Selbstentzündung haben Magnesium, Aluminium und Zink, aber auch andere Metalle können sich bei entsprechend großer Oberfläche selbst entzünden [57, 58].
Besonders frischer Aluminiumstaub ist stark explosibel. Die sicherheitstechnischen Kennwerte sind in Tabelle 17 enthalten. Weniger bekannt ist, daß Zinkstaub explosibel ist. Die Reaktion hat einen weniger exothermen Charakter und damit eine geringere Intensität, was zur Unterschätzung der Gefahren führt. In der Regel treten Verpuffungen mit relativ geringen Schäden auf. Beim Zusammentreffen mehrerer ungünstiger Faktoren kann sich jedoch das Ausmaß der Schäden drastisch erhöhen.
Die Gefahr durch Metallstaubexplosionen und -brände existiert besonders in Metallspritzwerkstätten. Für die Beurteilung der Brand- und Explosionssicherheit sind die gefahrdrohende Menge an Metallstaub und die notwendige Zündenergie von Bedeutung. Die Gefahr einer Staubexplosion liegt vor, wenn in einer Arbeitsstätte so viel Staub abgelagert ist, daß nach vollständiger Aufwirbelung ein Staub-Luft-Gemisch mit einer Staubkonzentration $\geq 50\%$ der unteren Zündgrenze vor-

Tabelle 17
Sicherheitstechnische Kennwerte von flamm- oder lichtbogengespritztem Aluminiumstaub [58]

Korngröße	$3 \ldots 200~\mu m$
Untere Zündgrenze	$\geq 35~g \cdot m^{-3}$
Glimmtemperatur	$\approx 400~°C$
Zündtemperatur von schwebendem Staub	$\approx 600~°C$
Mindestzündenergie von frischem Staub	$\geq 50~mJ$

Tabelle 18
Sicherheitstechnische Kennwerte von Aluminiumstaub-Wasserstoff-Luft-Gemischen [58]

Kennwert	Aluminium-staub	Aluminiumstaub-Wasserstoff-Luft-Gemisch		
		Wasserstoffanteil in Vol.-%		
		0,5	1	2
Untere Zündgrenze in $g \cdot m^{-3}$	47	17	9	7
Maximaler zeitlicher Druckanstieg in $MPa \cdot s^{-1}$	112	112	122	150
Maximaler Explosionsdruck in MPa	0,5	0,5	0,8	1,1
Mindestzündenergie in mJ	53	0,17	0,15	0,15

handen ist. Für reine Aluminium-Luft-Gemische liegt die Zündenergie in Abhängigkeit vom Alter des Aluminiumstaubes zwischen 50 mJ (bei ≥ 20 min altem Staub) und 500 mJ (bei 60 min altem Staub). Elektrostatische Entladungen mit einer Energie von ≈ 1 mJ oder auch elektrische Funken mit < 100 mJ können reine Aluminium-Luft-Gemische also nicht nur in den ersten $20 \ldots 30$ min zünden. Offene Flammen haben Energien um 1 000 mJ. Von großer Bedeutung ist in diesem Zusammenhang, daß geringe Wasserstoffanteile die Mindestzündenergie von Aluminiumstaub-Luft-Gemischen stark herabsetzen und die Brisanz der Reaktion erheblich verstärken (s. Tab. 18).
Ein hybrides Gemisch aus Aluminiumstaub und Wasserstoff kann bei Wasserstoffanteilen $> 0,2$ Vol.-% durch jede beliebige Zündquelle gezündet werden. Der Wasserstoff bildet sich bei Reaktionen von Aluminiumstaub mit Wasser. Dabei kann sowohl das Wasser aus der Luft als auch aus der Desaktivierung des abgesaugten Aluminiumstaubes (zur Vermeidung unkontrollierbarer Spätreaktionen) mit Wirbelnaßabscheider zur Wirkung kommen. Wasserstoff bildet sich dabei nach folgender Gleichung, wobei aus 1 g Aluminiumstaub theoretisch 1,25 l H_2 entstehen:

$$Al + 3~H_2O \rightarrow Al(OH)_3 + 1,5~H_2$$

Dieser Wasserstoff ist unabhängig von der Aluminiumkonzentration ab 4 Vol.-% explosibel.
Die wichtigste Sicherheitsmaßnahme beim Spritzen ist das Absaugen der entstehenden Gase, Dämpfe und Stäube [12, 54, 55, 58]. Die Abluftgeschwindigkeit an der Spritzstrahlauftreffstelle muß beim Flammenspritzen $\geq 1,0$ m $\cdot$ s^{-1}, beim Lichtbogen- und Plasmaspritzen mit Spitzenleistungen von < 10 kg $\cdot$ h^{-1} $\geq 1,5$ m $\cdot$ s^{-1} und > 10 kg $\cdot$ h^{-1} $\geq 2,0$ m $\cdot$ s^{-1} betragen. Dabei darf am Mitarbeiter die Luftgeschwindigkeit 0,2 m $\cdot$ s^{-1} nicht überschreiten. In der Absaugleitung muß eine Luftgeschwindigkeit von mindestens 10 m $\cdot$ s^{-1} vorliegen (besser sind 16 m $\cdot$ s^{-1}). Die Elektroinstallation in Spritzräumen ist staubgeschützt auszuführen [60, 61]. Jede Spritzkabine und jeder Spritzstand ist mit einem Kohlendioxidlöscher und einer Flammenschutzdecke auszurüsten [57...59].

Für das Zink- und Aluminiumspritzen gilt zusätzlich folgendes:
- Die Absaugleitungen und bei Trockenabscheidung von Aluminiumstaub oder Aluminiumstaubgemischen mit ≥ 80 Masse-% Aluminium auch die nachfolgenden Filter- und Abscheideaggregate müssen verzinkt, aluminiert oder aus Aluminium bzw. korrosionsbeständigem Stahl sein. Um elektrostatische Entladungen zu vermeiden, dürfen sie innen keinen Farbanstrich haben. Die periodisch zu reinigenden Absaugleitungen sind so zu verlegen, daß bei Verpuffungen oder beim Verbrennen des Staubes keine Personen gefährdet werden.
- In Spritzwerkstätten sind Spritzarbeiten mit Aluminium und Zink getrennt von anderen Werkstoffen an unabhängigen Absaugleitungen auszuführen. Wenn 20 ...80 Masse-% Zink und Alumium gespritzt werden, dann sind auch diese Arbeiten getrennt voneinander auszuführen, da sich die Stäube beider Metalle beim Desaktivieren unterschiedlich verhalten.
- Es muß gewährleistet sein, daß ein Wasserstoffgehalt von 0,05 ... 0,1 Vol.-% nicht überschritten wird. Möglichkeiten sind die Inhibierung des desaktivierenden Wassers mit Dichromat und Unterschreitung der unteren Zündgrenze ($\leq 0,1$ Vol.-% H_2) durch eine leistungsfähige Absaugung. Bei der Inhibierung mit Dichromat ist die analytische Überwachung der Dichromatkonzentration ($> 0,2$ Masse-%, pH-Wert 3,8 ... 5, $< 30\,°C$) wichtig. Bei der Gefahrenminderung durch Absaugung muß gesichert sein, daß die Absaugung auch bei Stillstandzeiten der Anlage (nachts, Wochenende) gewährleistet ist, da die Wasserstoffbildung ständig erfolgt.

Wegen der unkontrollierten Wasserstoffbildung wird empfohlen, die dem Wirbelnaßabscheider nachgeschaltete Elektroinstallation explosionsgeschützt auszuführen.
Zusätzlich gilt generell, daß Gefährdungszonen abzugrenzen und staubexplosionsgefährdete Arbeitsstätten regelmäßig zu reinigen sind. Empfehlungen zur gefahrlosen Lagerung von Zink- und Aluminiumstäuben auf einer Deponie sind in [57, 58] enthalten.

**Beispiele
für Unfälle, Brände und Explosionen**

Explosion an einer Flammspritzanlage
An einer Flammspritzanlage ereignete sich eine Explosion, die zur Zerstörung bzw. starken Beschädigung der Filter und Absaugrohrleitungen führte [62]. Teilweise schmolzen die Stahlteile. Verspritzt wurden Zink sowie Zinn/Blei und in geringen Mengen zeitweise Aluminium. Die Abluftgeschwindigkeit in den Absaugleitungen betrug ≈ 10 m · s^{-1}, die Länge der Absaugrohrleitungen bis zum Taschenfilter ≈ 15 m und der mittlere Durchmesser 600 mm. Die Absaugleitungen bestanden aus unverzinkten, teilweise innenlackierten Stahlrohren mit mehreren Hosenstücken, Einmündungen und ähnlichen zu Staubabsetzungen neigenden Stellen. Vor dem Taschenfilter waren die staubführenden Absaugleitungen mehrerer Spritzstände zu einer Hauptleitung vereinigt. Die Taschen des Filters wurden mechanisch alle 60 s geschockt. Der Elektrofilter war außer Betrieb. Folgende Ursachen kommen einzeln oder im Zusammenwirken in Betracht:
– Verwendung unverzinkter Absaugleitungen (Reaktionsmöglichkeiten des Rostes mit Zink- oder Aluminiumstaub),
– komplizierte Rohrführung sowie fehlende Möglichkeiten zur Innensäuberung (Metallstaubansammlung),
– Zusammenführung der verschiedenen Staubarten,
– fortschreitendes Zusetzen der Filtertaschen mit Feinstaub,
– starker Anstieg der Luftfeuchte innerhalb von 24 h (Beschleunigung von Oxydationsvorgängen).
Verstöße gegen die Sicherheitsbestimmungen:
– Strömungstechnisch ungünstige und wartungsunfreundliche Gestaltung der Rohrleitung,
– fehlende Metallisierung und unzulässige Lackierung der Rohre.

Aluminothermische Reaktion an einem Staubgemisch
In einem Stahlbaubetrieb wurden Winkelprofile durch Lichtbogenspritzen verzinkt [63]. Vorher erfolgte im gleichen Raum die mechanische Reinigung von Stahl durch Sandstrahlen. Ein Schweißkabel hatte Isolationsschäden, und es kam zur Funkenbildung zwischen Kabel und Metallfußboden, wobei sich Eisenoxidstaub und Zinkstaub entzündeten. Der entstandene Brand ähnelte abbrennenden Wunderkerzen. Der Brand breitete sich an den Stahlstützen bis zum Dach aus, als ob eine Zündschnur gelegt worden wäre. Es entstand kein größerer Schaden, da durch tägliche Reinigung die Menge des Staubgemisches gering war. In Auswertung des Brandes wurden das Sandstrahlen und Spritzverzinken räumlich getrennt.
Verstöße gegen die Sicherheitsbestimmungen:
– Beschädigte Schweißkabel verwendet,
– räumliche Trennung zwischen den Arbeitsgängen Sandstrahlen und Spritzen fehlte.
Weitere Beispiele sind in Tabelle 19 enthalten.

Tabelle 19
Beispiele für Brände und Explosionen von Metallstäuben und -abfällen

Sachverhalt	Verstoß gegen die Sicherheitsbestimmungen	Schaden
Bei Demontagearbeiten in einem Elektrolysegebäude verwendeten zwei Schlosser entgegen der Anweisung des Meisters und obwohl ein Hinweisschild darauf hinwies, daß der gesamte Raum brandgefährdet ist (H_2-Entstehung bei der Elektrolyse), einen Schneidbrenner. Herabfallende Funken entzündeten in einem Behälter Abfälle aus Gummi, Braunstein (MnO_2) und Aluminiumstaub. Es kam zu einer schnellen Brandausbreitung. Durch sofortigen Einsatz der Feuerwehr konnte der Brand gelöscht werden [24].	Schweißerlaubnis fehlte; grob fahrlässige Handlung (Mißachtung der Arbeitsanweisung)	Geringer Sachschaden; erhebliche Gefährdung der Mitarbeiter und Produktionsstätte
An einer Anlage zum Aluminieren von Rohren trat eine Staubexplosion auf. Ursache war ein Staub-Luft-Gemisch, das beim Abklopfen des Staubes von den Kabinenwänden entstand. Dieser Staub war extrem fein. Da das Spritzen während der Reinigung nicht unterbrochen wurde, wirkte der Lichtbogen als Zündquelle. Die aerodynamisch unzweckmäßige Gestaltung der Kabine begünstigte die Staubablagerungen (s. Abb. 15) [64].	Spritzkabine strömungstechnisch ungünstig gestaltet; Spritzarbeiten während der mechanischen Reinigung weiter durchgeführt	Erheblicher Personen- und Sachschaden
Auf einer Anlage wurden Sauerstofflanzen zunächst mit Stahlkies gestrahlt und dann mit Aluminium beschichtet. Der während des Spritzens entstandene Staub sowie Reste des Strahlgutes gelangten durch Absaugung in zwei Staubabscheider. Während des Beschichtens kam es zur Zündung eines in kritischer Konzentration vorliegenden Staub-Luft-Gemisches (Explosion). Gleichzeitig setzte eine aluminothermische Reaktion ein, die auf das Vorhandensein von Aluminium und Eisenoxid (Rückstand vom Strahlen) zurückzuführen war (s. Abb. 16) [65].	Spritzanlage nicht ausreichend funktionstüchtig	Starke Beschädigung der Anlage; Aufschmelzen von Rohrbereichen durch die aluminothermische Reaktion

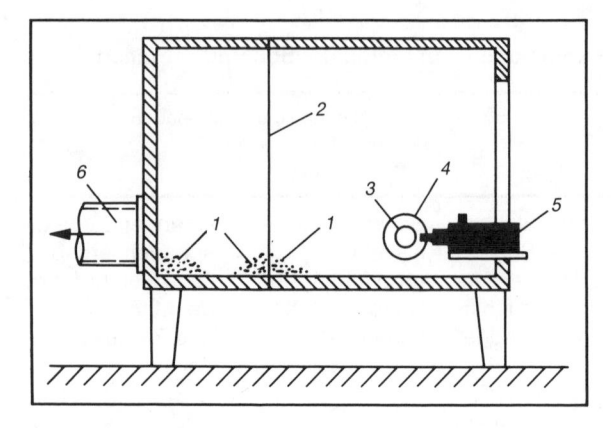

Abb. 15
Schematische Darstellung einer Anlage zum Aluminieren von Rohren,
1 Staubablagerungen, 2 Labyrinthgitter (Vorfilter), 3 Rohr, 4 Durchlaß, 5 Aluminiumspritzmaschine (stationär), 6 Leitung zum Naßabscheider ($v = 20$ m · s^{-1})

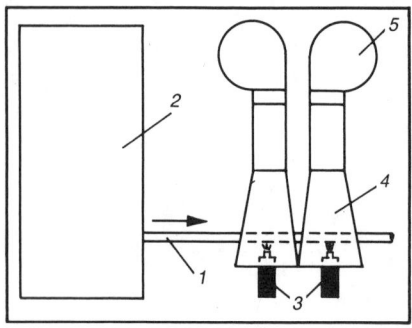

Abb. 16
Schematische Darstellung einer Anlage zum Aluminieren von Sauerstofflanzen,
1 Sauerstofflanze, 2 Schleuderstrahlanlage, 3 Spritzanlage, 4 Saugtrichter, 5 Naßabscheider

4.3.2. Kohle, Teer, Bitumen, Torf

Kohle wird in vielen Betrieben, Einrichtungen und Haushalten als Brennstoff oder für chemische Prozesse verwendet. Bevor die Kohle den Endverbraucher erreicht, durchläuft sie verschiedene Transport-, Umschlag- und Lagerprozesse. Die sicherheitstechnischen und energetischen Kennwerte sind in Tabelle 20 enthalten. Durch Schweiß- und Schneidarbeiten können Kohlenstaubexplosionen und Schwelbrände, die erst nach mehreren Stunden zum Ausbruch kommen, verursacht werden.

Kohlenstaub fällt in großen Mengen in Bergwerken, Kraftwerken und Brikettfabriken sowie beim Transport, beim Umschlag und bei der Lagerung an. Zur Bildung zündwilliger Staub-Luft-Gemische genügen bereits geringe Staubmengen (s. Tab. 20). Während das Befeuchten von Kohle in gebrochener oder brikettierter Form die Brandgefahr herabsetzt, wird an Kohlenstaub dieser Effekt nur bedingt erreicht. Der Staub schwimmt zunächst auf der Wasseroberfläche und behält seine explosiblen Eigenschaften bei. Eine Durchfeuchtung tritt erst nach längerer Einwirkung des Wassers ein.

Aus Schweißgefährdungszonen sind brennbare Stoffe zu entfernen und/oder gegen Entzündung zu sichern. Das Entfernen großer Kohlehaufen oder -halden ist oft problematisch. Hier tritt die Forderung nach Sicherung in den Vordergrund. Eine personelle Aufsicht ist in solchen Fällen die Regel. Aufgrund der erfahrungsgemäß langen Schwelzeiten sind nach dem Schweißen Nachkontrollen über den Richtwert von 6 h hinaus notwendig. Für Nachkontrollen eingesetzte Personen müssen mit der Spezifik von Kohleschwelbränden vertraut sein. In Betrieben mit Mehrschichtsystem sind schichtübergreifende Informationen und Kontrollen zu sichern.

Tabelle 20
Sicherheitstechnische und energetische Kennwerte von Kohle und Torf

Brennstoff	Zündtemperatur in °C
Anthrazit	≈ 440
Steinkohle	≈ 390
Braunkohle	≈ 250
Torf, lufttrocken	≈ 230

Brennstoff	Energiegehalt in $kJ \cdot m^{-3}$
Steinkohle	$20 \ldots 28 \cdot 10^6$
Steinkohlenkoks	$12 \ldots 18 \cdot 10^6$
Braunkohlenbriketts	$15 \ldots 17 \cdot 10^6$
Schwelkoks	$12 \ldots 16 \cdot 10^6$
Rohbraunkohle	$4 \ldots 8 \cdot 10^6$
Torfkoks	$6 \ldots 8 \cdot 10^6$

Staub	Untere Zündgrenze in $g \cdot m^{-3}$
Braunkohlenhochtemperaturkoksstaub	≧ 90
Schwelkoksstaub	≧ 50
Steinkohlenstaub	≧ 45
Braunkohlenbrikettstaub	≧ 35
Braunkohlenstaub	≧ 35
Torf	≧ 10

Anmerkung
Abgelagerte Stäube von festen Brennstoffen entzünden sich schon bei niedrigeren Temperaturen (z. B. Braunkohlenstäube bei 130 ... 150 °C).

Schweiß- und Schneidarbeiten als Zündquellen treten in kohleverarbeitenden Wirtschaftsbereichen vor allem bei Instandsetzungsarbeiten auf. Damit begrenzt sich die Verfahrensanwendung im wesentlichen auf das autogene Brennschneiden und Schweißen sowie auf das elektrische Lichtbogenschweißen. Charakteristisch sind darüber hinaus die mobilen Arbeitsstellen für Schweißer. Deshalb ist in der Regel das Ausstellen von Schweißerlaubnisscheinen notwendig.
Teer und Bitumen werden im Bauwesen, insbesondere im Verkehrsbau sowie bei Ausbauarbeiten (z. B. Sperrschichten in Gebäuden, Auskleidung von Behältern

und Dachdecken) angewandt. Die Verarbeitung erfolgt vorwiegend in heißem Zustand. Bei Ausbauarbeiten werden das Gasschweißen und Brennschneiden sowie das Elektroschweißen und Löten angewandt. Neben der Entzündung von Teer und Bitumen bzw. der Pyrolyseprodukte besteht die Gefahr der Verletzung durch verspritzende heiße Massen. Die Verschmutzung der Brandwunden durch die festhaftende Masse stellt ein besonderes Problem dar.
Torf wird selten angewandt. In geringem Maße nutzt man ihn als Heizmaterial. Das Hauptanwendungsgebiet sind Gärtnereien. Ebenso wie Rohbraunkohle hat Torf eine niedrige Zündtemperatur.
Zum Schutz vor Unfällen, Bränden und Verpuffungen beim Umgang mit Teer- und Bitumenprodukten sind vor allem die Bedienungsanleitungen von Teeröfen und ähnlichen Geräten genau zu beachten. Zum Schutz vor Spritzern ist geeignete Arbeitskleidung (z. B. Handschuhe) zu tragen.

**Beispiele
für Unfälle, Brände und Explosionen**

Kohlenstaubverpuffung
In einem Braunkohlenkraftwerk sollte in die Staubentnahme- und Brüdenleitung der Kohlenstaubanlage eine zusätzliche Absperrarmatur eingebaut werden. Im Kraftwerk wurden die erforderlichen technisch-organisatorischen Maßnahmen, wie
– Außerbetriebnahme und Freischaltung der Mühle des Dampferzeugers,
– Unterbrechung der Staubzufuhr zur Kohlenstaubzündanlage durch Schließen der Staub- und Brüdenklappe sowie
– Erteilung der Schweißerlaubnis,
durchgeführt. Bedingt durch die konstruktive Gestaltung der Klappen und Mängel im Betätigungssystem der Schieber, wurde kein vollständiges Schließen der Leitung erreicht. Eine Kontrolle auf Staubablagerung in der Staubleitung war zu diesem Zeitpunkt technisch nicht möglich.
Der Brennschneider führte an der Staubleitung einen horizontalen Schnitt von $\approx$ 650 mm Länge aus. Beim vertikalen Schneiden bemerkte er eine Staubentwicklung und schlußfolgerte, daß sich Kohlenstaubablagerungen im Kanalteil befinden. Daraufhin wurde vom Leiter der Arbeitsgruppe entschieden, in den oberen Kanalteil eine Öffnung von $\approx$ 5 cm Durchmesser anzubringen und den Kanalteil mit Wasser zu füllen. Eine Öffnung in der Nähe des Schiebers sollte den Abfluß gewährleisten. Da der Abfluß zu gering erschien, wollte man an der Kanalunterseite eine weitere Öffnung anbringen. Beim Anwärmen geriet der Brenner in die Nähe des austretenden Kohlenstaub-Wasser-Strahls. Es kam zu einer Verpuffung. Gleichzeitig ereignete sich ein Flammenrückschlag, der die Brenngasleitung teilweise zerstörte.
Der Brennschneider erlitt Verbrennungen zweiten Grades im Gesicht, an einem Arm und einem Bein. Er mußte für längere Zeit stationär behandelt werden [66].
Verstöße gegen die Sicherheitsbestimmungen:
– Staubfreiheit der Anlage war durch mangelhafte technische Lösung nicht gewährleistet,

- für die durchzuführende Arbeit war keine Technologie mit Arbeits- und Brandschutz-Unterweisung erarbeitet,
- in der Schweißgefährdungszone lag Brand- und Explosionsgefährdung vor,
- nach Feststellen der Gefahr setzte der Brennschneider die Brennarbeiten fort.

Großbrand in einem Heizkraftwerk
Am Vortag des Brandausbruches sollten an einer Schurre für Rieselkohle Reparaturschweißarbeiten durchgeführt werden. Da der auf dem Schweißerlaubnisschein vorgesehene Schweißer verhindert war, duldete der Bekohlungsmeister, der in Vertretung als Betriebsleiter den Schweißerlaubnisschein unterschrieben hatte, daß ein anderer Mitarbeiter zunächst Heftarbeiten vornahm. Die Schweißarbeiten sollten einen Tag später erfolgen. Nach dem Heften bespritzten zwei Mitarbeiter die Arbeitsstellen mit Wasser. Nachkontrollen unterblieben. Der Schichtmeister wurde nicht informiert. Die Anweisung über die Bedienung und Fahrweise von Bekohlungsanlagen, die Kontrollgänge festlegt, fand auch keine Beachtung. Da man mit dem Bespritzen nicht alle Glutnester erreicht hatte, entwickelte sich über viele Stunden ein Schwelbrand. Durch die mit Reißen eines Gurtbandes verbundene Kohlenstaubaufwirbelung breitete sich der Brand großflächig aus und erfaßte die gesamte Bandanlage [67].
Verstöße gegen die Sicherheitsbestimmungen:
- Pflichtverletzungen bei Erteilung der Schweißerlaubnis,
- Nachkontrollen nicht durchgeführt.

Entzündung von Teer in einer Kokerei
Bei Schweißarbeiten in einer Kokerei fielen Schweißspritzer in eine in der Nähe des Arbeitsplatzes liegende Teergrube. Der mit der Aufsicht beauftragte Mitarbeiter bemerkte von seinem Standort aus einen schwachen Feuerschein aus der Grube. Unmittelbar darauf, noch bevor der Arbeitsbereich evakuiert werden konnte, kam es zum Aufflammen des in Brand geratenen Teers, wobei der Schweißer schwere Verbrennungen erlitt. Außerdem entstand ein hoher Sachschaden.
Verstöße gegen die Sicherheitsbestimmungen:
- Brennbare Stoffe in der Schweißgefährdungszone ungenügend gesichert.

Entzündung eines Bitumen-Testbenzin-Gemisches
Auf dem Betriebsgelände eines Dachpappenwerkes wurde eine Fernheizung verlegt. Der Bereichsleiter des ausführenden Betriebes änderte den Verlauf eigenmächtig so, daß sie durch einen Kochraum führte. Von der erhöhten Brandgefährdung in diesem Raum hatte er keine Kenntnis. Der Monteur besaß nur eine Schweißerlaubnis für das Kesselhaus und den Hof, nicht jedoch für den Kochraum. Als er ein Stück Rohr abbrannte, flogen Schweißspritzer durch einen nicht abgedichteten Mauerdurchbruch und entzündeten ein Gemisch aus Bitumen und Testbenzin. In kurzer Zeit entstand ein Großbrand mit einem großen Sachschaden. Der technische Leiter des Werkes, der Bereichsleiter des Betriebes sowie der Monteur wurden zu Freiheitsstrafen zwischen 9 und 14 Monaten auf Bewährung sowie zu Geldstrafen verurteilt. Außerdem mußten sie Schadenersatz in Höhe eines monatlichen Einkommens leisten.

Verstöße gegen die Sicherheitsbestimmungen:
- Projektierter Verlauf der Fernheizungsleitung eigenmächtig verändert,
- von den Festlegungen auf dem Schweißerlaubnisschein abgewichen,
- Abdichtung der Mauerdurchbrüche fehlte.

Tabelle 21
Beispiele für Brände und Explosionen von Kohle und Pyrolysegas

Sachverhalt	Verstoß gegen die Sicherheitsbestimmungen	Schaden
Eine defekte Dampfleitung war in einem Heizhaus zu erneuern. Beim Brennschneiden fielen Funken auf einen Kohlelagerplatz, der sich in unmittelbarer Nähe der Arbeitsstätte befand.	Schweißer nahm Arbeit trotz erkennbarer Brandgefahr auf; brennbares Material ungenügend gesichert	Gering
Schweißarbeiten führten in einer Brikettfabrik zu einem Großbrand, wobei die Bandstraße zwischen dem Rohkohlebunker und der zentralen Rohkohleaufbereitung stark deformiert und elektrische Anlagen zerstört wurden.	Arbeiten ohne Schweißerlaubnis durchgeführt; Nachkontrollen unterlassen; brennbare Stoffe in der Schweißgefährdungszone nicht beseitigt	Hoher Sachschaden, Produktionsausfall (50 000 t Brikett)
Bei Schweißarbeiten an der Mühle in einem Heizkraftwerk wurde die 2 m entfernte Kratzeranlage, die mit einer ≈ 10 cm dicken Kohlenstaubschicht bedeckt war, durch Funkenflug entzündet.	Schweißerlaubnis fehlte; keine Sicherheitsmaßnahmen in der Schweißgefährdungszone	Zerstörung des Aschekratzerbandes
Zum Aufwärmen und Verflüssigen wurde ein Blechfaß mit Bitumenmasse in den Teerofen gelegt. Während der Erwärmung bildeten sich im Blechfaß Pyrolyseprodukte. Es kam zu einer Verpuffung, wobei heißes, flüssiges Material herausgeschleudert wurde (s. Abb. 17).	Bitumenmasse unzerkleinert zugegeben	Brandverletzung eines Arbeiters

Entzündung von Torf
Bei der Rekonstruktion in einer Gärtnerei wurden Brennarbeiten im Freien durchgeführt. Im Abstand von 7 m lagerte eine größere Menge Torf. Besondere Sicherheitsmaßnahmen wurden im Schweißerlaubnisschein nicht gefordert. Eine Einweisung der Brenner vor Ort fand nicht statt. Ebenso verzichtete man auf eine Sicherung des Torfs vor Entzündung. Bei den Brennarbeiten gelangten Schweißspritzer in den Torfhaufen und führten zu einem Schwelbrand. Aufkommender Wind entfachte nach 4 h einen Flammenbrand.
Verstöße gegen die Sicherheitsbestimmungen:
– Keine Ortsbesichtigung bei Erteilung der Schweißerlaubnis durchgeführt,
– Schweißer nicht eingewiesen,
– brennbare Stoffe in der Schweißgefährdungszone nicht beseitigt bzw. gesichert.
Weitere Beispiele sind in Tabelle 21 enthalten.

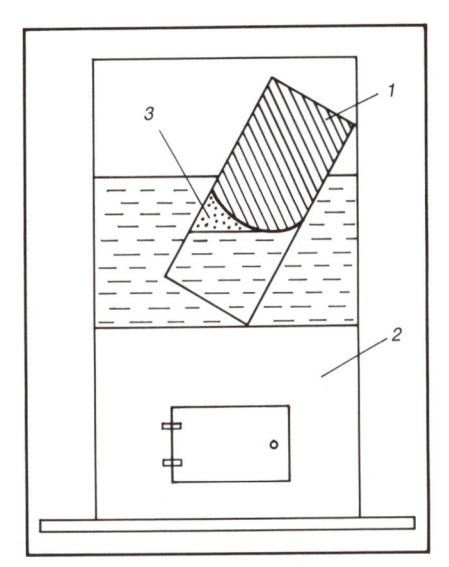

Abb. 17
Entstehung von Pyrolysegasen beim Erwärmen von Bitumen,
1 Blechgefäß mit Bitumen, 2 Teerofen, 3 Pyrolysegase

4.3.3. Holz, Holzwolle und -späne sowie Holzwolle-Leichtbauplatten

Holz wird als Baumaterial für Decken, Fußböden, Treppen, Dachstühle und als Verkleidung von Wänden verwandt. In trockenem Zustand ist es sehr gut brennbar. Aufgrund der häufigen Verwendung ist die Beteiligung am Brandgeschehen groß [33, 68, 69]. Die Zündtemperaturen der meisten Holzarten liegen zwischen 250 und 300 °C. Sie können jedoch auf 120 ... 180 °C absinken, wenn das Holz längere Zeit einer Temperatur von 80 ... 100 °C ausgesetzt war (s. Abb. 18) [70, 71].
Die Entzündung geht wie folgt vor sich. Zunächst verdampft das im Holz befindliche Wasser. Die Temperatur des Holzes kann dann die Siedetemperatur des

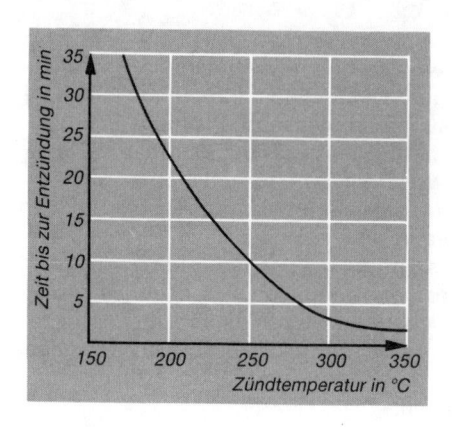

Abb. 18
Zündtemperaturen von Holz [70]

Wassers von 100 °C übersteigen. Anschließend kommt es zur Pyrolyse, wobei weitere flüchtige Bestandteile vergasen und das Holz sich mit Kohlenstoff anreichert. Die feinporige Struktur des Holzes nimmt Luftsauerstoff auf, bis es zur Zündung kommt. Ebenso wie Kohle neigt Holz zu Schwelbränden. Günstige Bedingungen bestehen in Decken sowie unter Fußböden und Putzflächen.

Holzwolle wird bei Ausbauarbeiten als Verpackungsmaterial für Glasscheiben und Bauteile der Sanitärtechnik und als Wärmedämmaterial (z. B. an Rohrleitungen usw.) verwendet. Darüber hinaus kommt Holzwolle auch als Lagergut vor. Für Holzwollebrände ist eine schnelle Brandausbreitung in der Anfangsphase typisch.

Hobel- und *Sägespäne* sowie *Holzstaub* entstehen in großer Menge in holzverarbeitenden Betrieben, was als spezifische Gefährdung bei Schweiß- und Schneidarbeiten zu berücksichtigen ist. Je nach Holzart genügen bereits Staubkonzentrationen von 10 ... 60 g · m^{-3} zur Auslösung einer Explosion. Dabei sind Zündtemperaturen von 700 °C erforderlich.

Span- und *Holzwolle-Leichtbauplatten* haben ein gutes Brandverhalten, was neben den Holzbestandteilen auch auf andere Materialien, wie Harze, Klebemittel, Imprägniermittel, Lacke usw., sowie auf die teilweise poröse Struktur zurückzuführen ist. Span- und Holzwolle-Leichtbauplatten finden als Bauteile, aber auch als Mobiliar breite Anwendung. Holz und Holzwolle-Leichtbauplatten sind in Baukonstruktionen zum Teil verdeckt eingebaut. Putzschichten stellen keine ausreichende Sicherheit dar, besonders wenn sie dünn und brüchig sind. Durch Wärmeleitung von Metallen können verdeckte Holzteile, die mehrere Zentimeter von der Schweiß- oder Schneidstelle entfernt liegen, entzündet werden.

Brände an Holzkonstruktionen entstehen vorwiegend bei Rekonstruktionsarbeiten an Gebäuden, insbesondere bei Schweiß- und Schneidarbeiten an Heizungsanlagen. Diese Anlagen verlaufen in der Regel in unmittelbarer Nähe von Wänden, Fußböden und Decken. Sie erfordern Durchbrüche durch Decken und Wände. Offene Rohre können in anderen Räumen enden. Somit ergeben sich für die Bestimmung der Schweißgefährdungszone erhöhte Anforderungen und Umsicht. Aufgabe ist es, Aussagen zur konstruktiven Beschaffenheit der Wände und Decken zu machen. Neben der Einsichtnahme in Baubestandsunterlagen kommen auch Probebohrungen oder Entfernen der Putzschicht zur Feststellung der Bauweise in Betracht. Von großer Bedeutung sind die Sicherheitsmaßnahmen in der Schweißgefährdungszone. Außer der Beseitigung der brennbaren Teile (z. B. Möbel) kommt es darauf an, Holzkonstruktionen, die sich nicht entfernen lassen, durch Abdecken und Befeuchten zu schützen. Auch Wärmeschutzfolien und wärmeableitende Pasten können angewendet werden. Auf Dachböden sind Spinnweben und Vogelnester zu beseitigen. Die Nachkontrollen müssen sehr gewissenhaft erfolgen und sollten in der Regel länger als 6 h andauern.

Feuerlöschgeräte, wie Gefäße mit Wasser, Kübelspritzen und Handfeuerlöscher, sollten grundsätzlich bei Schweiß- und Schneidarbeiten in der Nähe der Arbeitsstelle bereitgestellt werden. In vielen Fällen wird es notwendig sein, eine Brandwache zu stellen.

**Beispiele
für Unfälle, Brände und Explosionen**

Großbrand eines mit Holz ausgebauten Dachgeschosses
In einem Verwaltungsgebäude war die Demontage und Neuinstallation der Heizungsanlage vorzunehmen. Dabei mußten Schweiß- und Schneidarbeiten sowohl im massiven Teil des Gebäudes als auch in dem mit Holz ausgebauten Dachgeschoß ausgeführt werden. Eine gemeinsame Besichtigung der Arbeitsplätze in den einzelnen Geschossen durch den Auftraggeber, Bauleiter und Schweißer sowie die Festlegung differenzierter Sicherheitsmaßnahmen erfolgten nicht. Der Bauleiter schrieb eine globale Schweißerlaubnis für eine Woche aus, die nur den Bedingungen des massiven Gebäudeteils Rechnung trug. Der Schweißer erkannte, daß im Dachgeschoß eine völlig andere Situation vorlag, aber er unternahm nichts und versäumte es außerdem noch, sich beim Leiter der zuständigen Einrichtung zu melden.

Während der Arbeiten im Dachgeschoß wurde nur der unmittelbare Arbeitsbereich von brennbaren Materialien freigemacht und der Holzfußboden sowie ein in der Nähe verlaufender Balken angefeuchtet. Nach $\approx$ 45 min bemerkte der Schweißer am Balken einen Entstehungsbrand, den er löschte. Nach Abschluß der Arbeiten führte der Schweißer innerhalb von 4 h noch zwei Nachkontrollen durch. Dann beauftragte er einen nicht fachkundigen Mitarbeiter mit der Kontrolle, ohne ihn einzuweisen. Aus diesem Grund verliefen die Nachkontrollen mangelhaft. Nach Mitternacht, $\approx$ 13 ½ h nach Abschluß der Schweißarbeiten, entdeckte ein Taxifahrer den Brand und alarmierte die Feuerwehr. Es entstand ein hoher Brandschaden. Der Schweißer und der Bauleiter wurden wegen fahrlässiger Verursachung eines Brandes bzw. wegen Gefährdung der Brandsicherheit zu 6 Monaten Freiheitsstrafe auf Bewährung verurteilt.
Verstöße gegen die Sicherheitsbestimmungen:
– Schweißerlaubnisschein unvollständig, ohne Ortsbesichtigung und Einweisung ausgestellt,
– keine Übergabe- bzw. Übernahmebestätigung,
– Nachkontrollen von einem nicht fachkundigen Mitarbeiter mangelhaft ausgeführt.

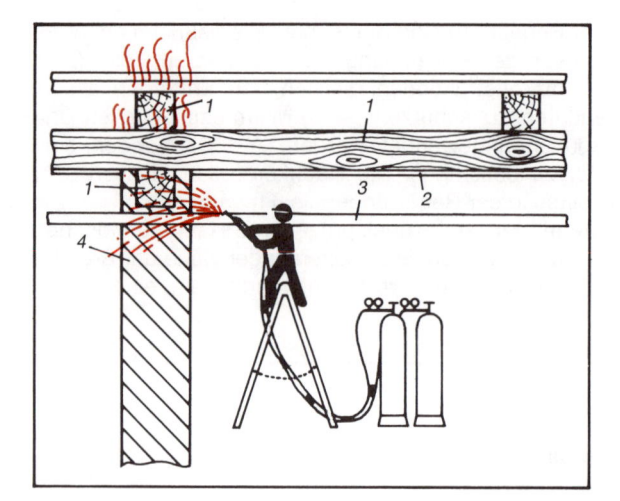

Abb. 19

Entzündung eines Holzbalkens durch Wärmeübertragung, 1 Kanthölzer, 2 Asbestplatte, 3 Dampfleitung, 4 Mauerwerk

Entzündung eines Holzbalkens durch Wärmeübertragung
Im Obergeschoß des Produktionsgebäudes eines pharmazeutischen Betriebes wurden Rohre verlegt. Beim Schweißen dicht unter der Decke und in unmittelbarer Nähe der Mauer fand eine Wärmeübertragung auf einen in der Wand befindlichen Holzbalken und die ebenfalls aus Holz bestehende Dachkonstruktion statt (s. Abb. 19). Es entstand zunächst ein Schwelbrand, der sich nach 3 h zum Flammenbrand ausweitete. Der Schweißer hatte die Arbeitsstätte verlassen, ohne sich bei dem zuständigen Meister abzumelden und ohne Nachkontrollen auf Brandnester durchzuführen. Es entstand ein hoher Sachschaden. Die Betriebsleiter wurden mit einer Ordnungsstrafe und der Schweißer mit einer Geldstrafe zur Verantwortung gezogen.
Verstöße gegen die Sicherheitsbestimmungen:
– Brandgefährdung nicht erkannt und Sicherheitsmaßnahmen nicht richtig festgelegt,
– weder Nachkontrollen, Kontrollabstände und Kontrollzeit angeordnet noch durchgeführt.

Entzündung von Holzwolle im Dachbodenbereich eines Gebäudes
Während Schweißarbeiten an einer Rohrleitung, die $\approx$ 450 mm von der verputzten Holzwolle-Leichtbauplattendecke entfernt war, nahm der Schweißer ein Knistern in der Decke wahr. In der Vermutung, daß es Feuer sein könnte, stellte er das Schweißen ein und schlug ein Loch in die Decke, wobei er feststellte, daß es im darüberliegenden Raum brannte. Aufgrund der relativ großen Menge an Holzwolle hatte sich der Brand sehr schnell über die gesamte Decke ausgebreitet. Es entstand ein großer Schaden. Zu dem Brand kam es vor allem deshalb, weil der Deckenputz Risse und Löcher hatte, so daß Schweißspritzer bzw. Flammen in den Bodenraum eindringen konnten (s. Abb. 20).
Verstöße gegen die Sicherheitsbestimmungen:
– Brandgefährdeter Bereich – Schweißerlaubnis fehlte,
– Abdichten von Öffnungen zu benachbarten Bereichen unterlassen.

Abb. 20

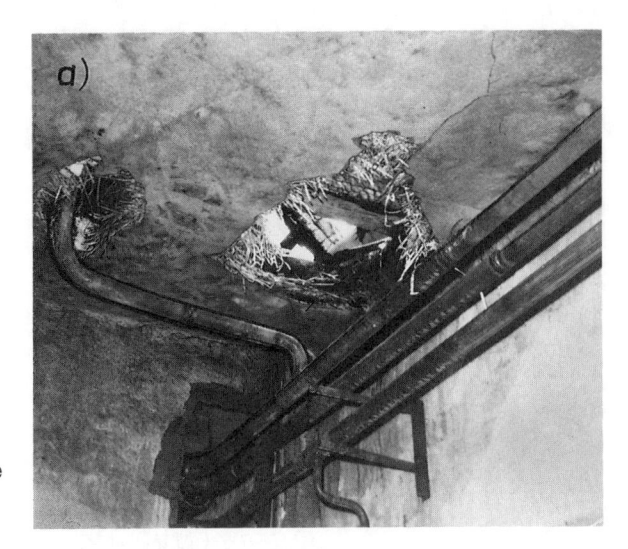

a) Entzündung von Holzwolle im Dachboden eines Gebäudes

b) Abgebrannter Dachstuhl

Entzündung von Holzwolleballen
Während der Rekonstruktion eines zweigeschossigen massiven Gebäudes wurden alte Heizungs- und Gebläserohre abgebrannt. Zur gleichen Zeit lagerten im Erdgeschoß zahlreiche Holzwolleballen. Beim Trennen der nach unten offenen Rohre, die durch die Zwischendecke führten, fielen Schweißspritzer und abtropfende Schmelze auf die Holzwolleballen und entzündeten sie sofort (s. Abb. 21). Der entstandene Sachschaden war infolge glücklicher Umstände nur gering. Dafür wurde der Schweißer materiell verantwortlich gemacht.

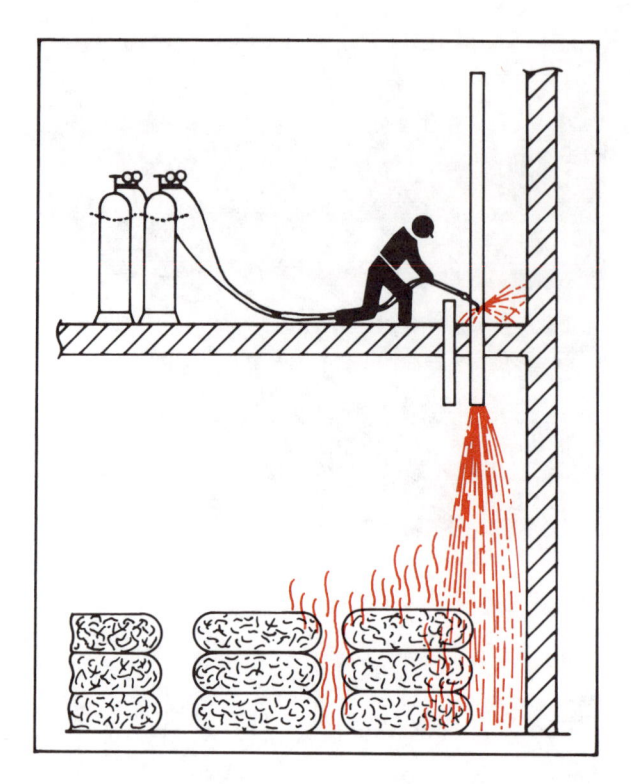

Abb. 21
Entzündung von Holzwolleballen beim Schweißen an Rohrdurchführungen in der Decke

Verstöße gegen die Sicherheitsbestimmungen:
- Sicherheitstechnische Grundsätze in der Schweißgefährdungszone nicht beachtet,
- Stoffe mit hoher Zündbereitschaft nicht entfernt bzw. gegen Entzündung gesichert,
- durch die Decke führende Rohre nicht verschlossen.

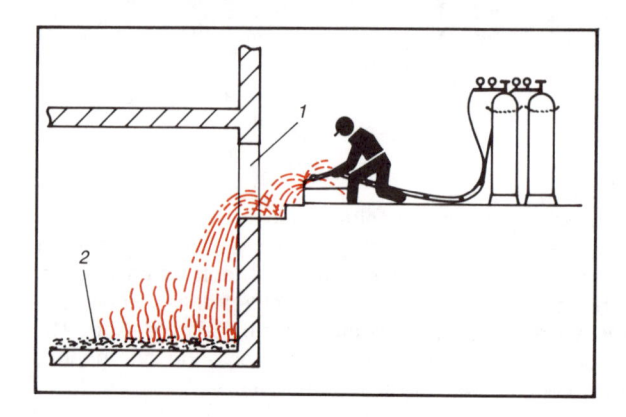

Abb. 22
Entzündung ölgetränkter Sägespäne,
1 Kellerfenster, 2 Sägespäne

Entzündung ölgetränkter Sägespäne
Auf einem Betriebsgelände wurden in unmittelbarer Nähe eines Gebäudes Schneidarbeiten an Stahlträgern ausgeführt. Dabei fielen Funken in ein offenstehendes Kellerfenster. Die im Kellerraum lagernden ölgetränkten Sägespäne gerieten in Brand (s. Abb. 22). Die Brandbekämpfung verzögerte sich infolge nicht bereitstehender Feuerlöschgeräte. Es entstand ein geringer Sachschaden.
Verstöße gegen die Sicherheitsbestimmungen:
– Schweißgefährdungszone falsch bestimmt,
– Sicherheitsmaßnahmen (z. B. Schließen des Kellerfensters) unterlassen.

Entzündung von Hartfaserplatten
In der Fertigteilbaracke eines Betriebes wurde die Warmwasserheizung von einer Lehrbrigade montiert. Beim Verlegen der Rohrleitungen, die in einem Abstand von 12 cm an den aus zwei Hartfaserplatten und einer Pappwabenfüllung als Isolierung bestehenden Außenwänden verliefen, mußten viele Schweißnähte in Zwangsposition ausgeführt werden. Zum Schutz der Wand gegen direkte Flammeneinwirkungen wurde ein 1 mm dickes Blech aufgestellt. Während der Frühstückspause entwickelte sich ein Brand, der durch rechtzeitige Bekämpfung nur geringen Sachschaden verursachte. Ursachen für die Brandentstehung waren das unkontrollierte Halten der Schweißspitze und der Umstand, daß die Auszubildenden des 1. Lehrjahres das 4- ... 5fache der Normalzeit zum Schweißen brauchten, außerdem das zu dichte Anliegen des Bleches an der Hartfaserwand, die sich durch das glühende Blech entzündete. Der Lehrmeister mußte den Sachschaden ersetzen und erhielt, wie auch der Betriebsleiter, einen Verweis und eine Geldstrafe.
Verstöße gegen die Sicherheitsbestimmungen:
– Die Auszubildenden waren zur Ausführung der Schweißarbeiten nicht berechtigt (brandgefährdeter Bereich),
– Gefährdungen falsch eingeschätzt und Sicherheitsmaßnahmen nicht richtig festgelegt.
Weitere Beispiele sind in Tabelle 22 enthalten.

Tabelle 22
Beispiele für Brände von Holzmaterialien

Sachverhalt	Verstoß gegen die Sicherheitsbestimmungen	Schaden
Nach Lötarbeiten an der Wasserinstallation eines Wohngebäudes entdeckte man einen Schwelbrand, der sich auf einige Holzbalken im Raum und unter den Dielen ausgebreitet hatte. Nach vergeblichen Löschversuchen der Bewohner wurde die Feuerwehr alarmiert.	Brandgefährdeter Bereich – Schweißerlaubnis fehlte; Nachkontrollen nicht durchgeführt	Sachschaden

Sachverhalt	Verstoß gegen die Sicherheitsbestimmungen	Schaden
In einem Bürogebäude wurden elektrische Leitungen durch mehrere Raumzellen gelegt. Um sich Bohrarbeiten in den Trennwänden zu ersparen, bat der Elektriker einen Mitarbeiter, diese Löcher mit dem Schneidbrenner zu brennen. Die Brennarbeiten erfolgten umgehend und ohne Wissen eines Dritten. Durch die Wärmeeinwirkung auf die Trennwände der Raumzellen entzündete sich die Baracke und brannte ab.	Auftrag zur Durchführung der Brennschneidarbeiten fehlte; grobe Mißachtung aller Gefährdungen und Sicherheitsmaßnahmen	Sehr groß
Beim Verlegen von Heizungsrohrleitungen auf einem Dachboden in 10 cm Abstand von der Dachschräge wurden Schweiß- und Schneidarbeiten ohne Schweißerlaubnis und Information über die Beschaffenheit der Dachschräge durchgeführt. Die Dachschräge bestand aus dünn verputzten Holzwolle-Leichtbauplatten. Der ungenügend informierte Brandposten verließ seinen Arbeitsplatz, ohne eine Nachkontrolle durchzuführen. An der Leichtbauplatte entwickelte sich ein Schwelbrand, der den Brand des Dachstuhls zur Folge hatte.	Brandgefährdeter Bereich – Schweißerlaubnis fehlte; keine Nachkontrollen durchgeführt	Groß
In einem Krankenhaus wurden Schweißarbeiten an einem Heizungsrohr in Wandnähe um 16 Uhr abgeschlossen. Ein Schwelbrand an einem verdeckten Holzbalken führte gegen 22 Uhr zum Ausbruch eines Brandes. Der Dachstuhl brannte ab.	Brandgefährdeter Bereich; Schweißerlaubnisschein unvollständig und formal erteilt; keine Aufsicht gestellt; keine Nachkontrolle angeordnet und durchgeführt	Großer Sachschaden, Gefährdung zahlreicher Patienten

Sachverhalt	Verstoß gegen die Sicherheitsbestimmungen	Schaden
Bei Schweißarbeiten in einer Wohnheimbaracke betrug der Abstand der Schweißstelle zur Wand 5 cm und zur Decke 15 cm. Trotz Anfeuchtens dieser Bereiche fing ein Binderuntergurt Feuer, anschließend brannte das halbe Barackendach ab.	Brandgefährdeter Bereich; Sicherheitsmaßnahmen ungenügend; keine Brandwache gestellt	Sachschaden
Zum Schutz einer Rohrleitung waren Hobel- und Sägespäne in einem Rohrkanal eingelagert. Bei Schweißarbeiten wurden sie ungenügend entfernt und gerieten in Brand.	Gefährdungen in der Schweißgefährdungszone nicht richtig erkannt; Sicherheitsmaßnahmen zur Beseitigung aller brennbaren Stoffe ungenügend beachtet	Sachschaden und Gefährdung von Produktionsanlagen

4.3.4. Kunststoffe, Dämmstoffe und Elektroisolationsmaterial

Das Brandverhalten der Kunststoffe wird nicht nur von Schweißern, sondern ganz allgemein häufig falsch eingeschätzt, und es ist aufgrund der großen Mannigfaltigkeit dieser Werkstoffe nicht leicht, sie zu bewerten. Viele dieser Stoffe schmelzen oder schrumpfen beim Erwärmen und entziehen sich somit zunächst dem Angriff der Wärmequellen. Da sich Kunststoffe beim Erwärmen weitestgehend thermisch zersetzen und vielfach besonders große Mengen brennbarer Pyrolysegase entwickeln, kann der dann folgende Feuerübersprung eine besonders schnelle Brandausbreitung zur Folge haben. Die Brandgefährlichkeit der Kunststoffe hängt wesentlich vom chemischen Aufbau und von der Struktur der Monomere ab. So sind Polyethylen mit der monomeren CH-Kette oder Thermoplast mit der fadenförmigen Struktur wesentlich brennbarer als ein stark vernetzter Kunststoff. Allgemein kann von den stoffabhängigen Faktoren gesagt werden, je größer die Dichte, die Kristallinität und der Anteil an organischen Füllstoffen sind, desto geringer ist die Brennbarkeit. Die gestaltungsabhängigen Faktoren, wie Werkstückform, Werkstückgröße, Oberfläche und Materialdicke, beeinflussen ebenfalls die Brennbarkeit. Schaumstoffe begünstigen durch die große spezifische Oberfläche die Verbrennung.

Die Art der Wärmequelle (z. B. Strahlung, Flamme, Funken, erwärmte Schlacken- und Metallteile), die Dauer der Einwirkung und besonders der Luftsauerstoff beeinflussen das Brennbarkeitsverhalten. Nicht nur die Kunststoffe, sondern auch die bei der Verarbeitung vielfach verwendeten Kleber sind große Gefahrenquellen [72, 73].

Tabelle 23
Brandschutztechnische Kennwerte einiger Kunststoffe

Kunststoff	Zünd-temperatur in °C	Heizwert in kJ · g^{-1}	Anwendungsbeispiele
Polyvinylchlorid (PVC)	≈ 390	≈ 18,1	Folien, Rohre, Platten
Polyethylen (PE)	≈ 340	≈ 46,2	Folien, Rohre
Polyesterharz (GFP)	≈ 400	≈ 18,9	Wellplatten, Beschichtung
Polyurethanschaum	≈ 310	≈ 23,5	Mehrschichtplatten, Dämmstoff
Polystyrenschaum	≈ 350	≈ 39,9	Mehrschichtplatten, Dämmstoff
Polyamid (PA)	≈ 420	≈ 31,1	Lager- und Plattenmaterial
Polypropylen (PP)	≈ 343	≈ 44,1	Folien-Sichtflächengestaltung

In Tabelle 23 sind die wichtigsten Kunststoffe, ihre brandschutztechnischen Kennwerte und Anwendungsbeispiele aufgeführt.
In Verbindung mit Schweiß- und Schneidarbeiten sind Schaumstoffe in großem Maß am Brandgeschehen beteiligt. Der Abbrand erfolgt mit großer Intensität unter erheblicher Rauch- und Rußentwicklung. Ein Kubikmeter Polystyren ergibt beispielsweise 267 m^3 Rauchgas, deren Zusammensetzung von der Intensität des Brandes und der Sauerstoffmenge abhängt.
Auch Gummierzeugnisse werden in der Wirtschaft vielfältig angewandt (z. B. Reifen, Förderbänder, Kabel, Leitungen, Schläuche, Dichtungen, Fugenbänder). Die Materialien haben in der Regel niedrige Zündtemperaturen sowie ein intensives Brandverhalten. Der untere Heizwert je Kilogramm ist beim Gummi größer als bei Hüttenkoks. Bei einem Brand entstehen große Rußmengen (s. Abb. 23). Besonders gefährlich ist Gummiabrieb; auch die Entzündung von Kabelisolationsmaterial kann schwerwiegende Folgen haben [74, 75].
Dämmstoffe in Form von Mineralfaserplatten, die im allgemeinen nichtbrennbar sind, können brennen, wenn sie > 13 % organische Bindemittel enthalten.
Maßnahmen zur Gewährleistung des Arbeits- und Brandschutzes sind zunächst bei der Be- und Verarbeitung zu beachten. Hinsichtlich der Gefährdungen ergeben sich Parallelen zum Fügen und Trennen von Metallen. Beim Warmverformen, Schweißen und Kleben von Kunststoffen müssen verfahrensbedingt auftretende hohe Temperaturen, die Verwendung von Brenngas oder elektrischem Strom und die Bildung gefährlicher Gase und Dämpfe berücksichtigt werden.
In den technologischen Unterlagen zur Anwendung sowie Be- und -Verarbeitung von Kunststoffen sind entsprechende Maßnahmen zur Beseitigung der Brand-,

Abb. 23
Ruß als typische Erscheinungsform beim Verbrennen von Kunststoffen

Explosions- und Gesundheitsgefährdung enthalten (z. B. Be- und Entlüftung sowie individueller Schutz am Arbeitsplatz). Die beim Schweißen entstehenden schädlichen Dämpfe sind möglichst direkt an der Schweißstelle abzusaugen. Da Lösungsmitteldämpfe in der Regel schwerer als Luft sind, erfolgt die Absaugung in Bodennähe. Beim Umgang mit Lösungsmitteln darf weder geraucht noch offenes Feuer verwendet werden.
Die Entzündung von Kunststoffen infolge von Schweiß- und Schneidarbeiten an Metallkonstruktionen tritt häufig auf. Die wichtigsten Sicherheitsmaßnahmen bestehen in der richtigen Bestimmung der Schweißgefährdungszone und der Einhaltung der Baustellenordnung, insbesondere zur Vermeidung unkontrollierter Materialeinlagerungen in rohbaufertigen Gebäuden. Darüber hinaus sind die erforderlichen Sicherheitsmaßnahmen in der Schweißgefährdungszone zu realisieren.
Zu beachten ist, daß auch an Kunststoffen Schwelbrände vorkommen können, auch wenn dieser Fall seltener als bei Kohle und Holz eintritt.

**Beispiele
für Unfälle, Brände und Explosionen**

Abbrand von PUR-Schaum und Elektroinstallationsmaterial
Der Bauleiter eines Industriebetriebes gab dem zuständigen Mitarbeiter den Auftrag, über die Tür des Heizhauses eine Blechverkleidung schweißen zu lassen. Obwohl in ≈ 5 m Entfernung ein Schild mit der Aufschrift „Keine Schweißarbeiten; Brennbare Einbauten." stand, begann der Schweißer die Arbeiten. Durch Einwirkung der Schweißwärme entzündeten sich 0,5 t PUR-Schaumstoff (0,5 t PUR ≙ 12,6 Millionen kJ; Zündtemperatur 415 °C) und die elektrischen Leitungen. Eine Schweißerlaubnis war nicht vorhanden. Der Bauleiter und der Mitarbeiter wurden wegen fahrlässiger Verursachung eines Brandes zu einer Freiheitsstrafe von 10 Monaten auf Bewährung verurteilt. Der Schweißer wurde als Zeuge vernommen. Eine unkorrekte Auftragserteilung vom Bauleiter über den Mitarbeiter an den Schweißer hatte zur Folge, daß entgegen dem Projekt Elektroschweißarbeiten an der Außenhaut des Frischluftansaugkanals vorgenommen wurden.
Verstöße gegen die Sicherheitsbestimmungen:
– Zulässigkeit der Arbeiten nicht geprüft,
– Schweißerlaubnis fehlte,
– Schweißgefährdungszone und Sicherheitsmaßnahmen nicht festgelegt.

Abbrand von Aluminium-Verbundprofil
In der Nähe einer Aluminium-Verbundprofil-Fassade waren Elektroschweißarbeiten durchzuführen. Falsche Einschätzung der Brandgefahr führte zu Unaufmerksamkeit während des Schweißens. Der Schweißer berührte mit der Elektrode die Aluminiumhaut des Verbundprofils, was zur kurzzeitigen Bildung eines Lichtbogens führte. Die Aluminiumhaut schmolz sofort, und das Schaumpolystyren entzündete sich. Es entstand ein großer Brandschaden.
Beim Verbrennen von stehenden Teilen wird durch die Blechprofilierung eine Sogwirkung erreicht, so daß sich ein Brand schnell nach oben ausbreitet. Zur Brandausbreitung nach unten kommt es durch die herabtropfende, brennende Polystyrenmasse. Durch die bei der Verbrennung des Schaumpolystyren entstehende Wärme schmilzt die Aluminiumverkleidung. Beim Verbrennen von Polystyren entstehen darüber hinaus toxische Gase.
Verstöße gegen die Sicherheitsbestimmungen:
– Schweißgefährdungszone falsch festgelegt,
– Unachtsamkeit des Schweißers.

Entzündung des Isolationsmaterials einer Kälteanlage
An dem mit Schaumpolystyren isolierten Rohrsystem einer Kälteanlage sollten Brennschneidarbeiten ausgeführt werden. Zur Beseitigung der Brandgefahr wurden im Schweißerlaubnisschein folgende Maßnahmen festgelegt:
– Leerfahren der Ammoniakleitungen,
– Abschiebern der Rohrsysteme,
– Bereitstellen von Stickstoff zum Spülen,
– Erzeugung eines Vakuums durch Pumpen.

Abb. 24
Entzündung von Rohrisolationsmaterial,
1 Brennschnittstelle

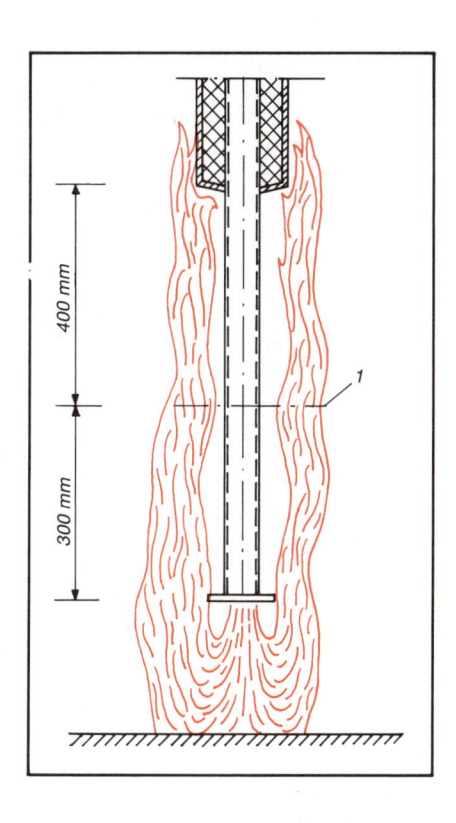

Sofort nach Beginn der Brennschneidarbeiten kam es zu einer Stichflammenbildung, die auf Ölaustritt aus einem Behälter zurückzuführen war. Die stark brandgefährdete Isolierung befand sich 400 mm von der Schneidstelle entfernt und war nur ungenügend durch Gipsbinden gesichert. Durch die Stichflamme entzündete sich die Polystyrenisolierung (s. Abb. 24), und es kam zu einer schnellen Ausbreitung des Brandes auf die Apparate und den Aggregateraum. Der Sachschaden war sehr hoch. Drei Mitarbeiter erlitten Ammoniakvergiftungen. In einem Strafverfahren wurden der mit der Aufsicht beim Brennschneiden beauftragte Maschinenmeister und der bauleitende Monteur des ausführenden Betriebes zu 10 bzw. 8 Monaten Freiheitsstrafe auf Bewährung verurteilt. Der Maschinenmeister wurde außerdem materiell für den Schaden verantwortlich gemacht. Der Schweißer erhielt eine Geldstrafe.
Verstöße gegen die Sicherheitsbestimmungen:
– Sicherheitsmaßnahmen in der Schweißgefährdungszone ungenügend,
– Aufsicht und Bereitstellung von Feuerlöschgeräten unterlassen.

Abbrand von Kunststoff-Material
In einem zu rekonstruierenden Sanitärraum wurden Stahlrohre durch Brennschneiden entfernt und durch Kunststoffrohre ersetzt. Dabei setzten die Schweißspritzer Klebemittel und Kunststoffabfälle in Brand. Eine starke Rauchentwicklung zwang die Mitarbeiter, den Raum zu verlassen, ohne eine Brandbekämpfung aufnehmen zu können. Die bereits montierten Leitungen verbrannten. Es entstand ein geringer Sachschaden. Eine Schweißberechtigung und eine Schweißerlaubnis lagen nicht vor. Gegen den Betriebsleiter wurde eine Ordnungsstrafe ausgesprochen. Der Brennschneider mußte Schadenersatz leisten.
Verstöße gegen die Sicherheitsbestimmungen:
– Schweißberechtigung und Schweißerlaubnis fehlten,
– keine Sicherheitsmaßnahmen festgelegt.

Abbrand von Elektroinstallationsmaterial
Zwei Tage nachdem die Mitarbeiter über den Arbeits- und Brandschutz beim Schweißen unterwiesen worden waren, führte ein Auszubildender Brennschneidarbeiten durch, ohne auf die Schweißspritzer zu achten. Diese fielen durch eine Öffnung in das darunterliegende Geschoß des Gebäudes. Dort entzündeten sie lagerndes Elektroinstallationsmaterial. Darüber hinaus entstand Gebäudeschaden. Der Auszubildende wurde zu einem Jahr Freiheitsstrafe und der Vorarbeiter auf Bewährung verurteilt.
Verstöße gegen die Sicherheitsbestimmungen:
– Schweißberechtigung und Schweißerlaubnis fehlten,
– keine Sicherheitsmaßnahmen festgelegt.

Abbrand von Kunststoffolien
Ein Betriebsangehöriger eines kunststoffverarbeitenden Betriebes war in der Lagerhalle mit Schweißarbeiten beschäftigt. In der Schweißgefährdungszone hatte man Verpackungskartons mit Kunstoffolien gestapelt. Kurz nachdem der Mitarbeiter seine Arbeit für eine Pause unterbrochen hatte, stand die Lagerhalle in Flammen. Das Feuer griff schnell auf die angrenzenden Fertigungsräume über und verursachte einen sehr goßen Schaden [76].
Verstöße gegen die Sicherheitsbestimmungen:
– Zulässigkeit der Arbeiten nicht geprüft,
– Schweißerlaubnis fehlte,
– keine Sicherheitsmaßnahmen in der Schweißgefährdungszone festgelegt.

Entzündung von Gummimaterialien
Ein Schweißer erhielt den mündlichen Auftrag, an einem Kokstransportband ein Leitblech anzuschweißen. Dabei kam es durch Schweißspritzer zur Entzündung des mit Koksstaub vermischten Gummiabriebs. Feuerlöschgeräte standen nicht bereit. Der Brand zerstörte auf einer Länge von 80 m das Gummitransportband und die Elektroinstallation. Weiterhin traten durch Ausglühungen an der Stahlkonstruktion Verwerfungen ein. Der Holzfußboden wurde ebenfalls stark beschädigt.

Verstöße gegen die Sicherheitsbestimmungen:
- Zulässigkeit der Arbeiten nicht geprüft,
- Schweißerlaubnis fehlte,
- keine Sicherheitsmaßnahmen festgelegt,
- keine Löschmittel bereitgestellt.

Weitere Beispiele sind in Tabelle 24 enthalten.

Tabelle 24
Beispiele für Brände von Kunststoffen

Sachverhalt	Verstoß gegen die Sicherheitsbestimmungen	Schaden
Bei Schweißarbeiten an einem Wandluftheizer entzündeten herabfallende Schweißspritzer PUR-Schaumstoff, der in der Außenwand als Dämmaterial eingebaut war.	Sicherheitsmaßnahmen in der Schweißgefährdungszone ungenügend	Geringer Sachschaden
In einem Kraftfahrzeuginstandsetzungsbetrieb wurde bei Rekonstruktionen der Heizungsanlage ein Rohr abgebrannt. Das durch eine Wand in den Nebenraum führende Rohrende erwärmte sich dabei stark. Nach 2 h wurde ein Schwelen des im Nebenraum lagernden PUR-Schaumes bemerkt.	Sicherheitsmaßnahmen in der Schweißgefährdungszone ungenügend; keine Nachkontrollen durchgeführt	Gering
Bei Schweißarbeiten am Schutzmantel einer Rohrleitung entzündete sich in 5 m Entfernung freiliegendes, mit Bitumen verklebtes Polystyren durch Funkenflug. Dabei verbrannten 250 m Isolierung.	Schweißgefährdungszone unzureichend festgelegt	Groß
Schweißspritzer entzündeten zwischengelagertes Schaumpolystyren in einer rohbaufertigen Halle. Durch die Wärme wurden mehrere Fertigteil-Schalenträger zerstört (s. Abb. 25).	Sicherheitsmaßnahmen in der Schweißgefährdungszone ungenügend	Groß
In einer Metalleichtbauhalle entzündeten sich beim Aufschweißen von Auflagerflanschen für die Dachentwässerung Kunststoffplatten durch Schweißspritzer. Das Dach brannte teilweise ab.		Groß

Sachverhalt	Verstoß gegen die Sicherheitsbestimmungen	Schaden
Bei Brennarbeiten an einer Entzunderungsanlage entzündete sich die Gummiauskleidung und brannte aus. Der Schweißer war nicht eingewiesen worden.	Bei Erteilung der Schweißerlaubnis keine Ortsbesichtigung durchgeführt; trotz Brandgefährdung keine Brandwache gestellt	Groß

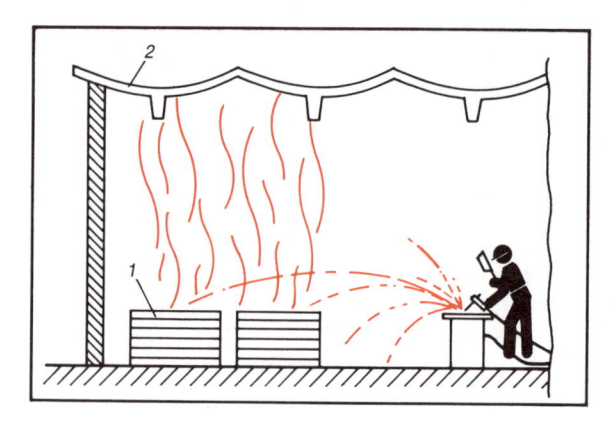

Abb. 25
Beschädigung von Fertigteil-Schalenträgern,
1 Polystyren-Schaumstoff,
2 Schalenträger

4.3.5. Papier, Pappe und Kartonagen

Papier ist besonders leicht entzündlich. Zur selbständigen Entzündung genügt eine Erwärmung auf 220 ... 250 °C. Papier wird in großen Mengen in den verschiedensten Wirtschaftszweigen verwendet (z. B. als Verpackungsmaterial im Handel und als Arbeitsmittel in Papierfabriken, Druckereien). Ölpapier kommt im Bauwesen zur Anwendung. Auch in Büros und Wohnungen sind große Papiermengen vorhanden. Als Altpapier wird es häufig in Kellern oder auf Dachböden zusammen mit anderen brennbaren Materialien, wie Holz und Textilien, gelagert. Auf Baustellen erfolgt oftmals die Lagerung verpackter Bauteile und Ausrüstungsgegenstände unkontrolliert in rohbaufertigen Gebäuden. Als Einwegmaterial bleibt Verpackungsmaterial ebenfalls oft unkontrolliert liegen. Aufgrund der geringen Masse sind Verpackungsmaterialien leicht ortsveränderlich, was unbeabsichtigt durch Wind geschehen kann. Papier in der Nähe von Schweißarbeitsplätzen ist selbst in kleinen Mengen gefährlich, da einerseits auch schwerentflammbare

Gegenstände durch die brennende Verpackung in Brand gesetzt und andererseits nichtbrennbare Gegenstände zerstört werden (z. B. Glasscheiben, technische Geräte, Lebensmittel) [77].
Bei der Bestimmung der Schweißgefährdungszone ist besonders auf Wand- und Mauerdurchbrüche, weiterführende Rohre, Risse und Spalten zu achten. In Büros sind Aktenschränke, Schreibtische usw. zu entfernen oder sorgfältig zu schützen. In Kellern und auf Dachböden sollten keine größeren Mengen Papierabfälle gelagert werden.
Die Nutzung rohbaufertiger Gebäude für Lagerzwecke bedarf einer genauen Abstimmung mit allen auf dem Bau tätigen Partner. Sicherheit ist nur dann gegeben, wenn in den Räumen keine Schweißarbeiten zu erwarten sind und wenn von angrenzenden Räumen keine Gefährdungen ausgehen. Ein Verschließen von Öffnungen mit Papier, Pappe oder Textilien bringt keine Brandsicherheit, sondern erhöht die Brandgefahr.

**Beispiele
für Unfälle, Brände und Explosionen**

Großbrand in einer Papierfabrik
Im zweiten Geschoß einer Papierfabrik wurde von einem Maschinensockel ein Winkelprofil abgebrannt. Dabei fiel ein glühendes Stück Stahl durch eine Luke in ein tiefergelegenes Geschoß, in dem sich große Mengen Papier und Stoffballen befanden. Obwohl eine Schweißerlaubnis vorlag, wurde die Umgebung nicht ordnungsgemäß gesichert. Die Papierfabrik brannte aus, wobei ein großer Sachschaden entstand. Darüber hinaus wurden Menschen gefährdet.
Verstöße gegen die Sicherheitsbestimmungen:
- Brandgefahr in der Schweißgefährdungszone nicht richtig eingeschätzt,
- Sicherheitsmaßnahmen (Abdichten und Abdecken von Öffnungen) ungenügend ausgeführt.

Großbrand durch Entzündung verpackter Waren in einem Chemiebetrieb
Bei Montagearbeiten war ein U-Profil an die Stahlstützen einer mit Mauerwerk ausgefachten Wand zu schrauben. Zu diesem Zweck mußten im Bereich der Anschlußstellen Öffnungen in das Mauerwerk gestemmt werden. In der angrenzenden Lagerhalle befanden sich Fertigwaren in brennbaren Verpackungen bis zu 4 m Höhe in einem Abstand von nur 20 cm von der durchbrochenen Wand. Die Löcher für die Schraubverbindungen sollten gemäß Projekt gebohrt werden. Der Vorarbeiter beauftragte aus Bequemlichkeit den Schweißer, die Löcher mit der Elektrode zu brennen. Der Vorarbeiter und der Schweißer erkannten, daß mit den Mauerdurchbrüchen eine neue Gefahrensituation für die Ausführung von Schweiß- und Schneidarbeiten entstanden war, so daß der vorhandene Schweißerlaubnisschein seine Gültigkeit verlor. Anstatt sich an den für die Ausstellung von Schweißerlaubnisscheinen zuständigen Leiter des Werkbereiches zu wenden, um einen neuen Schweißerlaubnisschein zu beantragen, der den erkannten Gefährdungen durch entsprechende Einstufung und Festlegung von Sicherheitsmaßnahmen Rechnung getragen hätte – möglicherweise wären die unsachgemäßen

Brennarbeiten dabei unterbunden worden –, forderte der Vorarbeiter vom Meister der Lagerhalle lediglich eine Brandwache an. Der Meister setzte für diese Aufgabe einen Auszubildenden ein, ohne ihn entsprechend einzuweisen und mit Feuerlöschgeräten auszurüsten.
Nach Abschluß der Brennarbeiten schickte der Schweißer die Brandwache weg. Eine sofortige Nachkontrolle auf Brandnester unterblieb. Nach kurzer Zeit entwikkelte sich ein Brand, da Funken und geschmolzenes Metall die Verpackungsmaterialien entzündet hatten. Der Sachschaden war sehr groß [78].
Verstöße gegen die Sicherheitsbestimmungen:
- Schweißerlaubnis ungültig,
- ungenügend qualifizierte, nicht eingewiesene Brandwache,
- keine Nachkontrollen durchgeführt.

Großbrand durch Entzündung von Verpackungsmaterialien im Bereich der bautechnischen Versorgung
Gegen 10.45 Uhr wurde 4,50 m vor der Bretterwand einer Lagerhalle ein I-Träger mit einem Autogenschneidbrenner mehrmals getrennt. Ein Arbeitsauftrag lag nicht vor. Die beim Brennschneiden entstandenen Funken und glühenden Materialtropfen sprangen durch eine 5 mm breite Spalte in der ausgetrockneten Bretterwand. Es kam zu einem Schwelbrand an einem hinter der Bretterwand liegenden Balken. Durch das unmittelbar anliegende Verpackungsmaterial von Elektroherden breitete sich der Brand über die gesamte Lagerhalle zu einem Großbrand aus. Der Brand wurde erst gegen 16.45 Uhr (Rauch stieg aus dem Dach auf) bemerkt. Es entstand ein hoher Schaden. Bei diesem Brand wurden $\approx 5\,000\text{ m}^2$ Parkettfußboden, 1 Lastkraftwagen W 50, 22 Elektroherde, 5 Gabelstapler zerstört. Es kam zur Anwendung des Strafrechts [6].
Verstöße gegen die Sicherheitsbestimmungen:
- Brandgefährdeter Bereich – Schweißerlaubnis fehlte,
- keine Brandwache gestellt,
- keine Nachkontrollen durchgeführt.

Entzündung von Altpapier
Im Keller eines Verwaltungsgebäudes wurde die Heizungsanlage rekonstruiert. Da die Arbeiten im Sommer stattfanden, öffnete der Schweißer die Fenster und Türen der umliegenden Räume. Begünstigt durch die offenen Türen und die Zugluft, wurden die Brennschneidspritzer in zwei weitere Räume getragen (s. Abb. 26). In einem Raum lagerten einige Stapel Altpapier. Zwei Stunden nach Beendigung der Arbeiten brannte das Papier.
Verstöße gegen die Sicherheitsbestimmungen:
- Brandgefährdeter Bereich – Schweißerlaubnis fehlte,
- Sicherheitsmaßnahmen in der Schweißgefährdungszone nicht festgelegt,
- angrenzende Räume nicht in die Schweißgefährdungszone einbezogen.

Wohnungsbrand durch Entzündung von Papptafeln
Auf dem Dachboden eines Gebäudes wurden Heizungsrohre abgebrannt. Dabei fielen Schweißspritzer durch ein Rohr in eine darunterliegende Wohnung. Hier entzündeten sich Papptafeln und andere Gegenstände. Die Feuerwehr konnte

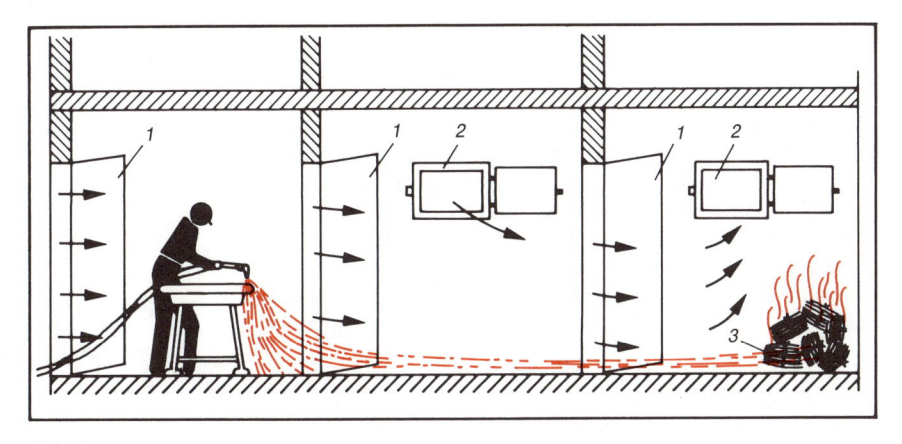

Abb. 26
Entzündung von Altpapier durch Ausbreitung von Schweißspritzern infolge von Zugluft,
1 Türen, 2 Fenster, 3 Altpapier

den Brand verhältnismäßig schnell löschen. Trotzdem entstand ein großer Schaden.
Verstöße gegen die Sicherheitsbestimmungen:
– Brandgefährdeter Bereich – Schweißerlaubnis fehlte,
– Sicherheitsmaßnahmen in der Schweißgefährdungszone ungenügend (offene Rohrleitungen nicht abgedichtet),
– angrenzende Räume nicht in die Schweißgefährdungszone einbezogen.
Weitere Beispiele sind in Tabelle 25 enthalten.

Tabelle 25
Beispiele für Brände von Papier, Pappe und Kartonagen

Sachverhalt	Verstoß gegen die Sicherheitsbestimmungen	Schaden
Ein Schlosser montierte eine Wasserleitung. Um eine Verschraubung lösen zu können, wärmte er sie mit dem Gasschweißgerät an. Da sich die Verschraubung unmittelbar unter einer gerissenen Zwischendecke befand, auf der Papier und andere leicht brennbare Materialien lagerten, kam es zu einem Schwelbrand.	Sicherheitsmaßnahmen in der Schweißgefährdungszone ungenügend; angrenzende Räume nicht in die Schweißgefährdungszone einbezogen	Gering

Sachverhalt	Verstoß gegen die Sicherheitsbestimmungen	Schaden
Bei Arbeiten auf einem Ziegeldach wurde die Lötlampe zwischen einem Dachbinder und einer Dachlatte abgestellt. Durch eine Erschütterung fiel die Lötlampe nach innen auf den Dachboden und entzündete dort Papier, Kartonagen und Holzmöbel.	Sicherheitsmaßnahmen in der Schweißgefährdungszone ungenügend; Lötlampe unsachgemäß abgestellt	Sachschaden
Auf der Baustelle einer Maschinenfabrik waren Elektroschweißarbeiten auszuführen. Drei Tage vor Beginn der Arbeiten kam es zu mündlichen Vereinbarungen über die Durchführung. Zwischenzeitlich wurden Verpackungsmaterial und Bretter in 2 m Entfernung von der Schweißstelle gelagert, die sich bei den Schweißarbeiten entzündeten.	Schweißerlaubnis fehlte; Schweißgefährdungszone nicht festgelegt; Schweißer nicht eingewiesen	Gering
Nahe der Brennstelle an einem Wasserleitungsrohr befand sich ein Mauerdurchbruch, der mit Papier verstopft und unvollständig mit Gips verschmiert war. Bei den Brennarbeiten entzündete sich das Papier. Der Brand griff auf das Gebäudedach über.	Schweißerlaubnis fehlte; brennbare Stoffe in der Schweißgefährdungszone nicht entfernt bzw. gesichert	Sachschaden und Gefährdung anderer Betriebsanlagen
Bei Schweißarbeiten auf einer Rohrbrücke wurden darunterliegende Kartonagen nicht entfernt bzw. vor Entzündung gesichert (s. Abb. 27).	Schweißerlaubnis fehlte; brennbare Stoffe in der Schweißgefährdungszone nicht entfernt	Geringer Sachschaden; Gefährdung anderer Anlagen
Ein Auszubildender wurde vom Aufsichtsführenden mit Brennarbeiten beauftragt. Die Brennschneidspritzer fielen durch Deckendurchbrüche und entzündeten Verpackungsmaterial im rohbaufertigen Gebäude.	Schweißerlaubnis fehlte; Durchbrüche und angrenzende Räume ungenügend beachtet	Mäßiger Sachschaden

Abb. 27
Entzündung von Kartonagen,
1 Rohrbrücke, 2 Kartonagen

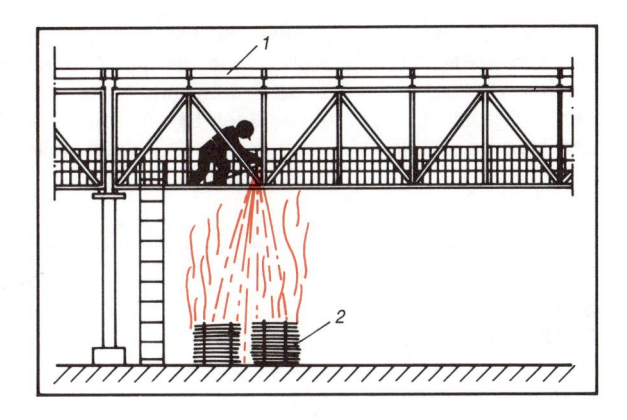

4.3.6. Stroh, Heu, Pflanzen, Futtermittel, Lebensmittel

Stroh, Heu, Pflanzen, Futtermittel und Lebensmittel kommen hauptsächlich in der Land- und Nahrungsgüterwirtschaft vor [79]. Stroh und Schilf finden als Dach- oder Dämmaterial Verwendung. Auf Dachböden, in Ställen usw. ist mit Vogelnestern zu rechnen, die in ihrer Zusammensetzung Stroh und Heu entsprechen. Stroh und Heu dürften wohl die am leichtesten zu entzündenden Materialien unter den festen Stoffen sein. Die Zündtemperatur beträgt $\approx 230 \ldots 280\,°C$. Brandgefahr besteht in der Landwirtschaft auf Gehöften (verstreutes Stroh beim ständigen Transportieren von der Scheune in die Ställe), in Ställen sowie in Reparaturwerkstätten, wo sich Stroh- und Heureste an den zu reparierenden Geräten befinden können. Außerhalb der Landwirtschaft verwenden zahlreiche Kleintierhalter Stroh und Heu.

Im Bauwesen werden Strohmatten im Winter als Abdeckmaterialien verwendet.

Zu beachten ist schließlich auch, daß beim Bau von Leitungen und Verkehrswegen Berührung mit abgestorbenem Pflanzenbewuchs möglich ist. Die Entzündung geht in diesen Fällen nicht selten von Schweiß- und Schneidarbeiten an Rohren, Schienen usw. aus.

Futter- und Lebensmittel sind als organische Stoffe meist gutbrennbar. In der Lagerwirtschaft (z. B. in Silos) besteht bei verschiedenen Stoffen Explosionsgefahr. Hier sind insbesondere Getreide und Mehl zu nennen. Die Zündtemperaturen liegen zwischen 410 und 500 °C. Die unteren Zündgrenzen betragen für Mehlstaub $< 100\,\mu m$ und $< 15\,\%$ Feuchte $20\,g \cdot m^{-3}$ und für Stärkestaub $< 60\,\mu m$ und $< 8\,\%$ Feuchte $22\,g \cdot m^{-3}$.

Besondere Vorsicht ist geboten, wenn Schweiß- und Schneidarbeiten in der Nähe von Schneunen und Diemen notwendig sind. Wind und verstreut liegendes Material können auch über relativ große Entfernungen einen Brand auslösen. Diese Stoffe sind vor Arbeitsbeginn zu entfernen oder stark anzufeuchten und auch nach Beendigung der Arbeiten nochmals zu besprengen. Wegen der schnellen Brandausbreitung ist es erforderlich, Feuerlöschgeräte bereitzuhalten [33]. Außer der leichten Entzündbarkeit der Stoffe sind auch Schwelbrände nicht außergewöhnlich, so daß gegebenenfalls verlängerte Nachkontrollen erforderlich werden. Bei Schweißarbeiten in Ställen sind die Tiere vorher herauszubringen, da eine Evakuierung im Brandfall sehr schwierig oder unmöglich sein kann. In der Schweißgefährdungszone sind auch Spinnweben, die die Entzündung von Stroh und Heu begünstigen, zu entfernen. Verhältnismäßig häufig sind Brandwachen notwendig.

Beispiele
für Unfälle, Brände und Explosionen

Brand einer Scheune
In einem Forstbetrieb erfolgten Schweißarbeiten zur Reparatur eines Pfluges. Eine Schweißerlaubnis war nicht vorhanden. Die Arbeiten fanden in 15 m Entfernung von einer Scheune statt, in der Stroh lagerte (s. Abb. 28). Der Erdboden zwischen der Scheune und dem Pflug war teilweise mit Strohresten bedeckt. Strohreste, die sich durch die Schweiß- und Schneidarbeiten entzündet hatten, trat der Schweißer mit dem Fuß aus. Nach Beendigung der Arbeiten fuhr er nach Hause. Am nächsten Tag brannte die Scheune mit 20 t Stroh ab.

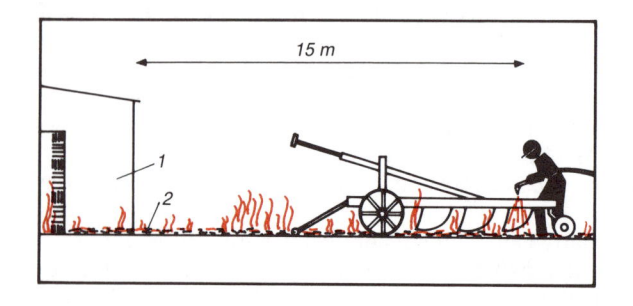

Abb. 28
Brandausbreitung über Strohreste bis zu einer Scheune,
1 Scheune, 2 Strohreste

Verstöße gegen die Sicherheitsbestimmungen:
– Brandgefährdeter Bereich – Schweißerlaubnis fehlte,
– keine Sicherheitsmaßnahmen in der Schweißgefährdungszone festgelegt,
– keine Brandwache gestellt,
– keine Nachkontrollen durchgeführt.

Brand eines Stallgebäudes
In einem Mastbullenstall wurden Elektroschweißarbeiten durchgeführt. Die Spritzer und Schweißfunken fielen in die 3 m entfernte Öffnung eines Deckenträgers und entzündeten Heu- und Strohreste, die zum Glimmbrand eines Holzbalkens führten. In der Endphase durchbrach der Glutbrand die Dielung des Dachbodens und entzündete weitere Heu- und Strohreste sowie die aus dem Glimmbrand unter dem Dach angesammelten Schwelgase (Pyrolyseprodukte). Es kam zu einem intensiven Flammenbrand mit Verpuffung und Brandausbreitung über den

gesamten Dachraum. Der Luftsauerstoffmangel in der Einschubdecke war eine entscheidende Ursache dafür, daß sich der Glimmbrand über ≈ 70 h entwickeln konnte [80].
Verstöße gegen die Sicherheitsbestimmungen:
- Sicherheitsmaßnahmen in der Schweißgefährdungszone unterlassen,
- keine Brandwache gestellt,
- keine Nachkontrollen durchgeführt.

Brand in einem Dachgeschoß
Ein Handwerksbetrieb erhielt den Auftrag, in einem ausgebauten Dachgeschoß Heizungskörper zu installieren. Zwei rohrförmige Konsolen dienten zur Aufnahme des Heizungskörpers. Der Betriebsleiter gab dem Monteur den Auftrag, Abstützungen unter die Konsolen zu schweißen, um die Tragfähigkeit zu erhöhen. Ohne sich zu vergewissern, was sich hinter der Wand befindet, wurden die Schweißarbeiten durchgeführt. Es kam zum Funkenflug durch die Konsolen auf hinter der Wand lagerndes Stroh, das sich entzündete. Da kein Zugang zu dem Raum hinter der Wand vorhanden war, konnte dort keine Brandkontrolle durchgeführt werden (s. Abb. 29). Erst als Rauchwolken unter den Ziegeln hervorquollen, bemerkte man den Brand. Die Feuerwehr wurde alarmiert; der Brand konnte jedoch schon vorher gelöscht werden. Der entstandene Schaden blieb gering. Gegen den Betriebsleiter und den Schweißer wurden Ordnungsstrafen ausgesprochen [81].

Abb. 29
Brandentstehung in einem unzugänglichen Bodenraum,
1 Konsole, 2 Bodenraum mit Stroh

Verstöße gegen die Sicherheitsbestimmungen:
- Sicherheitsmaßnahmen in der Schweißgefährdungszone ungenügend,
- angrenzende Bereiche nicht in die Schweißgefährdungszone einbezogen,
- keine Brandwache gestellt,
- keine Nachkontrollen durchgeführt.

Abbrand von Unkraut
Ein Schweißer zerkleinerte auf einem mit Unkraut bewachsenen Grundstück Stahlschrott durch Brennschneiden. Beim Ansetzen des Schneidbrenners kam es schlagartig zu einem Flächenbrand des Unkrautes, das am Tage zuvor mit dem Unkrautbekämpfungsmittel Agrosan bestreut worden war. Durch den nächtlichen

Regen hatte sich daraus ein brennbares Gemisch gebildet. Der Schweißer erlitt Verbrennungen zweiten und dritten Grades.
Verstöße gegen die Sicherheitsbestimmungen:
– keine Maßnahmen zur Verhinderung der Entzündung der brennbaren und explosiblen Stoffe.

Verkohlung von Puffreis
In einer Schokoladenfabrik sollte die Heizungsanlage erweitert werden. Der Trichter eines mit Puffreis gefüllten Silos wurde mit Brettern abgedeckt. Bei Schweißarbeiten über dem Trichter fielen Schweißperlen durch die Bretter in den Trichter. Nach vier Tagen stellten die Mitarbeiter eine Erwärmung des Silos fest, 300 kg Puffreis waren verkohlt. Dem Schweißer wurde ein Verweis ausgesprochen [69].
Verstöße gegen die Sicherheitsbestimmungen:
– Sicherheitsmaßnahmen in der Schweißgefährdungszone ungenügend festgelegt (Trichter nicht dicht abgedeckt),
– keine Brandwache gestellt,
– keine Nachkontrollen durchgeführt.
Weitere Beispiele sind in Tabelle 26 enthalten.

Tabelle 26
Beispiele für Brände von Pflanzen und Futtermitteln

Sachverhalt	Verstoß gegen die Sicherheitsbestimmungen	Schaden
Auf einem Gehöft wurde ein Tor neu gebaut. Dazu mußte die alte Tragschiene abgebrannt werden. Schweißspritzer gelangten auf einen in der Nähe befindlichen Strohhaufen, der in Brand geriet und die Holzbalken einer Scheune in Brand setzte.	Sicherheitsmaßnahmen in der Schweißgefährdungszone ungenügend festgelegt	Gering
Ein Elektromonteur führte mit einem Propangasbrenner Reparaturarbeiten an einer Erdkabelmuffe aus. Dabei entzündeten sich durch unsachgemäßes Ablegen des Brenners die eingelagerten Futtermittel.	Brennbare Stoffe nicht aus der Schweißgefährdungszone entfernt; Brenner nicht sicher abgelegt	Sachschaden
Durch falsches Anklemmen der Schweißstromrückleitung kam es bei Elektroschweißarbeiten an einem Mähdrescher zur Widerstandserwärmung einer Druckfeder. Strohreste entzündeten sich, und der Fahrerstand fing an zu brennen. Der	Schweißstromrückleitung nicht unmittelbar am Schweißteil angebracht	Geringer Sachschaden

Sachverhalt	Verstoß gegen die Sicherheitsbestimmungen	Schaden
Brandwache nahm sofort mit Erfolg die Brandbekämpfung auf.		
Beim Schweißen eines Blitzableiters fielen Funken und heißes Metall in einen Kuhstall, wo Stroh durch die Spritzer und Funken entzündet wurde. Der Kuhstall brannte aus und die Kühe verbrannten.	Sicherheitsmaßnahmen in der Schweißgefährdungszone ungenügend festgelegt; angrenzende Bereiche nicht gesichert	Großer Sachschaden
Die Rückspiegelhalterung eines Traktors wurde durch Elektrolichtbogenhandschweißen an der Außenseite der Fahrerkabine befestigt. Schweißspritzer setzten Öl, Diesel und Pflanzenreste am verschmutzten Fahrzeugrahmen in Brand. Sofort einsetzende Löscharbeiten verhinderten das Übergreifen des Brandes auf das gesamte Fahrzeug.	Brennbare Stoffe nicht aus der Schweißgefährdungszone entfernt	Geringer Sachschaden

4.3.7. Textilien, Garn, Wolle, Felle, Haare, Leder

Textilien werden als Kleidung, Wäsche und Raumtextilien in allen Haushalten und in vielen gesellschaftlichen Bereichen (z. B. Warenhäusern, Kultureinrichtungen, Hotels, Schulen, Krankenhäusern, Sozialbereichen von Betrieben) verwendet. Als Polsterung, Gardinen und zur Lärmdämpfung finden sie in Verkehrsmitteln Anwendung. Darüber hinaus werden technische Textilien, wie Planen, Netze, Säcke und Seile, besonders in der Industrie und im Verkehrswesen angewandt [75]. Garne, Wolle und ähnliche Erzeugnisse verarbeitet man in großen Mengen in den Betrieben der Textilindustrie. Putzwolle und -lappen benötigt jede Werkstatt, wobei diese Materialien dann meist ölverschmiert sind. Felle und Pelze kommen als Brandobjekte sowohl bei lebenden Tieren als auch in Form von Waren in Betracht [79].
Die genannten Materialien sind im allgemeinen (wenn sie nicht speziell imprägniert sind) gutbrennbar und haben niedrige Zündtemperaturen. Die speziellen Gefahren beim Verbrennen in sauerstofffreier Luft sind in Abschnitt 4.3.10. beschrieben. Die Brennbarkeit von Textilien wird durch die zunehmende Anwen-

dung von synthetischen Fasern als Gewebeanteil vergrößert. Synthetische Fasern sind sehr nachteilig, wenn Kleidungsstücke auf der Haut brennen. Auch die Materialkombination Textilien – Schaumstoffe wird zunehmend verwendet (z. B. bei Polstermöbeln und Polsterungen von Fahrzeugen) [82]. Die Textilien haben annähernd den gleichen Heizwert je Kilogramm wie trockenes Holz.

In Verbindung mit Schweiß- und Schneidarbeiten bestehen Gefährdungen insbesondere bei Rekonstruktionsarbeiten an Heizungsanlagen und Sanitärtechnik in Gebäuden sowie bei Reparaturarbeiten an Fahrzeugen (z. B. Kraftfahrzeuge, Schiffe, Schienenfahrzeuge). Zu beachten ist unbedingt die große Wahrscheinlichkeit von Schwelbränden, besonders in Polsterungen und Lagerräumen.

Beim Schweißen, Schneiden und Löten in Wohnungen, Büros usw. sind leichtbrennbare Materialien, wie Kleidung, Wäsche und Raumtextilien, nach Möglichkeit zu entfernen. Da Textilien leichte Angriffsflächen für Schweißspritzer und -perlen bieten, ist bei der Sicherung durch Abdeckung stets zu beachten, daß in der Regel eine relativ große Restgefährdung verbleibt. Unter diesem Gesichtspunkt sind auch die Beauftragung einer Brandwache und die Dauer der Nachkontrollen zu betrachten.

Felle und Pelze lebender Tiere sind ebenfalls brandgefährdet, wenn die Tiere nicht aus der Schweißgefährdungszone entfernt werden. Lange Zeit wurden Tiere als Sachwerte betrachtet, was mit Sicherheit nicht richtig ist. Sie sollten als Lebewesen nach gleichen Kriterien, wie sie beim Menschen Anwendung finden, geschützt werden.

Auch das menschliche Haar ist brennbar. Dieser Tatsache müssen vor allem Schweißer durch Tragen einer Kopfbedeckung Rechnung tragen. Damit ist allerdings das vieldiskutierte Problem, wie sich Bartträger schützen sollen, noch nicht gelöst. Mit Sicherheit stellt ein längerer Vollbart ein Risiko dar [83].

In der Unfallverhütungsvorschrift (VBG 15) heißt es dazu in § 28 (1): „Die Versicherten müssen bei Schweißarbeiten Kleidung tragen, die den Körper ausreichend bedeckt."

Beispiele
für Unfälle, Brände und Explosionen

Entzündung von Stoffballen

In Produktionsräumen wurden Schweiß- und Schneidarbeiten an einer Dampfleitung ausgeführt, ohne zu beachten, daß die Rohrdurchführungen in der Zwischendecke nicht abgedichtet waren. Schweißfunken drangen durch die Öffnungen und entzündeten Stoffballen. Vor Beginn der Arbeiten war der Arbeitsplatz nicht von den Verantwortlichen besichtigt worden. Im Lagerraum lag Brandgefährdung vor, es hätte also eine Brandwache gestellt werden müssen, wenn ein vollständiges Verschließen der Öffnungen nicht möglich oder zweckmäßig gewesen wäre. Gegen die Verantwortlichen sowie gegen den Schweißer wurden Ordnungsstrafen und Disziplinarmaßnahmen ausgesprochen.

Verstöße gegen die Sicherheitsbestimmungen:
– Schweißerlaubnis ohne Ortsbesichtigung erteilt,

- Sicherheitsmaßnahmen in der Schweißgefährdungszone ungenügend beachtet,
- Rohrdurchführungen nicht abgedichtet,
- keine Brandwache gestellt.

Entzündung von Raumtextilien
In einem Einfamilienhaus wurden Schneidarbeiten mit einem Autogenschweißgerät zur Installation einer Zentralheizung durchgeführt. Beim Verlegen der Vorlaufleitung, $\approx$ 30 cm unter der Zimmerdecke, mußte ein Abzweig herausgebrannt werden. Dabei kam es zum Funkenflug, der eine im Zimmer stehende Liege mit einer darauf befindlichen Decke entzündete (s. Abb. 30). Der Brand konnte durch schnelles Handeln gelöscht werden. Es entstand geringer Sachschaden [84].

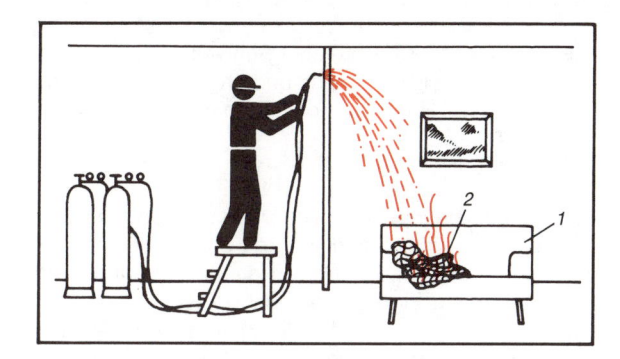

Abb. 30
Entzündung von Raumtextilien,
1 Liege, 2 Decke

Verstöße gegen die Sicherheitsbestimmungen:
- Sicherheitsmaßnahmen in der Schweißgefährdungszone ungenügend festgelegt (brennbare Gegenstände und Stoffe nicht entfernt).

Brand synthetischer Garne
Im Kellergeschoß eines Textilbetriebes befand sich ein Werkstattraum, in dem Schweißarbeiten durchgeführt wurden. Da dieser Raum keine Fenster und Abzugsmöglichkeiten für Schweißrauch und Gase hatte, ließ man die Tür zu einem angrenzenden Betriebsraum offen (s. Abb. 31). Unbemerkt von acht Perso-

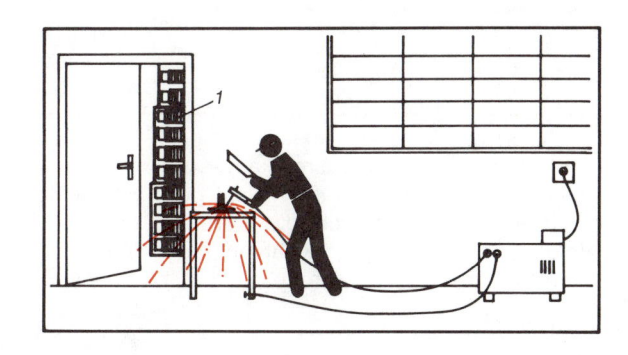

Abb. 31
Entzündung von Garnspulen,
1 Garnspulen

nen, die hier arbeiteten, drangen Schweißspritzer in den angrenzenden Raum ein und entfachten in einer Garnspule einen Schwelbrand. Als zum Abtransport der Garnrollen eine Tür weiter geöffnet wurde, trat, vermutlich durch Luftzug begünstigt, ein Feuerübersprung ein, und eine Palette von Garnrollen fing schlagartig intensiv an zu brennen. Die Mitarbeiter versuchten, den Brand zu löschen; doch der Brand breitete sich sehr schnell aus, und es kam zu einer starken Rauchentwicklung, so daß die Mitarbeiter den Raum verlassen mußten. Sechs Mitarbeiter gelangten durch die Tür, zwei durch ein Kellerfenster ins Freie. Die alarmierte Feuerwehr löschte den Brand, was allerdings durch die intensive Rauchentwicklung erschwert wurde. Es entstand ein großer Schaden.

Die Brandauswertung ergab, daß die stationierten Pulverlöscher für die Löschung von Bränden an aufgespulten Garnen unzweckmäßig sind, da das Pulver nicht in die Spulen eindringt. Besser geeignet wären Schaumlöscher.

Verstöße gegen die Sicherheitsbestimmungen:
– Brandgefährdeter Bereich – Schweißerlaubnis fehlte,
– Schweißgefährdungszone und angrenzende Räume ungenügend beachtet,
– ungeeignete Handfeuerlöscher installiert.

Entzündung eines Ladenetzes
Bei Schneidarbeiten an einem Schiffsmast fiel ein abgetrennter heißer Bolzen in das darunterbefindliche Netz und entzündete es. Der Brand breitete sich schnell über das gesamte Schiff aus, da sich noch weitere, mit brennbarer Flüssigkeit getränkte Netze und andere brennbare Gegenstände in unmittelbarer Nähe an Bord befanden. Ein Schweißerlaubnisschein lag zwar vor, aber er enthielt außer Datum und Unterschrift des Verantwortlichen keine weiteren Angaben. Die Besatzung und das Schiff wurden in hohem Maße gefährdet. Es entstand ein großer Sachschaden.

Verstöße gegen die Sicherheitsbestimmungen:
– Schweißerlaubnisschein unvollständig ausgefüllt,
– brennbare Gegenstände nicht aus der Schweißgefährdungszone entfernt oder abgedeckt,
– keine Brandwache gestellt.

Weitere Beispiele sind in Tabelle 27 enthalten.

Tabelle 27
Beispiele für Brände von Textilien und Fellen

Sachverhalt	Verstoß gegen die Sicherheitsbestimmungen	Schaden
Durch unsachgemäßes Abstellen einer Lötlampe auf dem Fensterbrett kam es zu einem Brand. Da das Fenster leicht geöffnet war, bewegte sich die Gardine infolge des Luftzuges in Richtung Lötflamme und entzündete sich.	Brennbare Stoffe nicht aus der Schweißgefährdungszone entfernt; Lötlampe nicht sicher abgelegt	Verletzung eines Arbeiters; Sachschaden

Sachverhalt	Verstoß gegen die Sicherheitsbestimmungen	Schaden
Bei Schneidarbeiten an einem Winkelprofil fielen in einer Papierfabrik Schmelzperlen in das darunterliegende Geschoß und entzündeten Alttextilien. Es entstand ein Großbrand.	Sicherheitsmaßnahmen in der Schweißgefährdungszone ungenügend festgelegt; angrenzende Räume nicht beachtet	Groß
An einem Pkw mußte der Träger der Sitzkonstruktion geschweißt werden. Zur Ausführung der Arbeit wurde zwar der Sitz ausgebaut, nicht jedoch die Polsterung entfernt. Nach Beendigung der Arbeit baute der Schlosser den Sitz wieder ein. Nach 11 h kam es zum Brandausbruch, der 2 h später entdeckt wurde.	Sicherheitsmaßnahmen in der Schweißgefährdungszone nicht beachtet; keine Nachkontrolle durchgeführt	Gering
In einer Kfz-Werkstatt waren Schweißarbeiten im hinteren Teil des Kofferraumes eines Pkw auszuführen. Der Tank, die Fußmatten und die Innenverkleidung wurden ausgebaut, der Himmel und die Sitze blieben jedoch im Fahrzeug. Durch die Schweißwärme entzündete sich das Konservierungsmittel Elaskon und anschließend die Polstersitze.	Keine Sicherheitsmaßnahmen in der Schweißgefährdungszone veranlaßt; keine Brandwache gestellt; keine Nachkontrolle durchgeführt	Gering
Beim Schweißen des Metallrahmens eines Warenhausschaufensters fielen Funken und Schweißspritzer auf einen Hund, der an der Tür angebunden war (s. Abb. 32). Der Hund erlitt schwere Verbrennungen. Schweißarbeiten dürfen nicht in der Nähe von Tieren durchgeführt werden.	Tier wurde nicht mindestens 5 m von der Schweißstelle entfernt	Verletzung des Hundes

Abb. 32
Entzündung des Fells eines Hundes

4.3.8. Brennbare Flüssigkeiten und Dämpfe

Brennbare Flüssigkeiten sind in großer Vielfalt und Menge vor allem in der chemischen Industrie vorhanden. Darüber hinaus spielen sie besonders bei Reparaturarbeiten an Fahrzeugen, Motoren und Maschinen in Form von Treibstoff, Schmieröl, Hydrauliköl und Fett eine Rolle [79, 82]. Im Bauwesen werden hauptsächlich während der Ausbauphase Anstrichstoffe, Lösungsmittel, Kleber, Bitumen, Teer usw. verarbeitet. In der Ausbauphase ist besonders zu beachten, daß aufgrund der leichten Transportierbarkeit der Anstrichstoffe, Verdünnung usw. sehr schnell veränderte Bedingungen bezüglich der Gefährdung an einem Schweißarbeitsplatz entstehen können, wenn diese Materialien umgesetzt oder in Räumen gelagert werden, ohne den Schweißer oder Brennschneider zu verständigen. Es besteht also die Möglichkeit, daß sich die Bedingungen, auf deren Grundlage eine Schweißerlaubnis erteilt wurde, während einer Schicht ändern können. Diese Besonderheit stellt an die Umsicht und das Verantwortungsbewußtsein der Schweißer und Brennschneider, die Leitungskräfte sowie auch an die anderen Mitarbeiter große Anforderungen, damit die Arbeits- und Brandsicherheit gewährleistet bleibt.

Für die Entzündung leichtbrennbarer Flüssigkeiten bei Schweiß- und Schneidarbeiten sind folgende Faktoren charakteristisch [85 ... 87]:
– große Brandgefahr durch schnelle Brandausbreitung und
– Explosionsgefahr durch Bildung explosibler Gasgemische infolge Verdunstung der Flüssigkeiten.

In den vergangenen Jahren kam es bei Schweiß- und Schneidarbeiten in Verbindung mit Waschbenzin und durch irrtümlichen Gebrauch von Benzin als Löschmittel zu folgenschweren Unfällen und Bränden. Sie ereigneten sich vorwiegend in Betrieben und Werkstätten, in denen Reinigungsarbeiten mit Waschbenzin vor, nach oder zeitlich parallel mit Schweiß- und Schneidarbeiten durchgeführt wurden. Leider waren bei den Unfällen auch unbeteiligte Personen betroffen, die die Verstöße ihrer Mitarbeiter gegen die Sicherheitsbestimmungen mit Verletzungen oder sogar mit dem Leben bezahlen mußten. Waschbenzindämpfe bilden schon bei Raumtemperatur explosible Gemische, deren Zündung auch entfernt von der Flüssigkeit erfolgen kann.

Tabelle 28
Einteilung brennbarer Flüssigkeiten in Gefahrklassen

Gefahrklasse A		Gefahrklasse B	
Brennbare Flüssigkeiten, die sich mit Wasser nicht oder nur teilweise mischen lassen.		Brennbare Flüssigkeiten, die sich mit Wasser in jedem Verhältnis mischen lassen.	
A I	Flammpunkt $< 21\,°C$	B I	Flammpunkt $< 21\,°C$
A II	Flammpunkt von 21 ... 55 °C	B II	Flammpunkt von 21 ... 55 °C
A III	Flammpunkt von 55 ... 100 °C		

Weitere Ursachen sind:
- unterlassenes Entfernen von leichtbrennbaren Flüssigkeiten aus der Schweißgefährdungszone,
- unzureichende Sicherung der Behälter mit leichtbrennbaren Flüssigkeiten beim Transport durch die bzw. Lagerung in der Schweißgefährdungszone und Nutzung ungeeigneter Behälter,
- mangelhafte Kennzeichnung der Behälter mit leichtbrennbaren Flüssigkeiten,
- Tragen von Arbeitskleidung, die mit leichtbrennbaren Flüssigkeiten in Kontakt gekommen war.

Im Bereich der chemischen Industrie kommt es besonders darauf an, die Eigenschaften der zu verarbeitenden und der hergestellten Stoffe sowie die Technologien, Sicherheitsbestimmungen und Betriebsanweisungen genau zu kennen. In vielen Wirtschaftsbereichen ist Waschbenzin, das in der Fachsprache Siedegrenzenbenzin heißt, aufgrund seines niedrigen Flammpunktes eine Hauptgefahrenquelle bei Schweiß- und Schneidarbeiten und in seiner Gefährlichkeit (Gefahrklasse A I) höher einzustufen als Öl, Fett oder Farbe (s. Tab. 28). Deshalb ist es besonders wichtig, die Behälter mit Waschbenzin ordnungsgemäß zu kennzeichnen, verschlossen aufzubewahren, vor Funkenflug zu schützen und in jedem Fall aus der Schweißgefährdungszone zu entfernen.

Durch umsichtige Vorbereitung der und erhöhte Aufmerksamkeit bei Schweiß- und Schneidarbeiten sind nahezu alle Unfälle durch Entzündung von Waschbenzin zu vermeiden. In Schweiß- und Schneidarbeitsstätten, in denen auch Reinigungsarbeiten an Maschinen- oder Fahrzeugteilen durchgeführt werden müssen, sollte nicht Waschbenzin, sondern schwererentflammbare Reinigungsmittel verwendet werden [88]. Viele Unfälle ließen sich dadurch vermeiden.

**Beispiele
für Unfälle, Brände und Explosionen**

Entzündung von Schwefelkohlenstoff durch eine Heißluftpistole
Ein Schweißer arbeitete ohne Schweißerlaubnis in einer Betriebsabteilung, in der unter anderem auch Schwefelkohlenstoff gewonnen wurde. Schwefelkohlenstoff ist eines der gefährlichsten Lösungsmittel. Der Zündpunkt liegt bei 102 °C. Als der Schweißer auf eine Rüstung steigen wollte, steckte er die in Betrieb befindliche, elektrisch beheizte Luftpistole in ein Ablaufrohr, um die Hände freizubekommen. Das Ablaufrohr, durch das bei der Produktion flüssiger Schwefelkohlenstoff läuft, war noch mit einem sehr fetten Schwefelkohlenstoffdampf-Luft-Gemisch (über der oberen Zündgrenze von 50 Vol.-%) gefüllt. Das Gemisch brannte aus. Wäre das Gemisch weniger fett, also brisant gewesen, dann hätte es zu einer schweren Explosion kommen können. Der Brand konnte mit Wasser gelöscht werden. Bei der Verbrennung von Schwefelkohlenstoff entsteht das Reizgas Schwefeldioxid. Der Schweißer sowie ein anderer Mitarbeiter, die dieses Reizgas eingeatmet hatten, mußten ärztlich behandelt werden [89].
Verstöße gegen die Sicherheitsbestimmungen:
– Schweißerlaubnis fehlte,
– keine speziellen Sicherheitsmaßnahmen in der Schweißgefährdungszone festgelegt.

Garagenbrand infolge Entzündung brennbarer Flüssigkeiten
In einer Garage wurden Schweißarbeiten in unmittelbarer Nähe eines Regals mit Farben, alten Lappen, Gläsern mit Nitroverdünnung, Flaschen mit Waschbenzin und ähnlichem durchgeführt. Die Schweißfunken entzündeten die in den offenen Gläsern mit Pinseln befindliche Verdünnung, und es kam zu einem Brand. Beim Löschen mit Wasser platzten die im Regal stehenden Flaschen mit Waschbenzin. Der Brand breitete sich aus und ergriff auch den in der Garage stehenden PKW. Es entstand ein hoher Sachschaden.
Verstöße gegen die Sicherheitsbestimmungen:
– Brennbare Stoffe nicht aus der Gefährdungszone entfernt.

Großbrand infolge entzündeter Öldämpfe
Im Keller einer Halle mit einer Fläche von $\approx 1\,000\ \text{m}^2$ arbeiteten Schweißer an einer Ölsammelleitung. Dabei entzündeten sich Ölreste in der Leitung. Der Brand breitete sich in der Leitung bis zu der im Erdgeschoß befindlichen Ölwanne aus. Die Schweißer ahnten davon nichts und arbeiteten weiter. Der Hausmeister bemerkte den Brand und alarmierte die Feuerwehr. Der Brand konnte schnell unter Kontrolle gebracht werden. Wegen der starken Rauchentwicklung begann man die Halle zu lüften. Nach wenigen Minuten ereignete sich eine Explosion. Das verspritzende Öl setzte die gesamte Halle und die darin befindlichen Maschinen in Brand. Die Schweißer konnten sich unverletzt retten. Zwei Feuerwehrleute wurden verletzt und das neben der Halle stehende Löschfahrzeug beschädigt. Die Explosion hatte folgende Ursachen. Aus der noch heißen Ölwanne stiegen zündwillige Dämpfe auf, die sich in der Halle ausbreiteten. Da die Dämpfe schwerer als

Luft waren, drangen sie durch eine Öffnung in den Keller, wo sie von den Schweißflammen entzündet wurden. Es entstand ein großer Schaden [90].
Verstöße gegen die Sicherheitsbestimmungen:
- Zulässigkeit der Arbeiten nicht geprüft,
- Schweißerlaubnis fehlte,
- Sicherheitsmaßnahmen in der Schweißgefährdungszone ungenügend festgelegt,
- keine Brandwache gestellt.

Großbrand durch Entzündung von Ölresten
In einem Industriebetrieb hatten zwei Arbeiter den Auftrag, eine beschädigte Stelle an einem Geländer um ein Öltauchbecken zu schweißen. Daß hier eine große Brandgefährdung vorlag, war offensichtlich. Im Bereich des Ölbeckens waren das Rauchen und der Umgang mit offenem Feuer verboten! Unter dem Geländer befand sich herabgetropftes und zum Teil bereits verhärtetes Öl. Während des Schweißens entzündete sich das Öl. Der Brand konnte mit Handfeuerlöschern nicht gelöscht werden. Als die Feuerwehr eintraf, hatte der Brand schon das gesamte, mit Teerpappe gedeckte Dach erfaßt. Es entstand ein Schaden in Höhe von 4 Millionen DM. Es wäre ohne weiteres möglich gewesen, den beschädigten Teil des Geländers abzubauen, um ihn an einer ungefährlichen Stelle zu schweißen [91]. Gegen die Betriebsleitung und die Schweißer wurden Strafverfahren eingeleitet.
Verstöße gegen die Sicherheitsbestimmungen:
- Brandgefährdeter Bereich – Zulässigkeit der Arbeiten nicht geprüft,
- Schweißerlaubnis fehlte,
- Sicherheitsmaßnahmen in der Schweißgefährdungszone ungenügend festgelegt,
- keine Brandwache gestellt.

Explosion von Lösungsmitteln
In einem Betrieb richtete man zwischen einer Schlosserei und einer Lackiererei eine Schweißwerkstatt ein. Zwischen der Schweißwerkstatt und der Lackiererei befand sich ein Fenster, dessen Scheibe zerbrochen war. Da die Lösungsmittel-

Abb. 33
Explosion von Acetondämpfen,
1 Schweißwerkstatt, 2 Lakkiererei, 3 Stahlplatte, 4 Acetondämpfe

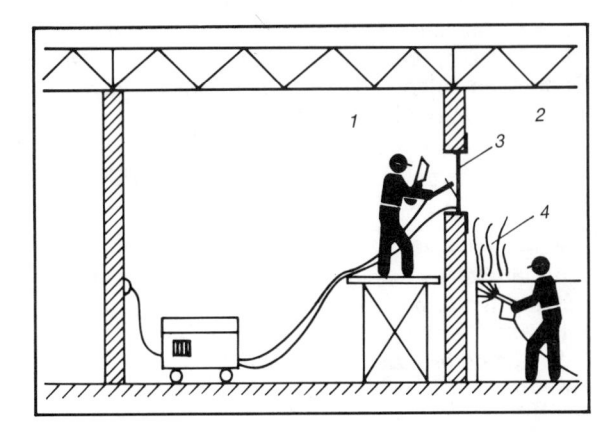

dämpfe die Schweißer störten, schnitten sie ein Stahlblech zu, um es in die Fensteröffnung einzuschweißen (s. Abb. 33). Beim Zünden der Elektrode trat eine Explosion ein, die den Schweißer und die Lackierer tötete und die Werkstätten zerstörte. Die gewählte funktionelle Lösung, beide Werkstätten unmittelbar nebeneinander zu betreiben, widersprach den Erfordernissen des Explosionsschutzes [92].
Verstöße gegen die Sicherheitsbestimmungen:
– Brand- und explosionsgefährdeter Bereich – Schweißerlaubnis fehlte,
– angrenzende Räume nicht in die Schweißgefährdungszone einbezogen.

Unfälle durch Waschbenzindämpfe in der Arbeitskleidung
Ein Auszubildender erhielt den Auftrag, in einer Werkstatt Getriebeteile mit Waschbenzin zu reinigen. Etwa 15 min nach Beendigung dieser Arbeit begannen in 6 m Entfernung Brennschneidarbeiten. Der Auszubildende wurde von einigen Schweißspritzern getroffen und brannte plötzlich lichterloh. Er hatte die Gefährlichkeit der Waschbenzindämpfe unterschätzt, die während der Reinigungsarbeiten in seine Wattejacke eingedrungen waren. Der Auszubildende erlitt Verbrennungen zweiten Grades.
Verstöße gegen die Sicherheitsbestimmungen:
– Schweißgefährdungszone nicht ausreichend räumlich festgelegt,
– Sicherheitsmaßnahmen zur Beseitigung brennbarer Stoffe, Nebel, Dämpfe, Stäube und Gase ungenügend festgelegt.
Weitere Beispiele sind in Tabelle 29 enthalten.

Tabelle 29
Beispiele für Unfälle und Brände beim Umgang mit Waschbenzin

Sachverhalt	Verstoß gegen die Sicherheitsbestimmungen	Schaden
Ein Elektriker führte Schweißarbeiten für Privatzwecke ohne Genehmigung und Berechtigung aus. Bei den Arbeiten kam es zur Entzündung eines Eimers mit Waschbenzin, der ungeschützt in 2 m Entfernung stand. Durch den Brand wurde die Werkstatteinrichtung vernichtet.	Schweißerlaubnis fehlte; keine Berechtigung; Sicherheitsmaßnahmen in der Schweißgefährdungszone ungenügend (brennbare Stoffe nicht entfernt)	Hoher Sachschaden; Gefährdung weiterer Betriebsanlagen
Ein Lehrmeister reinigte die mit Öl verschmutzten Ärmel seiner Arbeitskleidung mit einer leichtbrennbaren Flüssigkeit. Beim späteren Löten entzündeten sich die Ärmel.	Grob fahrlässig gehandelt	91 Tage arbeitsunfähig infolge der Verbrennungen

Sachverhalt	Verstoß gegen die Sicherheitsbestimmungen	Schaden
Ein Schlosser reinigte seine öligen Hände vor Beginn von Schweißarbeiten mit einer leichtbrennbaren Flüssigkeit. Schweißfunken entzündeten später die getränkten Ärmel seiner Arbeitskleidung.	Grob fahrlässig gehandelt	Verbrennungen 2. und 3. Grades, stationäre Behandlung
Ein Mitarbeiter betrat mit einem offenen 10-l-Eimer Waschbenzin eine Werkstatt. Funken vom Brennschneiden entzündeten das Waschbenzin. Der Eimer wurde fallengelassen, wobei die Kleidung eines nebenstehenden Kollegen besprizt wurde und entflammte.	Grob fahrlässig in der Nähe von Schweiß- und Schneidarbeiten gehandelt	Verbrennungen
Bei Schweißarbeiten am Radkasten eines Pkw entzündete sich das Elaskon. Das bereitgestellte Löschmittel erwies sich als Waschbenzin.	Sicherheitsmaßnahmen in der Schweißgefährdungszone (Elaskon nicht entfernt) ungenügend; grob fahrlässig gehandelt	Verbrennungen an Arm und Hand; mehrere Wochen arbeitsunfähig

4.3.9. Brennbare Gase

Die Beschreibung von Unfällen, Bränden und Explosionen beim Umgang mit brennbaren Gasen, insbesondere bei der Autogentechnik, nimmt in der Fachliteratur einen großen Umfang ein. Es sind auch viele Fälle bekannt, bei denen grober Unfug zu Gefährdungen, Sach- und schwersten Personenschäden führten [93]. Es ist in diesem Zusammenhang besonders zu betonen, daß körperliche Schäden, die die Verursacher von Spielereien, Neckereien und Zänkereien erleiden, nicht als Arbeits- oder Wegeunfall anerkannt werden. Dazu kommt, daß für Sachbeschädigungen gegenüber dem Verursacher Schadenersatz in voller Höhe geltend gemacht werden kann.
Besonders Spielereien mit Behältern, in denen sich Gasgemische befinden, und grobe Fahrlässigkeiten beim Umgang mit Sauerstoff bergen akute Lebensgefahren in sich. Gezündete Gasgemische können je nach Mischungsverhältnis mit Sauerstoff zu Verpuffungen, Explosionen und Detonationen führen. Verpuffungen

treten ein, wenn ein Brenngas unter Sauerstoffmangel verbrennt. Die Flammenfront breitet sich zwar nur langsam aus, trotzdem können aber Verpuffungen Unfälle und größeren Schaden verursachen. Bei Explosionen erreicht die Flammenfront Geschwindigkeiten von 10 ... 12 m · s^{-1}, was Zerstörungen von Anlagen und Gebäuden nach sich ziehen kann. Detonationen entstehen bei einem optimalen Brenngas-Sauerstoff-Mischungsverhältnis. Dabei wurden Flammengeschwindigkeiten (z. B. in Rohren) bis zu 4,1 km · s^{-1} ermittelt. Für Detonationen sind gewaltige Zerstörungen charakteristisch, wobei die Druckwellenrichtung nicht berechenbar ist.

Die wichtigsten Ursachen für Arbeitsunfälle, Brände und Explosionen sind Versäumnisse bei der Pflege und Wartung der Autogentechnik, ungenügende Wahrnehmung der Aufsichts- und Kontrollpflicht, Fahrlässigkeit und ungenügende Qualifikation. Betrachtet man die Ursachen von Schäden an Entwicklern, dann dominieren zwei Gruppen:
1. Zündung von Acetylen-Luft-Gemischen innerhalb oder außerhalb von Entwicklern
   Voraussetzung dafür ist, daß 2,3 ... 82 Vol.-% Acetylen im Gemisch enthalten ist und die Zündquelle eine Temperatur von mindestens 305 °C hat.
2. Explosibler Zerfall von Acetylen in seine Bestandteile Kohlenstoff und Wasserstoff
   Voraussetzung dafür ist ein Überdruck von mindestens 0,14 MPa und eine Zündquelle mit hoher Temperatur (z. B. Glühcarbid mit 1 050 °C).

Im Detail sind Schadenfälle an Entwicklern in [24, 94 ... 97] beschrieben.
Gefahrenschwerpunkte im Umgang mit Druckgasflaschen (Einzelflaschenanlagen und Flaschenbatterieanlagen) sind vor allem:
– unsachgemäßer Transport und Umgang (Fallenlassen, Umstoßen, Fehlen der Schutzkappen),
– Unterschreitung der geforderten Sicherheitsabstände zu Brennstellen bzw. ungenügender Schutz vor gefährlicher Wärmeeinwirkung,
– falsche oder ungenügend gesicherte Aufstellung bei der Gasentnahme bzw. Lagerung (besonders Acetylenflaschen),
– Weiterbenutzung trotz Undichtigkeiten an Ventilen,
– unbesonnenes Verhalten bei Flaschenbränden,
Überalterte Druckgasflaschen begünstigen Schadensfälle.
An Verbrauchsgeräten können Störungen durch technische Mängel, Verschmutzungen, Undichtigkeiten an Ventilen und Anschlüssen sowie durch Bedienungsfehler entstehen. Gebrauchsstellenvorlagen und Einzelflaschensicherungen für Brenngase müssen so beschaffen sein, daß ein Gasrücktritt und ein Flammendurchschlag verhindert werden. Diese Forderungen sind beispielsweise erfüllt, wenn Gebrauchsstellenvorlagen und Einzelflaschensicherungen der DIN 8521 [99] entsprechen. Nach Flammenrückschlägen oder anderen Störungen dürfen die Brenner erst dann weiter betrieben werden, wenn die Störung beseitigt ist.
Besonders gefährlich ist der Sauerstoffrücktritt in den Acetylenschlauch, was vor allem bei verstopften bzw. verschmutzten Brennerdüsen und Undichtigkeiten am Brenner eintreten kann.
In der Unfallverhütungsvorschrift VBG 15 ist im § 9 (3) dazu festgelegt: „Vor, an oder in Brennern, in denen der Übertritt des einen Gases in die Leitung des anderen unter Betriebsbedingungen nicht verhindert ist, müssen die Gaszuleitungen

mit je einer Einzelflaschensicherung ausgerüstet sein." Das gilt in der Regel nicht für Saugbrenner (Injektorbrenner). Gefahrenquellen beim Umgang mit Gasschläuchen sind Undichtigkeiten an den Schläuchen (Beschädigungen, Verschleiß) sowie an den Verbindungsstellen (fehlende oder unsachgemäße Schlauchbefestigungen) (s. Abb. 34). Das Ausbessern von Schläuchen mit Isolierband ist ebenso unzulässig wie der Ersatz von Schlauchbefestigungen durch Draht. Selbst kleine Undichtigkeiten können bei längeren Arbeitspausen zur Ansammlung von zündwilligen Gasgemischen in Arbeitsräumen oder Aufbewahrungsbehältern (z. B. Werkzeugkisten) führen. Die Gasschläuche sind täglich vor Arbeitsbeginn durch Sichtprüfung auf einwandfreien Zustand zu kontrollieren.

Abb. 34
Mangelhafte Gasschläuche, Schlauchverbindungen und -anschlüsse [98],
a) Schlauchanschluß mit fehlender Schlauchdecke und zerstörter Gewebeeinlage,
b) Schlauchverbindung, bei der die Schellen durch Hinterherziehen des Schlauches abgeglitten sind,
c) schadhafter Schlauchanschluß, bei dem die Überwurfmutter durch ständige Verwendung von Zangen völlig deformiert wurde

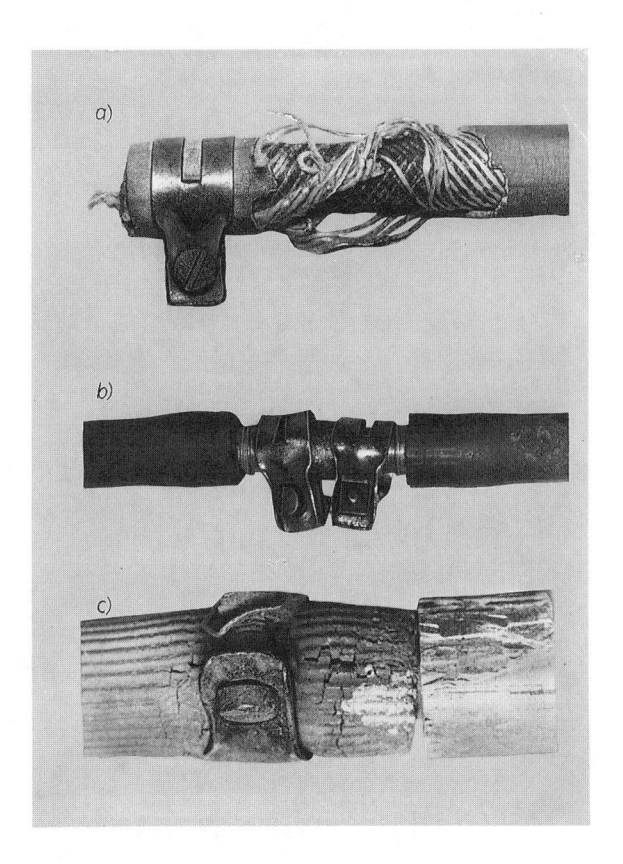

Die Funktionstüchtigkeit der Sicherheitseinrichtungen ist ebenfalls regelmäßig zu kontrollieren. Für Acetylendruckminderer können vor allem Aceton und Füllmasseteilchen aus Acetylenflaschen und für Sauerstoffdruckminderer Verunreinigungen durch Öle und Fette zur Brandursache werden. Wichtig ist auch, daß die Dichtungen in Ordnung und die Armaturen in richtiger Stellung fest an die Flaschen angeschraubt sind.

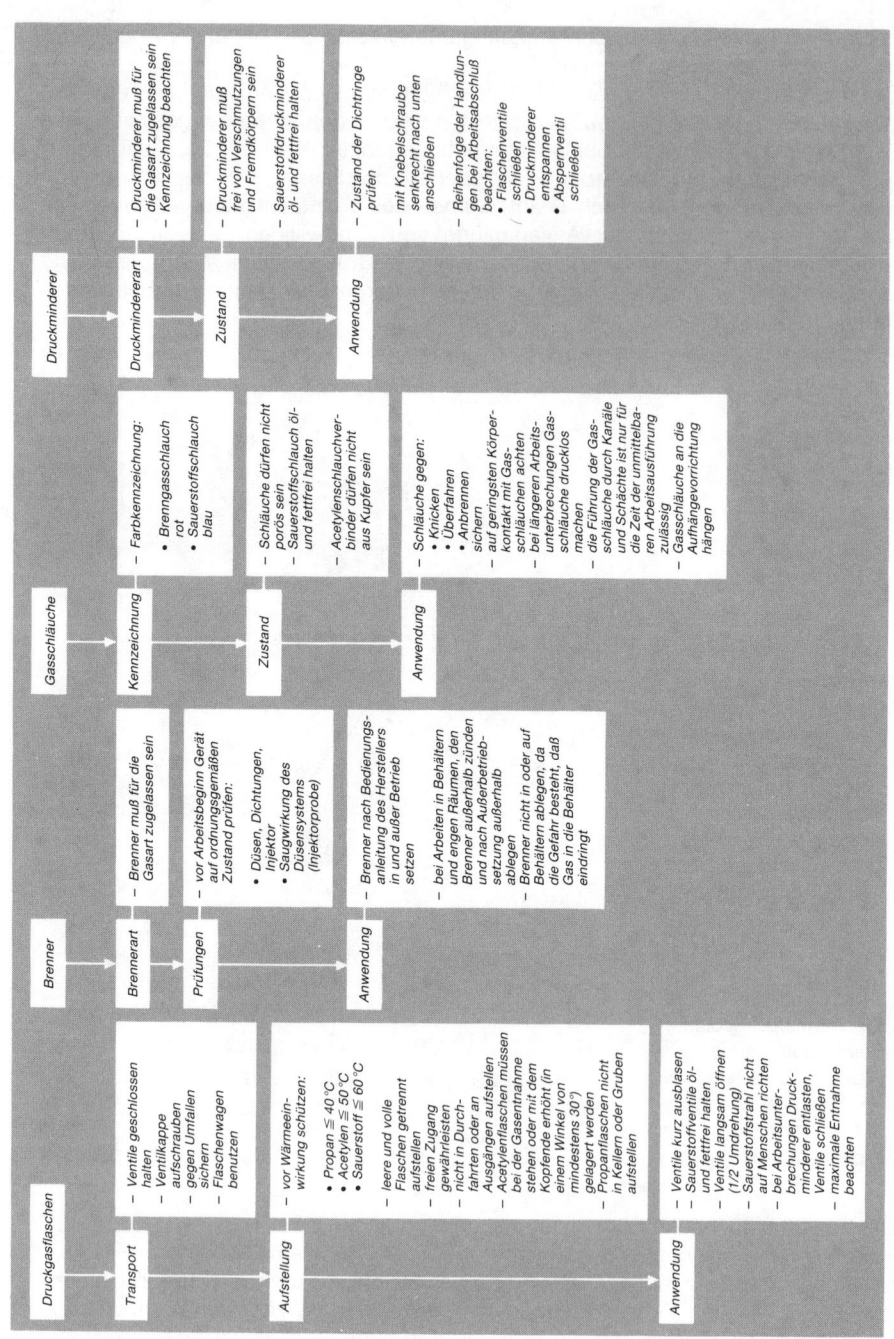

Druckgasflaschen

Transport
- Ventile geschlossen halten
- Ventilkappe aufschrauben
- gegen Umfallen sichern
- Flaschenwagen benutzen

Aufstellung
- vor Wärmeeinwirkung schützen:
  - Propan ≦ 40 °C
  - Acetylen ≦ 50 °C
  - Sauerstoff ≦ 60 °C
- leere und volle Flaschen getrennt aufstellen
- freien Zugang gewährleisten
- nicht in Durchfahrten oder an Ausgängen aufstellen
- Acetylenflaschen müssen bei der Gasentnahme stehen oder mit dem Kopfende erhöht (in einem Winkel von mindestens 30°) gelagert werden
- Propanflaschen nicht in Kellern oder Gruben aufstellen

Anwendung
- Ventile kurz ausblasen
- Sauerstoffventile öl- und fettfrei halten
- Ventile langsam öffnen (1/2 Umdrehung)
- Sauerstoffstrahl nicht auf Menschen richten
- bei Arbeitsunterbrechungen Druckminderer entlasten, Ventile schließen
- maximale Entnahme beachten

Brenner

Brennerart
- Brenner muß für die Gasart zugelassen sein

Prüfungen
- vor Arbeitsbeginn Gerät auf ordnungsgemäßen Zustand prüfen:
  - Düsen, Dichtungen, Injektor
  - Saugwirkung des Düsensystems (Injektorprobe)

Anwendung
- Brenner nach Bedienungsanleitung des Herstellers in und außer Betrieb setzen
- bei Arbeiten in Behältern und engen Räumen, den Brenner außerhalb zünden und nach Außerbetriebsetzung außerhalb ablegen
- Brenner nicht in oder auf Behältern ablegen, da die Gefahr besteht, daß Gas in die Behälter eindringt

Gasschläuche

Kennzeichnung
- Farbkennzeichnung:
  - Brenngasschlauch rot
  - Sauerstoffschlauch blau

Zustand
- Schläuche dürfen nicht porös sein
- Sauerstoffschlauch öl- und fettfrei halten
- Acetylenschlauchverbinder dürfen nicht aus Kupfer sein

Anwendung
- Schläuche gegen:
  - Knicken
  - Überfahren
  - Anbrennen
  sichern
- auf geringsten Körperkontakt mit Gasschläuchen achten
- bei längeren Arbeitsunterbrechungen Gasschläuche drucklos machen
- die Führung der Gasschläuche durch Kanäle und Schächte ist nur für die Zeit der unmittelbaren Arbeitsausführung zulässig
- Gasschläuche an die Aufhängevorrichtung hängen

Druckminderer

Druckmindererart
- Druckminderer muß für die Gasart zugelassen sein
- Kennzeichnung beachten

Zustand
- Druckminderer muß frei von Verschmutzungen und Fremdkörpern sein
- Sauerstoffdruckminderer öl- und fettfrei halten
- Zustand der Dichtringe prüfen

Anwendung
- mit Knebelschraube senkrecht nach unten anschließen
- Reihenfolge der Handlungen bei der Arbeitsabschluß beachten:
  - Flaschenventile schließen
  - Druckminderer entspannen
  - Absperrventil schließen

Abb. 35 Sicherheitsmaßnahmen für Druckgasflaschen, Brenner, Gasschläuche und Druckminderer

Die Verantwortung jedes Mitarbeiters für den Zustand der ihm anvertrauten Arbeitsmittel läßt sich bei den Arbeitsmitteln für Schweißer und Brennschneider besonders deutlich demonstrieren. Richtige Bedienung, ordnungsgemäße Pflege und sorgfältige Kontrolle sind entscheidende Voraussetzungen zur Gewährleistung der Arbeits- und Brandsicherheit (s. Abb. 35.)
Zur Gewährleistung des Arbeits-, Brand- und Explosionsschutzes bei der Aufstellung und Anwendung von Acetylenentwicklern ist folgendes zu beachten [100]:
- die Aufstellungsräume der Entwickler müssen den Vorschriften entsprechen,
- die Beschickung und Entschlammung hat gemäß den Vorschriften zu erfolgen,
- die Bedienung, Wartung und Pflege sind ordnungsgemäß durchzuführen,
- Instandhaltungen und Reparaturen dürfen nur von befugten Personen (Sachkundigen) durchgeführt werden,
- Qualifizierung und regelmäßige fachspezifische Unterweisung, insbesondere über das Verhalten bei Störungen sind zu sichern,
- die Entwickler sind regelmäßig zu überprüfen.

Die Sicherheit der Rohrleitungssysteme hängt von der richtigen Gestaltung ab [100]. Weiterhin ist es notwendig, die Rohrleitungssysteme auf Verschleiß und Korrosionen zu kontrollieren und die vorgeschriebenen Prüfungen bei Reparaturarbeiten konsequent durchzuführen. Die Anwendung von Rohrleitungssystemen sollte durch betriebliche Bedienungsanleitungen geregelt werden.

Beim Umgang mit Gasschläuchen kommt es besonders darauf an, die für die jeweilige Gasart richtigen Schläuche zu verwenden, nicht um Körperteile zu führen, gegen zu erwartende Beschädigungen geschützt zu verlegen, Undichtigkeiten an Schläuchen und Verbindungsstellen zu vermeiden und die Schläuche nicht länger als notwendig unter Druck zu lassen.

**Beispiele
für Unfälle, Brände und Explosionen**

Schwerer Arbeitsunfall mit Propan
In einer Brauerei sollten Gärbottiche aus Metall mit Pech ausgekleidet werden. Mit einem propanbetriebenen Flächentrockner B 12 wurde die Behälterwand dafür vorgewärmt. Der die Anwärmarbeiten durchführende Mitarbeiter hängte den Flächentrockner mit geöffnetem Ventil in den Bottich. Anschließend öffnete er das Flaschenventil und stieg ohne Innenleiter in den Behälter. Von dort hielt er den Flächentrockner heraus und ließ ihn von einem Mitarbeiter mit einer Lötlampe zünden (s. Abb. 36). Das Anwärmen der Behälterwand erfolgte von oben nach unten. Als der Flächentrockner eine bestimmte Tiefe erreicht hatte, entzündete sich das Propan, das beim Öffnen der Propanflasche in den Bottich geströmt war und sich aufgrund der 1,6fachen Masse gegenüber Luft in Bodennähe angesammelt hatte. Dabei geriet die stark pechverschmutzte Kleidung des Mitarbeiters in Brand. Der Mann verließ, so schnell ihm das ohne Leiter möglich war, den Bottich und wälzte sich bis zum Verlöschen der brennenden Kleidung in einer Wasserlache auf dem Kellerfußboden. Er erlitt Verbrennungen zweiten Grades und war län-

Abb. 36
Propanansammlung in einem Gärbottich, 1 Flächentrockner, 2 Propanansammlung, 3 Pechbeschichtung

ger als ein halbes Jahr arbeitsunfähig. Die Untersuchungen führten zu folgenden, den Unfall begünstigten Ergebnissen [101]:
- Für die Arbeiten lag kein technologisches Projekt vor. Die Anwendung des Flächentrockners erfolgte auf der Grundlage eines Neurerervorschlags; früher hatte man Lötlampen verwendet.
- Der Mitarbeiter war nicht unterwiesen worden; er hatte darüber hinaus für das Anwärmen keinen Arbeitsauftrag.
- Eine Aufsichtsperson war während der Arbeiten nicht zur Stelle.

Verstöße gegen die Sicherheitsbestimmungen:
- Auftrag fehlte,
- keine Unterweisung erfolgt,
- Schweißerlaubnis fehlte,
- keine Sicherheitsmaßnahmen in der Schweißgefährdungszone festgelegt,
- keine Brandwache gestellt.

Explosion einer undichten Acetylenrohrleitung
In einer Werkhalle ereignete sich eine schwere Explosion, bei der fünf Mitarbeiter getötet und elf weitere schwer verletzt wurden. Außerdem entstand ein großer Sachschaden [102]. Ausgangspunkt der Explosion war eine erdverlegte Acetylenrohrleitung (Alter 16 Jahre), die infolge Korrosion undicht geworden war. Über das die Rohrleitung umgebende Sandbett strömte das Acetylen in einen benachbarten Kanal für elektrische Kabel, der in die Werkhalle führte und sich dort in mehrere Stränge unterteilte. Das Acetylen breitete sich in den Kanälen der Halle aus und wurde mit großer Wahrscheinlichkeit durch Betätigen eines elektrischen Schalters gezündet. Am Tage der Explosion war an die alte erdverlegte Acetylen-

rohrleitung eine neue Ringleitung angeschlossen worden. Die Dichtigkeitsprüfungen erstreckten aber sich nur auf die neue Ringleitung. Sie wären auch für den anderen Teil notwendig gewesen, weil ein neues Rohrstück angesetzt worden war. Der Hauptschweißingenieur des Betriebes wurde wegen Herbeiführung einer schweren Explosion zu einer Freiheitsstrafe von zwei Jahren und drei Monaten verurteilt. Er hatte seine Pflichten verantwortungslos verletzt, als er die Leitung freigab, ohne die erforderliche Druckprüfung durchführen zu lassen. Auf Bewährung verurteilte man den zuständigen Meister und den Hauptabteilungsleiter.

Verstöße gegen die Sicherheitsbestimmungen:
– Acetylenrohrleitung vom Hauptschweißingenieur ohne Druckprüfung freigegeben,
– unmittelbare Gefahr vom Meister nach Wahrnehmung des starken Acetylengeruchs unterschätzt,
– Sicherheitsmaßnahmen vom Hauptabteilungsleiter (Unterbrechung der Stromzufuhr, Evakuierung der Arbeitskräfte) unterlassen.

Flammenrückschlag beim Auftauen eines eingefrorenen Preßlufthammers
Infolge niedriger Außentemperatur war ein Preßlufthammer eingefroren. Er sollte mit einem Schweißgerät aufgetaut werden. Der Schweißer öffnete die Ventile in falscher Reihenfolge (zuerst das Brenngas- und dann das Sauerstoffventil) und zündete den Brenner. Das Außerbetriebsetzen erfolgte ebenfalls in falscher Reihenfolge. Dadurch blieb Gas im Brenner und im Schlauch. Beim erneuten Zünden des Brenners kam es zur Explosion. Der Brenngasschlauch platzte und begann zu brennen. Die Flamme lief schnell am Schlauch entlang zur Druckgasflasche. Obwohl an der Acetylenflasche schon das Manometer brannte, konnte der Schweißer sie noch zuschrauben, so daß der Sachschaden nur gering war.

Verstöße gegen die Sicherheitsbestimmungen:
– Schweißerlaubnis fehlte,
– Einzelflaschensicherung oder Gebrauchstellenvorlage fehlte,
– Brenner falsch in und außer Betrieb gesetzt.

Flammenrückschlag mit nachfolgendem Druckminderebrand
infolge elektrostatischer Auflagerung von Füllmasseteilchen
Beim Zünden eines Schneidbrenners kam es zu einem Flammenrückschlag. Die Flamme entwich durch das Sicherheitsventil des Druckminderers, und beide Manometer begannen zu brennen. Durch Schließen des Flaschenventils wurde der Brand gelöscht. Eine Überprüfung der Gasflasche, der Sicherheitseinrichtungen, der Schläuche und der Brenner ergab, daß die Gasflasche durch Stauchung der porösen Masse unterhalb des Flaschenventils einen unzulässig großen Hohlraum aufwies, so daß die Filterwatte nach unten gerutscht war (s. Abb. 37). Im Acetylendruckminderer wurden in allen gasführenden Bereichen größere Mengen von Abrieb der Flaschenfüllmasse gefunden. Der Schneidbrenner saugte nur sehr schwach an. Es hatten sich Füllmasseteilchen in der Druckdüse festgesetzt, die die Saugwirkung herabsetzten. Die Gaskanäle waren durch Ruß verunreinigt. Es ist anzunehmen, daß die elektrostatische Auflagerung der Füllmasseteilchen den Flammenrückschlag auslöste. Neben möglicher Überalterung der Gasflasche kommt als Ursache ein unsachgemäßer Transport und Umschlag in Betracht.

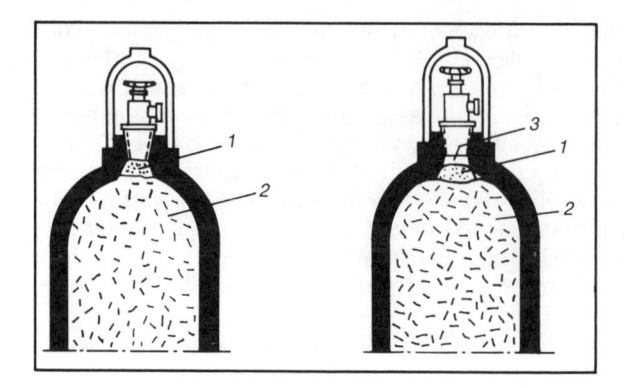

Abb. 37
Stauchung der Füllmasse in einer Acetylenflasche, 1 Filterwatte, 2 Füllmasse, 3 Hohlraum

Verstöße gegen die Sicherheitsbestimmungen:
- Gasflasche unsachgemäß transportiert (Überalterung der Flasche möglich),
- Verbrauchsgeräte vor Inbetriebnahme nicht auf vorschriftsmäßigen Zustand und Funktionstüchtigkeit überprüft.

Werkstattwagenbrand
Zwei Schweißer erhielten den Auftrag, den fahrtechnisch überholten Werkstattwagen mit Brenngasflaschen auszurüsten. Dazu wurden je eine Sauerstoff- und Acetylenflasche im hinteren Teil des Fahrzeuges fest installiert sowie die erforderlichen Druckminderer und Gasschläuche angeschlossen. Einen Tag später sollten beide Mitarbeiter Instandhaltungsarbeiten an einem Mähhäcksler auf dem Feld vornehmen. Unter dem Häcksler war das Abbrennen von Schrauben erforderlich. Ein Mitarbeiter führte die Arbeit aus. Nach 20 min sollte noch eine Schraube abgebrannt werden. Der Mitarbeiter öffnete fälschlicherweise zuerst das Brenngasventil, dann das Sauerstoffventil und zündete den Brenner. Unmittelbar nach der Zündung erfolgte ein Flammenrückschlag, der zunächst den Acetylendruckminderer, kurze Zeit darauf das gesamte Fahrzeug in Brand setzte. Die Löschversuche hatten keinen Erfolg. Das Fahrzeug brannte aus. Die Untersuchungen ergaben, daß eine Sicherheitsvorlage zwar vorhanden, aber im geöffneten Zustand verwendet wurde. Die Schweißer kannten die Funktion sowie die Aufgabe der Sicherheitsvorlage und waren entsprechend unterwiesen. Sie wurden zu einer Geldstrafe verurteilt. Außerdem mußten sie Schadenersatz leisten [103].
Verstöße gegen die Sicherheitsbestimmungen:
- Brenner falsch in Betrieb gesetzt,
- Sicherheitsvorlage in geöffnetem Zustand verwendet.

Unfall durch explodierende Luftballons
Anfang der 50er Jahre wurde in der ehemaligen DDR ein Gesetz erlassen, wonach das Füllen von Luftballons mit brennbaren Gasen jeder Art verboten ist. Der Anstoß dazu war ein schwerer Unfall auf einem Festplatz. Dort trat ein Händler mit einer Traube Luftballons auf, die mit Wasserstoff gefüllt waren. Übermütige junge Männer zündeten die Luftballons mit einer Zigarette. Vier Personen verloren bei der Explosion der Luftballons das Augenlicht [104].

Weitere Beispiele sind in den Tabellen 30 und 31 enthalten.

Tabelle 30
Beispiele für Unfälle, Brände und Explosionen beim Umgang mit brennbaren Gasen

Sachverhalt	Verstoß gegen die Sicherheitsbestimmungen	Schaden
Nach dem Wiederanschließen eines Griffstücks an die Gasschläuche und nicht fachgerechter Inbetriebnahme des Brenners (es wurde nur Acetylen ohne Sauerstoffzugabe gezündet) kam es zu einem Flammenrückschlag mit Explosion des Acetylenschlauches. Dort hatte sich ein Acetylen-Luft-Gemisch gebildet, dessen Zündgeschwindigkeit größer war als seine Strömungsgeschwindigkeit, wodurch die Flammenfront in den Schlauch eindrang.	Falsche Inbetriebnahme des Brenners	Zerstörung eines Acetylenschlauches
Beim Brennschneiden eines stark verrosteten U-Profils trat ein Flammenrückschlag auf. Da der Arbeiter keine schweiß- und brennschneidtechnischen Fertigkeiten besaß, ließ er den Brenner fallen und lief weg. Dabei kam es zu einem Brand.	Brennschneidtechnische Fertigkeiten fehlten – keine Unterweisung	Sachschaden
Ein Schweißer hatte den Auftrag, an einem Hänger die Klappen und den Hängerboden zu erneuern. Die alten Teile sollten abgebrannt werden. Da er auf dem Hänger war, konnte er nicht sehen, daß beim Brennschneiden Funken und flüssige Metalltropfen auf die Gasschläuche spritzten. Dabei fing der Acetylenschlauch zu brennen an.	Gasschläuche nicht genügend geschützt	Sauerstoff- und Acetylenschläuche zerstört
Beim Abbrennen einer Stahltür entzündeten Schweißspritzer die Gasschläuche, was einen Flaschenbrand auslöste. Dabei explodierte die Acetylenflasche.		Sehr großer Sachschaden

Sachverhalt	Verstoß gegen die Sicherheitsbestimmungen	Schaden
Bei Änderungsarbeiten an einer Heizung wurde autogengeschweißt. Dabei beachtete man nicht, daß der Acetylenschlauch in schlechtem Zustand war. Durch das ausströmende Gas kam es zu einer Explosion.	Gasschläuche nicht auf Beschädigungen kontrolliert	Schweißer tödlich verunglückt
Ein Schweißer ließ die Gasschläuche unter Druck vor einem zweiteiligen Werkzeugschrank liegen. Eine Schraubverbindung am Acetylenschlauch erwies sich als undicht, wodurch Acetylen ausströmte. Es bildete sich ein explosibles Gas-Luft-Gemisch im Schrank. Ein Mitarbeiter führte 1 h später Schleifarbeiten aus. Dabei flogen Funken in den Werkzeugschrank und brachten das Gas-Luft-Gemisch zur Explosion.	Beim Verlassen des Arbeitsplatzes Ventile nicht geschlossen; Schlauchverbindungen nicht auf Dichtigkeit überprüft	Zwei Türen und das Telefon beschädigt, elektrische Leitungen zerstört

Tabelle 31
Beispiele für Unfälle, Brände und Explosionen bei Spielereien mit Brenngasen [104 ... 107]

Sachverhalt	Verstoß gegen die Sicherheitsbestimmungen	Schaden
Als „Silvesterknaller" ließen sich Schuljungen in der Dorfschmiede Acetylen und Sauerstoff in Luftballons füllen. Wahrscheinlich durch elektrostatische Aufladung explodierte ein Ballon, den ein Junge, der einen Pullover aus Kunstfaser trug, unter den Arm geklemmt hatte.	Grobfahrlässige Handlung	Gefährdung der Kinder
In der Nähe einer Montagebaustelle entdeckten Schweißer einen großen Schneemann, den sie mit einem Schweißgasgemisch sprengen wollten. Der Schweißer, der die Lunte zündete, befand sich in 3 m Entfernung teilweise mit dem Körper hin-		1 Schwerverletzter

Sachverhalt	Verstoß gegen die Sicherheitsbestimmungen	Schaden
ter einer Mauer. Die Explosionsflamme führte zu Verbrennungen 3. Grades an der nicht von der Mauer geschützten Körperseite.	Grob fahrlässige Handlung	
In einem sehr schmutzanfälligen Betrieb sollten Monteure auf den Dachbindern Leitungen verlegen. Der Vorarbeiter führte die Entstaubung durch, indem er eine Tüte mit einem Brenngasgemisch zündete.		Vorarbeiter leicht verletzt; fast alle Fensterscheiben zerstört
Ein Unbekannter schraubte nachts auf einer Baustelle von einer Acetylenflasche die Verschlußkappe ab, drehte das Ventil auf und zündete das Acetylen. Ein Passant drehte das Ventil zu; die Feuerwehr mußte die Flasche kühlen.		Gefährdung der Anwohner
Zwei Arbeiter füllten Acetylen und Sauerstoff in einen Beutel, um durch Zündung einen anderen Kollegen zu ärgern. Bei der Explosion platzten den Verursachern die Trommelfelle. Die Verletzungen wurden nicht als Arbeitsunfall anerkannt.		2 Unfälle mit Dauerschaden

4.3.10. Sauerstoffüberschuß und -mangel

Der sichere Umgang mit Sauerstoff gehört heutzutage zum Stand der Technik. Sicherheit verwirklicht sich jedoch auch auf diesem Gebiet nicht von selbst, sondern erfordert detaillierte Kenntnisse über die Eigenschaften von Sauerstoff [108 ... 110].

Der Sauerstoffgehalt der Luft beträgt 21 Vol.-%. Gefährdungen setzen jedoch schon bei wenigen Prozenten Abweichung ein (s. Tab. 32). Eine arbeitsbedingte Gefährdung besteht durch Sauerstoffüberschuß, wenn der Sauerstoffgehalt 23 Vol.-% übersteigt, und durch Sauerstoffmangel, wenn der Sauerstoffgehalt < 17 Vol.-% beträgt. Erhöhte oder verminderte Sauerstoffkonzentrationen sind durch die Sinnesorgane des Menschen nicht wahrnehmbar. Sauerstoff verbindet sich mit nahezu allen Elementen, Edelgase ausgenommen. Verbrennungsvorgänge werden in Sauerstoff oder in mit Sauerstoff angereicherter Luft begünstigt. Im Vergleich zur Luft sind folgende Einflüsse des Sauerstoffs zu berücksichtigen:
– die Zündtemperaturen der Stoffe liegen niedriger,

- die erforderlichen Zündenergien sind wesentlich geringer,
- die Verbrennungstemperaturen und -geschwindigkeiten erreichen höhere Werte.

Tabelle 32
Wirkungen von Sauerstoffmangel und Sauerstoffüberschuß

Sauerstoffgehalt in Vol.-%	Wirkung	Literatur
≤ 3	schnelles Ersticken	[111]
6...8	schnelle bzw. sofortige Bewußtlosigkeit	[111]
11...14	stark verminderte Leistungsfähigkeit; Störungen im zentralen Nervensystem	[112]
15...16	Benommenheit; Ohnmacht möglich	[109, 111]
17	untere Gefahrengrenze	[42]
21	Sauerstoffgehalt der Luft	
23	obere Gefahrengrenze	
24	Verdopplung der Verbrennungsgeschwindigkeit gegenüber Luft	[109]
27	schnelles Verbrennen verschiedener Materialien	[109]
28	helles Aufflammen von Baumwolle	[109]
30	helles Aufflammen von Leinen	[109]
35	helles Aufflammen von Wolle	[109]
40	Entzündung von Stoffen, die mit feuerhemmenden Materialien imprägniert sind, wenn sie an der Zündstelle Ölverschmutzungen aufweisen; zehnfache Verbrennungsgeschwindigkeit gegenüber Luft	[109]
≥ 50	explosionsartige Verbrennung	[109]

Neben den Verbrennungseigenschaften ist aber auch der physikalische Aspekt der Speicherung von komprimiertem Sauerstoff in Druckgasflaschen von sicherheitstechnischer Bedeutung. Schwere und tödliche Arbeitsunfälle ereigneten sich in verschiedenen Wirtschaftsbereichen. Sie sind überwiegend auf Sauerstoffanreicherungen in der Kleidung zurückzuführen. Das Entflammen und intensive Abbrennen der Kleidung führt zu großflächigen Hautverbrennungen. Bei Schweiß-, Schneid- und verwandten Verfahren können Sauerstoffanreicherungen aus
- normal ablaufenden Brennschneid- oder Flammarbeiten (ein Teil des Schneidsauerstoffs wird chemisch nicht gebunden und strömt in den Arbeitsraum),
- der Explosion von Sauerstoffschläuchen infolge von Brenngasübertritt und Flammenrückschlag,
- Undichtigkeiten an Flaschen- und Brennerventilen, Sicherheitseinrichtungen und Schlauchanschlüssen, Schläuchen und Schlauchverbindungen,
- unkontrolliertem Ablassen bzw. Ausströmen von Sauerstoff,

- unzulässiger Verwendung von Sauerstoff zur Luftverbesserung, Kühlung oder zum Betreiben von Arbeitsmitteln,
- Spielerei und Neckerei

resultieren. Nicht außer acht gelassen werden darf, daß Sauerstoff etwas schwerer als Luft ist und sich deshalb in Vertiefungen bzw. Fußbodennähe in höherer Konzentration ansammeln kann.

Schadensfälle, wie Ausbrennen von Sauerstoffarmaturen, Flaschenventilen und Rohrflanschen, sind unter anderem auf ungeeignete Werkstoffe, Gleitmittel und Dichtungen zurückzuführen. Alle mit Sauerstoff in Berührung kommenden Arbeitsmittel und -gegenstände sind öl- und fettfrei zu halten bzw. vor dem Zusammenbau sorgfältig zu entfetten. Hierfür finden organische Lösungsmittel Verwendung, die allerdings auch zur Gefahr werden können, wenn sie in Brand geraten. Dabei ist die Entstehung giftiger Gase möglich. Zu den wichtigsten Zündquellen, die in Verbindung mit Sauerstoffanreicherungen Unfälle und Schadensfälle auslösen, gehören
- offene Flammen und Schweißspritzer,
- kinetische Energie von Rost- und Schmutzteilchen in Ventilen und Armaturen (Erwärmung durch Reibung und Aufprall),
- Druckstöße (z. B. durch ruckartiges Öffnen der Flansche), die zu Temperaturerhöhungen führen, die die Zündtemperatur verschiedener Stoffe erreichen,
- Anziehen unter Druck stehender, undichter Anschlüsse mit einem Schraubenschlüssel (Reibung und feine Spanbildung),
- Rauchen.

Sauerstoffmangel kann durch Sauerstoffverbrauch bei Schweiß- und Flammverfahren, besonders in relativ kleinen Räumen und in Behältern, sowie durch Ausströmen von Schutzgasen (z. B. Argon, Kohlendioxid, Stickstoff) entstehen. Es muß besonders beachtet werden, daß Atemschutzgeräte zwar vor Schadstoffen in der Luft, aber nicht vor Sauerstoffmangel schützen. Schutzgase, auch als Formiergase bezeichnet, kommen als Hilfsstoffe sowohl bei einigen Schweißverfahren (MAG, MIG, WIG) als auch bei Dichtigkeitsprüfungen an Rohrleitungen und Behältern zur Anwendung.

Unfälle und Schadensfälle lassen sich durch Einhaltung folgender Regeln bzw. Forderungen weitestgehend vermeiden:
- kein Sauerstoff zum Belüften, Verbessern der Atemluft, Kühlen, Wegblasen von Schmutz und Antreiben von Geräten anstelle Druckluft (z. B. Farbspritzgeräte oder Druckluftbohrmaschinen) sowie Aufpumpen von Reifen verwenden,
- keine undichten Sauerstoffgeräte und -schläuche verwenden,
- unter Druck stehende Verbindungen nicht mit dem Schraubenschlüssel nachziehen,
- mit Sauerstoff in Berührung kommende Arbeitsmittel und -gegenstände, Kleidung und Körperteile (z. B. Hände) öl- und fettfrei halten; nur zugelassene Gleit- und Entfettungsmittel verwenden,
- Sauerstoffabsperrvorrichtungen langsam, nicht ruckartig öffnen
- vereiste Armaturen nur mit warmer Luft, heißem Wasser oder Dampf auftauen, wobei diese Medien ölfrei sein müssen,
- nie so flämmen, daß der Flämmstrahl, der einen großen Sauerstoffüberschuß hat, zurückstauen kann,
- bei zu erwartendem Sauerstoffüberschuß Rauchverbot einhalten,

- Brennerventile in vorgeschriebener Reihenfolge bedienen, um Brenngasübertritte in Sauerstoffschläuche zu vermeiden,
- die Zündung und Ablage von Autogengeräten muß außerhalb von Behältern und engen Räumen erfolgen,
- ausreichende Be- bzw. Entlüftung an den Arbeitsplätzen gewährleisten,
- ausschließlich für Sauerstoff zugelassene Arbeitsmittel verwenden.

Hinsichtlich der Kleidung ist zu beachten, daß die Art der Kleidung zwar keinen absoluten Schutz gegen ein Entflammen bietet, daß aber schwerentflammbare Schutzanzüge noch ihre Wirksamkeit behalten, wenn andere Kleidung bereits in Brand gerät. Die Imprägnierung der Kleidung ist nach den Vorschriften der Hersteller zu erneuern, da die Wirksamkeit beim Waschen nachläßt. Besonders gefährlich ist Unterwäsche aus Kunstfasern, da dieses Material nicht nur brennt, sondern in die Haut einbrennt und somit die Schwere der Brandverletzungen bedeutend vergrößert. Ein Kleiderbrand kann durch Hin- und Herwälzen der brennenden Person am Boden sowie durch Überwerfen einer Decke erstickt werden. Mit Sauerstoff angereicherte Kleidung ist gründlich zu lüften. Es ist zu beachten, daß sich Sauerstoff in der Unterwäsche besonders lange hält [109].

**Beispiele
für Unfälle, Brände und Explosionen**

Zerknall einer Sauerstoffflasche
Beim Beladen eines Lieferwagens mit Sauerstoffflaschen kippte eine gefüllte Flasche auf der Verladerampe um. Es herrschte eine Außentemperatur von −20 °C. Die Flasche zerknallte, zertrümmerte dabei die Holzpritsche des Lieferwagens vollständig und beschädigte die Hinterachse. Die bereits verladenen 8 Flaschen wurden vom Fahrzeug geschleudert. Eine Flasche schlug in 12 m Höhe gegen ein 25 m entferntes Gebäude. Zwei Arbeiter erlitten Verletzungen durch herumfliegende Holzstücke. Glücklicherweise wurden sie nicht von einem der Einzelteile der zerknallten Flasche getroffen [113].
V e r s t ö ß e g e g e n d i e S i c h e r h e i t s b e s t i m m u n g e n :
- Sauerstoffflaschen nicht vor Umfallen gesichert.

*Tödlicher Unfall infolge Mißachtung
der Arbeitsanweisung und des Rauchverbots*
In einem Sauerstoffwerk sollte ein Schlosser Flaschenventile für Sauerstoffflaschen instandsetzen. Er hatte jahrelang alle Schulungen über sicherheitstechnisch richtiges Verhalten besucht und am Antihavarietraining teilgenommen. Es lag eine Weisung vor, daß die Handwerker vor dem Herausschrauben der Flaschenventile den restlichen Sauerstoff über eine Rückgasrohrleitung in den Sauerstoffgasometer ablassen sollten. Der Schlosser mißachtete diese Anweisung; er ließ den Sauerstoff in die Werkstatt strömen. Dann zündete er trotz Rauchverbots in der Werkstatt eine Pfeife an. Im gleichen Moment stand er in hellen Flammen und stürzte zu Boden. Er erlitt tödliche Verbrennungen. Ein Mitarbeiter eilte mit einer Decke zur Hilfe, um den Kleiderbrand zu ersticken. Seine Klei-

dung fing aufgrund der erhöhten Sauerstoffkonzentration ebenfalls Feuer, so daß er selbst schwer verletzt wurde [114].
Verstöße gegen die Sicherheitsbestimmungen:
- Mißachtung des Rauchverbotes,
- betriebliche Weisung, Sauerstoff nicht in die Werkstatt, sondern in den Sauerstoffgasometer leiten, nicht beachtet.

Sauerstoffanreicherung in der Arbeitskleidung
Ein mit Verschrottungsarbeiten beauftragter Mitarbeiter führte Brennschneidarbeiten durch. Anstatt der Arbeitsschutzkleidung für Schweißer trug er einen Schlosseranzug. Durch ein defektes Sauerstoffventil am Brenner und vermutliches Halten des Brenners in Körpernähe gelangte Sauerstoff in die Kleidung. Plötzlich stand der gesamte Oberkörper des Schweißers in Flammen. Kopflos lief er davon. Mitarbeiter brachten den Schweißer zu Fall und erstickten die Flammen durch Wälzen des Körpers am Boden. Der Verunglückte erlitt großflächige Verbrennungen und verstarb an den Unfallfolgen. Begünstigt wurde der Unfall durch die leichtbrennbare Arbeitskleidung [6, 24].
Verstöße gegen die Sicherheitsbestimmungen:
- Sauerstoff konnte sich im Arbeitsanzug anreichern (defektes Sauerstoffventil, kein schwerentflammbarer Schutzanzug),
- Dichtigkeit der Ventile nicht geprüft.

Explosion einer Sauerstoffringleitung
In einer Produktionshalle zerstörte eine Explosion die Sauerstoffringleitung an vier Stellen. Als wahrscheinliche Ursache ist anzunehmen, daß ein Acetylenübertritt in die Sauerstoffleitung durch nicht vollständiges Schließen von Ventilen und durch Druckabfall in der Sauerstoffleitung erfolgt war. Ein Flammenrückschlag zündete das Acetylen-Sauerstoff-Gemisch. Der Schaden war groß. Außer der Leitung wurden Ventile beschädigt und $\approx$ 100 m^2 Fensterscheiben zerstört. In Auswertung des Schadensfalles wurde neben anderen Maßnahmen der Einbau einer Pufferbatterie festgelegt, um einen Druckabfall beim Wechsel der Batteriewagen zu vermeiden.
Es sind zahlreiche Sauerstoffschlauchexplosionen aus ähnlichen Ursachen bekannt [115...117].
Verstöße gegen die Sicherheitsbestimmungen:
- Ventile nicht vollständig geschlossen.

Unkontrolliertes Ausströmen von Sauerstoff in einer Grube
Nach mehr als zweistündiger Unterbrechung von Autogenschweißarbeiten stieg der Schweißer wieder in eine Montagegrube und zündete den Brenner. Er stand plötzlich in Flammen. Aus dem nicht richtig geschlossenen Ventil war während der Arbeitspause Sauerstoff in die Grube geströmt (s. Abb. 38). Der Schweißer erlitt lebensgefährliche Verbrennungen am Unterleib und an den Beinen.
Verstöße gegen die Sicherheitsbestimmungen:
- Sauerstoffventil am Brenner nicht vollständig geschlossen,
- Brenner trotz längerer Arbeitsunterbrechung in der Montagegrube belassen und gezündet,
- Ventile für Brenngas und Sauerstoff an der Entnahmestelle nicht geschlossen.

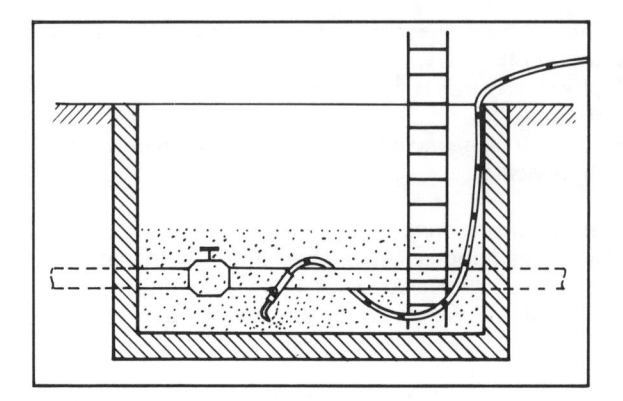

Abb. 38
Sauerstoffanreicherung in einer Grube infolge eines nicht vollständig geschlossenen Brennerventils

Spielerei mit Sauerstoff
An einem heißen Sommertag kam ein Gießereiarbeiter auf die Idee, sich einen Sauerstoffschlauch zwecks Kühlung in die Hose zu stecken. Ein neben ihm stehender Mitarbeiter rauchte eine Zigarette und warnte den Mitarbeiter vor den möglichen Folgen. Dieser war jedoch davon überzeugt, daß Sauerstoff nicht brenne, und forderte den Raucher auf, die Zigarette an den geöffneten Hosenbund zu halten. Dieser Aufforderung kommt der später Angeklagte auch nach. Verpuffungsartig entzündete sich die Hose. Einige Mitarbeiter rissen sofort die brennende Hose vom Leib und verhinderten so das Schlimmste. Trotzdem mußte sich der Arbeiter mit Verbrennungen ersten und zweiten Grades am Unterleib und an den Beinen in stationäre Behandlung begeben. Der Verursacher wurde wegen fahrlässiger Körperverletzung zu einer Geldstrafe verurteilt. Er hatte weiterhin die Kosten für die ärztliche Behandlung zu tragen. Unregelmäßige und oberflächliche Unterweisungen zum Arbeits- und Brandschutz in der Gießerei waren Anlaß für eine Gerichtskritik [118].
Verstöße gegen die Sicherheitsbestimmungen:
– Absichtliche Sauerstoffanreicherung in der Kleidung.

Selbstentzündung von Öl durch Sauerstoff
Auf Montagebaustellen kann es durch Krane, Fahrzeuge, Spannpressen usw. mitunter zur Verunreinigung der Montageebenen mit Öl oder Fett kommen. Beim Nachziehen der Autogenschläuche sind dann Verunreinigungen der Schläuche mit diesen Stoffen möglich. Nach Wartungs- und Pflegearbeiten an einem Kran überschwenkte dieser Sauerstoffflaschen, wobei Öl auf die Kappe einer undichten Flasche tropfte. Das Öl entzündete sich. Durch die Flammen wurde die Kappe angeschmolzen (s. Abb. 39).
Verstöße gegen die Sicherheitsbestimmungen:
– Geräteteile für Sauerstoff mit Öl in Berührung gekommen.

Bei Dichtigkeitsprüfung erstickt
Prüfer eines Montagebetriebes waren damit beschäftigt, Dichtigkeitsprüfungen an Silos und Rohrleitungen durchzuführen. Da der Investitionsauftraggeber zur Sicherung des Anfahrbetriebes die vorfristige Übergabe der Anlage forderte,

Abb. 39
Anschmelzen einer Sauerstoffflaschenkappe infolge Undichtigkeit des Ventils und Ölverschmutzung der Kappe

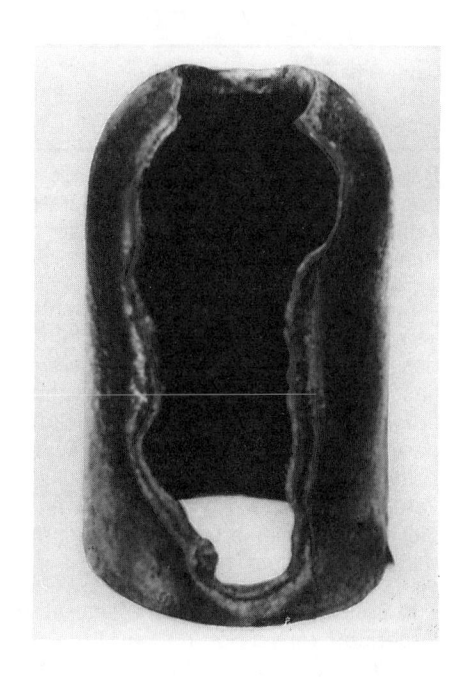

wurde die begonnene Dichtigkeitsprüfung mit Luft abgebrochen. Die Spülung und Prüfung des Systems erfolgte nunmehr mit Stickstoff, obwohl bekannt war, daß es noch Undichtigkeiten an verschiedenen festen und lösbaren Verbindungen gab. Infolge Stickstoffanreicherung erstickten ein Facharbeiter und ein Auszubildender. Der zuständige Betriebsleiter und der Montageleiter mußten sich vor Gericht verantworten und wurden zu einer Freiheitsstrafe von 15 bzw. 18 Monaten verurteilt [119].

Verstöße gegen die Sicherheitsbestimmungen:
– Keine Vorkehrungen zum Schutz der Mitarbeiter getroffen,
– keine Unterweisung durchgeführt.

Weitere Beispiele sind in den Tabellen 33 und 34 enthalten.

Tabelle 33
Beispiele für Unfälle und Brände beim Umgang mit Sauerstoff

Sachverhalt	Verstoß gegen die Sicherheitsbestimmungen	Schaden
Eine nicht gesicherte Sauerstoffflasche fiel um. Das Ventil brannte ab. Die Flasche flog wie eine Rakete durch die Werkstatt und durchschlug zweimal das Dach (s. Abb. 40).	Sauerstoffflasche nicht vor Umfallen gesichert	Sachschaden; erhebliche Gefährdung von Menschen

Sachverhalt	Verstoß gegen die Sicherheitsbestimmungen	Schaden
Bei Anwärmarbeiten rutschte infolge ungenügender Befestigung der Sauerstoffschlauch von der Tülle. Die Hose des Schweißers geriet in Brand.	Sauerstoffschlauch nicht genügend gesichert	Verbrennungen 1. und 2. Grades
An einer Sauerstoff-Versorgungsanlage kam es infolge zu schnellen Aufdrehens des Absperrventils am Sauerstoffflaschen-Transportanhänger zum schlagartigen Ausbrennen des Großdruckminderers und weiterer Anlagenteile. Der beim Aufdrehen entstandene Druckstoß verursachte eine Kompressionswärme, die die Gummimembran des Druckminderers entzündete [120].	Sauerstoff-Versorgungsanlage nicht nach Bedienungsvorschrift in Betrieb gesetzt	Sachschaden
Zur Spülung eines Härtereiofens wurde Sauerstoff verwendet, da kein Stickstoff zur Verfügung stand. Mit dem prozeßbedingt entstandenen Wasserstoff bildete sich ein explosibles Gasgemisch, das zur Zündung kam und den Deckel des Ofens zusammen mit einem Mitarbeiter gegen die Decke schleuderte [121].	Unzulässiges Verwenden von Sauerstoff zum Spülen	Tödlicher Unfall
Zur Begutachtung durch die Wurzellage stieg 3 h nach den Schweißarbeiten ein Schweißer in ein Rohr mit großem Durchmesser. Das Rohr war mit Argon gefüllt, um die Nahtwurzel vor Oxydation zu schützen. Der Schweißer erstickte, da sich das Formiergas noch nicht verflüchtigt hatte [122].	Rohr vor dem Einsteigen nicht gespült	Tödlicher Arbeitsunfall

Tabelle 34
Schwere Arbeitsunfälle durch Kleiderbrände infolge Sauerstoffanreicherung an Arbeitsplätzen

Arbeitsplatz	Grund der Sauerstoffzuführung	Zündung durch	Unfallfolgen
Kessel	Verbesserung der Luft	Elektroschweißen	2 Mitarbeiter tödlich verletzt
Lagerraum eines Öltankers	Erfrischung wegen großer Hitze	Elektroschweißen	2 Mitarbeiter tödlich verletzt
Leitungskanal	defekte Sauerstoffleitung	Bolzenschweißen	2 Mitarbeiter tödlich verletzt
Autoreparaturwerkstatt	Erfrischung wegen zu großer Hitze	Autogenschweißen	1 Mitarbeiter tödlich verletzt
Werkstatt	Neckerei; Sauerstoff in das Hosenbein eines Arbeiters geleitet	glühendes Rußteilchen am heißen Brenner	1 Mitarbeiter schwer verletzt
Werkstatt	Neckerei; Sauerstoff unter den Rock eines Mädchens geleitet	glühendes Rußteilchen am heißen Brenner	1 Schwerverletzte (Dauerinvalidität)
Sauerstoffreduzierstation	Ausströmen von Sauerstoff durch Undichtigkeit am Reduzierventil	Rauchen	2 Mitarbeiter tödlich verletzt
4,50 m tiefer Schacht	Geruchsbelästigung durch Wicklungsbrand am Elektromotor	Rauchen	2 Mitarbeiter tödlich verletzt
Sauerstoffwerk	betriebsbedingtes Abblasen von Sauerstoff	Rauchen	1 Mitarbeiter tödlich verletzt, 1 Mitarbeiter schwer verletzt

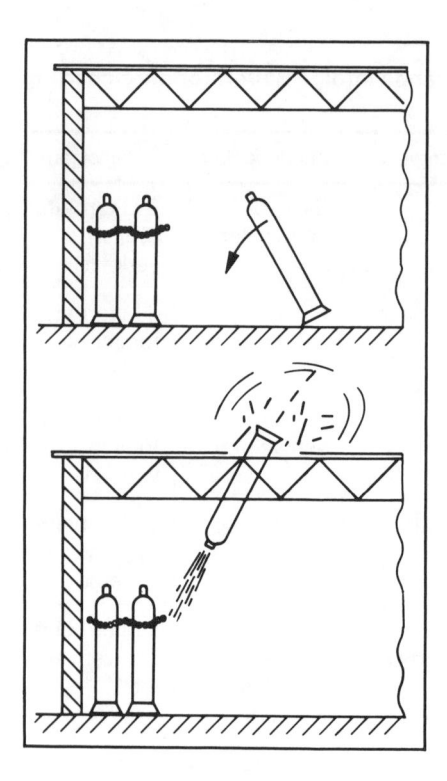

Abb. 40
Nicht gesicherte Sauerstoffflasche wurde zu einem Geschoß

4.4. Gefährdungen in verschiedenen Bereichen der Wirtschaft und Gesellschaft

Die in Abschnitt 4.3. ausgewerteten Beispiele charakterisieren das Brandverhalten einer Reihe von Stoffen. In den einzelnen Bereichen der Wirtschaft und Gesellschaft sind in der Regel typische Materialien, die bei Schweißarbeiten in Brand geraten können, vorhanden, sei es als Arbeitsgegenstand, als Lagergut oder Bestandteil von Bauwerken. Deshalb gibt es im Brandgeschehen, das auf Schweiß-, Schneid- und verwandte Arbeiten zurückzuführen ist, wesentliche Unterschiede, die von folgenden Bedingungen beeinflußt werden:
- der Anwendung der verschiedenen thermischen Verfahren,
- den Anteilen stationärer und mobiler Schweißarbeitsplätze,
- dem allgemeinen Qualifikationsniveau der Betriebsleiter und der Führungskräfte sowie der Schweißer und Brennschneider,
- dem vorherrschenden Arbeits- und Schichtregime,
- der Wertkonzentration der Produktionsanlagen und gesellschaftlichen Einrichtungen und
- der Anzahl der durch Brände und Explosionen gefährdeten Personen.

Es ist notwendig, die spezifischen Besonderheiten der jeweiligen Bereiche bezüglich des Brandschutzes möglichst genau zu kennen, um typischen Gefährdungen mit
- praxisnahen Unterweisungen, Arbeitsaufträgen und Einweisungen,
- ausreichenden Sicherheitsmaßnahmen in der Schweißgefährdungszone sowie
- sachgerechten Festlegungen über die Brandwache und Nachkontrollen
wirksam begegnen zu können.

4.4.1. Bauwesen

Schweiß-, Schneid- und verwandte Verfahren gehören auch im Bauwesen zu den Schwerpunkten des Arbeits- und Brandschutzes. Die Anwendungsgebiete der Verfahren im Bauwesen sind sehr vielseitig. Im folgenden sollen die Bereiche Vorfertigung, Rohbau, Ausbau, Baureparaturen und Rekonstruktion sowie Arbeitsmittelinstandsetzung näher betrachtet werden [123].

In der *Vorfertigung* sind Brände bei planmäßigen Schweiß- und Schneidarbeiten innerhalb des Fertigungsprozesses selten. Sie treten vielmehr bei Reparatur- und Instandsetzungsarbeiten an Schalungsformen, Arbeitsmitteln und Bauwerken auf. Dabei handelt es sich bei den in Brand geratenen Materialien vorrangig um Schalungsöl und Holz bei der Fertigteilproduktion sowie um Kunststoffe, Pappe, Holz und Isolationsmaterial von Kabeln bei der Fertigung von Leichtbauteilen. Die dominierenden Verfahren sind das Elektrodenhand- und Gasschweißen sowie das Brennschneiden.

Bei Schweißarbeiten im *Rohbauprozeß* bestehen Gefährdungen durch noch vorhandene Öffnungen in Decken und Wänden, fehlende Türen und Fenster. Diese Öffnungen können die Schweißgefährdungszonen beträchtlich erweitern (z. B. über mehrere Geschosse). Die Gefährdung wird noch dadurch verstärkt, daß in rohbaufertigen Gebäuden oftmals – geplant oder nicht geplant – von anderen Partnern Materialien gelagert werden (z. B. Ausbaumaterialien), die häufig leichtbrennbar sind. Auch Ausrüstungsteile (z. B. Maschinen) sind in diesem Zusammenhang zu erwähnen. Zu einem Brand kommt es dann meistens bei Restarbeiten im Rohbauprozeß. Typische brennbare Materialien sind Papier, Pappe, Farbe, Verdünnung, Klebstoff, Kunststoffolie, Schaumstoff, Holzwolle usw.

Bei *Ausbauarbeiten* sind insbesondere folgende Gefährdungen möglich:
- Bildung gefährlicher Dampf-Luft-Gemische bei der Verarbeitung brennbarer Flüssigkeiten,
- Entzündung brennbarer Bauteile bzw. Baustoffe bei der Heizungsinstallation aufgrund eines zu geringen Abstandes zwischen der Schweißnaht und den Wänden bzw. Decken,
- Entzündung brennbarer Stoffe durch Schweißspritzer, die durch Öffnungen in Wänden und Decken oder durch Rohre gelangen.

Außer den genannten thermischen Verfahren ist bei Ausbauarbeiten auch das Löten und Anwärmen von Bedeutung. Im Deckenbereich sind Dachpappe, Teer und Isoliermaterialien besonders zu beachten.

Bei der *Rekonstruktion* ereignen sich viele Brände während Heizungsdemontagen und Neuverlegungen. Grundsätzlich ist die Situation wie beim Ausbau, das heißt, es gibt eine Vielzahl von Öffnungen in Wänden und Decken. Hinzu kommen jedoch spezifische Gefährdungen dadurch, daß Wohnhäuser, Büros usw. bereits bezogen sind und die Raumausstattung mit leichtbrennbaren Stoffen (z. B. Möbel, Gardinen, Akten) mitunter nicht geräumt oder wirksam gegen Entzündung gesichert wird. Darüber hinaus ist nicht immer erkennbar, ob und in welcher Tiefe unter Putzflächen brennbare Materialien eingebaut sind (z. B. Holz, Leichtbauplatten, Kunststoffe). Auch bei Rekonstruktionen werden häufig Löt- und Anwärmarbeiten durchgeführt.

Instandsetzungsarbeiten an Arbeitsmitteln, insbesondere an Baumaschinen, haben bezüglich Brände weitestgehend die Ursachenfaktoren wie bei Kraftfahrzeuginstandsetzungen (s. Abschn. 4.4.11.).

Die Auswertung der Brandschäden zeigt deutlich, daß Sorglosigkeit und Fahrlässigkeit, besonders Inkonsequenz bei der Einhaltung und Kontrolle der Vorschriften, die häufigsten Ursachen für derartige Schäden sind. Die Beispiele lassen erkennen, daß die Einhaltung der vorgeschriebenen Technologie sowie die gewissenhafte und vollständige Ausfüllung der Schweißerlaubnisscheine und die strikte Befolgung der darin festgelegten Arbeitsbedingungen untrennbare Bestandteile der Arbeits- und Brandsicherheit sind. Die geschilderten Schadensfälle sollen den Führungskräften sowie den Schweißern und Brennschneidern in der Praxis helfen, zielgerichtet zur Erhöhung der Arbeits- und Brandsicherheit auf den Baustellen beizutragen.

**Beispiele
für Unfälle, Brände und Explosionen**

Brand in einem Werk zur Fertigung von Betonrohren
Die Stahl-Rohrformen wurden vor dem Zusammenbau auf der Innenseite mit einem Trennmittel bestrichen. Die Entnahme des Trennmittels erfolgte aus einem 200-l-Faß, das auf einem fahrbaren Gestell in einer Hallenecke lagerte. Da der in den Faßboden eingeschraubte Hahn undicht war, stellte man unter den Hahn eine Tropfwanne. Entgegen sonstigen Gepflogenheiten wurde auf der Schalungsstation auf eine Form mit 1 200 mm Durchmesser noch ein Trennring aufgeschweißt. Der Schweißer bearbeitete die Schweißnaht mit einem Winkelschleifer. Die Funken flogen in hohem Bogen $\approx$ 6 m weit in Richtung auf die Tropfwanne und entzündeten die über dem Flüssigkeitsspiegel gebildeten Gase. Der Schweißer und ein Mitarbeiter versuchten, den Brand mit einem Handfeuerlöscher zu löschen. Während des Löschens kam es in dem erwärmten, nahezu leeren Faß zu einer Explosion, bei der der Faßboden herausgedrückt wurde. Die Stichflamme verletzte den Mitarbeiter leicht und den Schweißer erheblich (Verbrennungen im Gesicht). Die Ermittlungen ergaben, daß das Trennmittel einen brennbaren Anteil von 55 % enthielt, und zwar Benzin mit einer Siedegrenze zwischen 100 und 140 °C, einer Zündtemperatur von $\approx$ 250 °C und einem Flammpunkt von $<$ 10 °C. Damit gehört das Trennmittel zur Gefahrklasse A I. Bei Temperaturen, die den Flammpunkt übersteigen, kann sich über der Flüssigkeitsoberfläche so viel Dampf bilden, daß er im Gemisch mit Luft beim Nähern einer Zündquelle entflammt [124].
Verstöße gegen die Sicherheitsbestimmungen:
– Ungenügende Sicherheitsmaßnahmen in der Schweißgefährdungszone.

Abbrand von Aluminium-Verbund-Wandbauteilen
In einer Halle wurden in 10 m Höhe an einem Geländer Schweißarbeiten durchgeführt. Herabfallende Schweißperlen entzündeten die unter der Arbeitsstelle lagernden 3 m^3 Schaumpolystyren. Der Brand verlief mit großer Intensität, griff auf die Außenwandverkleidung aus Aluminium-Verbund-Profil über, das ebenfalls Schaumpolystyren (Typ N) enthält, und vernichtete einen Teil der Fassade (s. Abb. 41). Beschädigt wurden weiterhin Stahlteile der Wandkonstruktion sowie das vor der Fassade stehende Stahlrohrgerüst bis zu einer Höhe von 16 m. Durch das schnelle Eingreifen der Feuerwehr wurde der Brand in wenigen Minuten gelöscht; dadurch konnten weitere stark gefährdete Konstruktionsteile der Halle (Kranbahnträger, Spannbeton-Dachkassettenplatten und Stahlbinder) erhalten bleiben. Der Schweißerlaubnisschein war zwar ausgestellt, aber ohne Eintragung entsprechender Maßnahmen. Die Erlaubnis war am Schreibtisch erteilt worden und nicht an der Arbeitsstelle. Sie berücksichtigte nicht das Vorhandensein von Schaumpolystyren. Der verantwortliche Mitarbeiter des Hauptauftragnehmers, der auf dem Schweißerlaubnisschein die Erlaubnis erteilte, und der Schweißer

Abb. 41
Abbrand von Aluminium-Verbund-Wandbauteilen

hatten die Sicherheitserfordernisse mißachtet, sie wurden zu einer hohen Ordnungsstrafe verurteilt. Gegen den Montagemeister wurde eine Disziplinarmaßnahme ausgesprochen.
Verstöße gegen die Sicherheitsbestimmungen:
– Brandgefährdung falsch eingeschätzt,
– Schweißerlaubnis formal und ohne Ortsbesichtigung erteilt,
– Sicherheitsmaßnahmen in der Schweißgefährdungszone weder festgelegt noch realisiert,
– Arbeitsaufnahme erfolgte trotz Erkennens der Gefahr.

Großbrand in einem rohbaufertigen Industriegebäude
Im Kellerraum eines mehrgeschossigen Industriegebäudes waren 30 m^3 Schaumpolystyren, 10 m^3 Piatherm und 5 Fässer Tervanal gelagert. Durch nicht abgedeckte Öffnungen fielen aus darüberliegenden Geschossen Schweißfunken in den Raum und entzündeten das Material. Es kam zu einem Großbrand, der einen großen Schaden verursachte und zahlreiche Bauarbeiter durch intensive Rauchentwicklung und Versperrung der Fluchtwege gefährdete. Die Arbeiter mußten mit Hilfe eines Turmdrehkranes und angehängter Paletten evakuiert werden. An den Betonwänden und Decken entstanden großflächige Betonabplatzungen (s. Abb. 42). Die freiliegenden Bewehrungsmatten wiesen erhebliche Deformationen auf. Sie erforderten bei der Sanierung Verstärkungen durch Zusatzmatten. Aufgrund der anhaftenden Verbrennungsprodukte genügte eine Reinigung nicht, sondern es mußte abgestemmt werden, bevor die Flächen mit Spritzbeton instandgesetzt werden konnten.

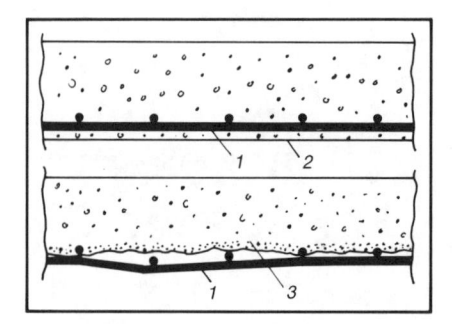

Abb. 42
Abplatzen der Betondeckung von Stahlbetonkonstruktionen, Deformation und Ausglühen des Bewehrungsstahles,
1 Bewehrungsstahl, 2 Betondeckung, 3 durch Brandgase und -rauch beschädigter Betonbereich

Verstöße gegen die Sicherheitsbestimmungen:
– Brandgefahr in der Schweißgefährdungszone nicht beseitigt,
– ungenügende Sicherheitsmaßnahmen (z. B. brennbare Stoffe nicht entfernt, Öffnungen nicht abgedichtet).

Vernichtung einer Baracke durch einen Brand
In einem Bürogebäude wurden elektrische Leitungen durch mehrere Raumzellen verlegt. Um sich Bohrarbeiten in den Trennwänden zu ersparen, bat der Elektriker einen Mitarbeiter, die Löcher mit dem Schneidbrenner auszubrennen. Die Brenn-

arbeiten erfolgten ohne Wissen eines Dritten. Durch Wärmeeinwirkung auf die Trennwände der Raumzellen entzündete sich die Baracke und brannte ab. Es entstand ein hoher Sachschaden. Der Brennschneider wurde auf Bewährung verurteilt.

Verstöße gegen die Sicherheitsbestimmungen:
- Grob fahrlässige Handlung,
- kein Arbeitsauftrag erteilt,
- Schweißerlaubnis fehlte.

Großbrand in einem Baumaschinenreparaturbetrieb
In einer Reparaturhalle ohne räumliche Trennung des Waschplatzes für Ersatzteile vom Reparaturbereich wurde geschweißt. Vor Beginn des Anschweißens von Streben an einen Bagger versuchte der Schweißer zwei in einem Abstand von nur 1,50 m lagernde 200-l-Fässer mit Waschbenzin wegzuschieben. Das gelang ihm nicht, da die Fässer gefüllt waren [125]. Er streute deshalb als Sicherheitsmaßnahme Sand auf die Benzinlache an den Fässern und stellte sich mit dem Rücken zu den Fässern, da er der Meinung war, daß sein Körper die Funken abhalten könne. Ein vorbeikommender Mitarbeiter gab den Hinweis, die Schweißarbeiten an anderer Stelle (durch Wegfahren des Baggers) vorzunehmen. Das blieb unbeachtet. Schweißspritzer entzündeten die Benzinlache auf dem Fußboden. Die Flammen heizten ein Faß so auf, daß der Verschluß durch den Überdruck herausgetrieben wurde. Meterhohe Stichflammen erfaßten zunächst das Ersatzteillager und dann die gesamte Reparaturhalle. Es wurden 27 Mitarbeiter gefährdet. Darüber hinaus entstand ein sehr großer Schaden und Produktionsausfall. Bei den Untersuchungen stellte sich heraus, daß es keine betriebliche Weisung für Schweißarbeiten und den Umgang mit brennbaren Flüssigkeiten gab. Der Werkstattmeister hätte vor Erteilung des Arbeitsauftrages die Gefahr erkennen müssen. Der Schweißer wäre verpflichtet gewesen, unter den gegebenen Bedingungen die Arbeit nicht aufzunehmen. Der Betriebsleiter und der Leiter für Beschaffung und Absatz wurden auf Bewährung und zu Geldstrafen, der Schweißer zu einer Freiheitsstrafe von 1 Jahr und der Werkstattleiter zu einer Freiheitsstrafe von 6 Monaten verurteilt.

Verstöße gegen die Sicherheitsbestimmungen:
- Keine betriebliche Festlegung zur Ausführung der Arbeiten,
- brennbare Stoffe aus der Schweißgefährdungszone nicht entfernt.

Verpuffung bei der Reparatur eines Betonmischers
In einer Baumaschinenreparaturwerkstatt mußte der Antrieb eines Betonmischers demontiert werden. Hierzu wurde der Mischer schräg gestellt, und der Schlosser begann kniend seine Arbeit. Durch Korrosion und Verschmutzung war es nicht möglich, die mechanische Verbindung zwischen Ritzel und Antriebswelle mit einem Abziehgerät zu lösen. Das Ritzel wurde deshalb durch Brennschneiden entfernt. Dabei erwärmte sich das Fett im Lager hinter dem Ritzel so, daß es zu einer Verpuffung kam. Die Stichflamme traf den Schlosser ins Gesicht und an die rechte Hand und führte zu drei Wochen Arbeitsunfähigkeit. In Auswertung des Unfalls kam man zu den Schlußfolgerungen, ein stärkeres Abziehgerät anzufertigen und die Antriebsteile bei unumgänglichen thermischen Arbeiten sicher abzudecken.

Verstöße gegen die Sicherheitsbestimmungen:
- Brennbare Stoffe aus der Schweißgefährdungszone nicht entfernt,
- Wärmeübertragung auf verdeckte Stoffe oder Einbauten nicht beachtet.

Weitere Beispiele sind in Tabelle 35 enthalten.

Tabelle 35
Beispiele für Unfälle und Brände im Bauwesen

Sachverhalt	Verstoß gegen die Sicherheitsbestimmungen	Schaden
In einem Produktionsgebäude wurden unter gröblichster Verletzung der Sicherheitsbestimmungen Schweißarbeiten ausgeführt. Die Holzkonstruktion des Bauwerkes hatte sich produktionsbedingt mit Schalungsöl vollgesaugt. Öldurchtränkte Sägespäne lagen auf dem Fußboden. Trotzdem wurde ohne Schweißerlaubnis, ohne Bereitstellung von Löschmitteln, ohne Abdeckung und ohne Brandwache geschweißt.	Brandgefährdeter Bereich – Schweißerlaubnis fehlte; keine Sicherheitsmaßnahmen in der Schweißgefährdungszone; keine Aufsicht gestellt; keine Maßnahmen zur Brandbekämpfung	Großer Sachschaden sowie Produktionsausfall
Bei der Anwendung von Propangasschnellerhitzern und Warmluftwerfern ließ sich die Schutzkappe einer 30-kg-Druckgasflasche infolge Vereisung nicht öffnen. Man setzte einen 27er Ringschlüssel an und half mit Hammerschlägen gegen den Schlüssel nach. Plötzlich flog die Schutzkappe mit dem Flaschenventil weg. Da beide Rechtsgewinde haben, bewirkte das Eis die Übertragung der Kraft von der Schutzkappe auf das Ventil. Es kam zu einer Explosion [126].	Auftauarbeiten nicht mit direkter Erwärmung durchgeführt	Schwerer Massenunfall (Verbrennungen 3. Grades); Beschädigung von Fertigteilen, Türen und Fenstern
Im Erdgeschoß eines bereits bezogenen Hochhauses wurde an Heizungsrohren geschweißt. Schweißspritzer entzündeten 100 m^2 Schaumpolystyrenplatten. Der Brand entwickelte sich innerhalb von 15 s zu voller Intensität. Bis zum 3. Geschoß gab es Rußablagerungen von 2 ... 3 mm.	Ungenügende Sicherheitsmaßnahmen in der Schweißgefährdungszone	Groß

Sachverhalt	Verstoß gegen die Sicherheitsbestimmungen	Schaden
Ein Schweißer arbeitete an der Heißwasserleitung im 2. Geschoß eines Wohngebäudes. Schweißspritzer fielen durch Deckendurchbrüche in das 1. Geschoß und setzten dort die Wohnungseinrichtung in Brand. Zur gleichen Zeit wurde im Erdgeschoß PVC-Fußbodenbelag aufgeklebt. Dort verursachten Schweißspritzer eine Explosion des Kleber-Dampf-Luft-Gemisches. Dabei erlitten alle Mitarbeiter schwere Verbrennungen (s. Abb. 43) [92].	Öffnungen nicht abgedichtet; keine Sicherheitsmaßnahmen in der Schweißgefährdungszone	Schwerer Massenunfall; große Sachschäden

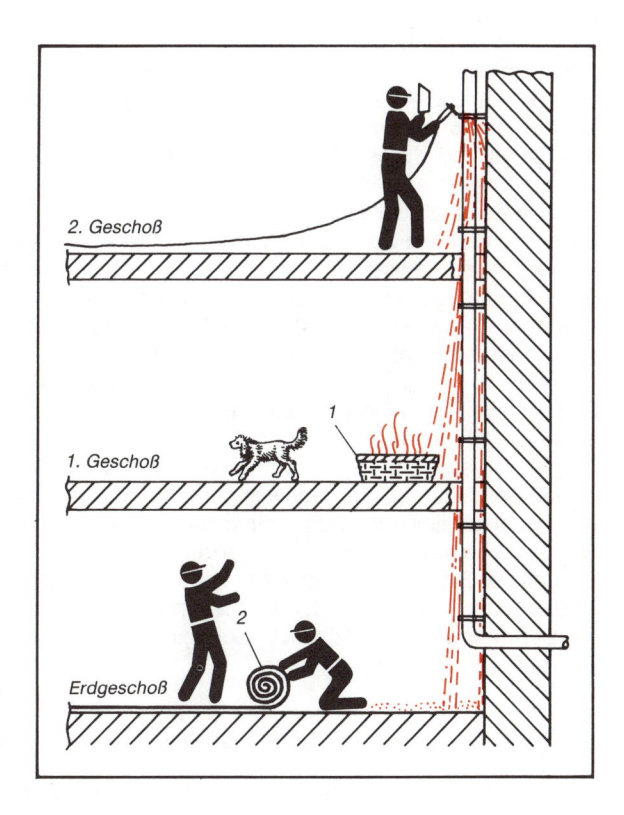

Abb. 43
Brand in einem Wohngebäude,
1 Hundekorb, 2 Fußbodenbelag

4.4.2. Land- und Forstwirtschaft

Schweißarbeiten in der Land- und Forstwirtschaft werden meistens in für Schweiß- und Schneidarbeiten freigegebenen Arbeitsstätten oder im Freien in unmittelbarer Nähe von leichtentzündlichen Materialien durchgeführt [79].
Die Schweißarbeiten in der Landwirtschaft erstrecken sich vor allem auf Ställe, Käfige, sonstige Bauwerke und Anlagen sowie mobile Arbeitsmittel. Zur Anwendung kommen hauptsächlich das Gas- und Lichtbogenhandschweißen sowie das Brennschneiden. Für die dabei in Brand geratenen Materialien ist eine schnelle Brandausbreitung (Explosion) charakteristisch. Als brennbare Materialien sind überwiegend Stroh, Heu, Futter, Holzteile der Bauwerke und Ställe sowie Spinnweben vorhanden.
Spezifische Gefahren resultieren aus dem Verhalten der Tiere im Brandfall, was die Evakuierung erschweren oder unmöglich machen kann (Scheu vor dem offenen Feuer und Lärm). Dieses Verhalten führt bei Großvieh zu einer akuten Gefährdung der Personen, die versuchen, die Tiere aus den Ställen zu bringen. Auch das Augenverblitzen der Tiere bei Elektroschweißarbeiten kann schwerwiegende Folgen nach sich ziehen. Zu beachten ist ferner, daß auch das Fell der Tiere in Brand geraten kann [127].
Außer in Ställen kommen Brennschneid- und Schweißarbeiten auch in anderen Bauwerken und Anlagen vor (z. B. Werkstätten, Scheunen, Speichern, Anlagen zur Aufbereitung bzw. Lagerung von Futter und Lebensmitteln).
In Mühlen und Kornspeichern besteht die Gefahr der Staubexplosion. Auch in diesem Bereich sind vielfach die Bedingungen für eine schnelle Brandausbreitung in der Anfangsphase gegeben.
Reparaturarbeiten an mobilen Arbeitsmitteln in Werkstätten sind weitestgehend mit Kraftfahrzeuginstandsetzungen (s. Abschn. 4.4.11.) vergleichbar.
Oftmals sind jedoch auch Reparaturarbeiten auf dem Feld erforderlich, wo als brennbare Materialien reifes Getreide, Heu oder andere brennbare Materialien vorhanden sein können. An den Arbeitsmitteln bzw. bei der Reparatur bestehen durch Öl, Treibstoff und Waschbenzin bedeutende Gefahrenquellen. Als spezifische schweißtechnische Arbeitsmittel kommen Werkstattwagen mit Druckgasflaschen zur Anwendung.
Insgesamt ist festzustellen, daß ungenügendes Entfernen von Stoffen mit hoher Zündbereitschaft aus der Schweißgefährdungszone, Schweißen ohne Schweißerlaubnis, unzureichende oder unterlassene Unterweisung der Schweißer, fehlende Brandwache und Löschmittel sowie unterlassene Nachkontrollen zu den Hauptursachen der Brände im Bereich der Landwirtschaft zählen.
In der Land- und Forstwirtschaft gelten fachbereichsspezifische Bestimmungen zur Durchführung von Schweiß-, Schneid- und verwandten Verfahren. Es sind folgende Forderungen einzuhalten:

– Elektroschweißgeräte müssen gemäß den geltenden Vorschriften überprüft sein,
– Schweißleitungen und Elektrodenhalter müssen ausreichend isoliert sein,
– Elektroschweißgeräte müssen so aufgestellt und Netzleitungen sowie Schweißleitungen so verlegt werden, daß sie von Tieren nicht erreicht werden können,

- die Klemme der Rückstromleitung ist in unmittelbarer Nähe der Schweißstelle an das zu schweißende Werkstück fest anzuschließen,
- die zu verschweißenden Teile sind mit einer isolierten Leitung elektrisch leitend zu verbinden (Kabelbrücke durchgangsgeprüft),
- bei Arbeitsunterbrechung ist das Elektroschweißgerät sofort auszuschalten.
- Tiere sind von der Schweißstelle im Umkreis von mindestens 5 m zu entfernen,
- es ist ein Blendschutz aufzustellen, um das Augenverblitzen der Tiere zu vermeiden,
- Elektroschweiß- und -schneidarbeiten dürfen erst dann begonnen werden, wenn zur erteilten Schweißerlaubnis der Schweißer diese unterschrieben hat und die darin festgelegten Sicherheitsmaßnahmen durchgeführt sind.

Müssen auf land- und forstwirtschaftlichen Nutzflächen Schweiß- und Schneidarbeiten an Maschinen, Anlagen, Rohrleitungen usw. ausgeführt werden, dann gelten diese Flächen als Arbeitsstätten und sind entsprechend einzustufen [12, 38]. Der Transport von Schweißgasen, das Aufstellen und Betreiben von Gasschweißanlagen in bzw. außerhalb von Werkstattwagen oder Containern sind durch betriebliche Vorschriften zu regeln.

**Beispiele
für Unfälle, Brände und Explosionen**

Brand durch Auftauarbeiten an einer Wasserleitung
Drei Personen wurden beauftragt, eingefrorene Wasserleitungen in einem Stall aufzutauen. Die Auftauarbeiten sollten laut Anweisung mit warmem Wasser erfolgen. Zur Beschleunigung der Arbeiten nahm ein Mitarbeiter einen Autogenschweißbrenner zu Hilfe. Durch die Flammen fingen Spinnweben Feuer (s. Abb. 44). Sie wirkten wie eine Zündschnur. Über einen Deckendurchbruch gelangte das Feuer in den Dachboden, der nicht aufgeräumt war und dem Feuer weitere Nahrung bot. Bei dem Brand entstand ein großer Schaden. Der Verursacher wurde zu einer Freiheitsstrafe von 6 Monaten auf Bewährung verurteilt.

Abb. 44
Spinnweben als Stoff mit hoher Zündbereitschaft

Verstöße gegen die Sicherheitsbestimmungen:
– Anweisung, die Auftauarbeiten durch indirekte Erwärmung durchzuführen, nicht befolgt,
– brandgefährdeter Bereich – Schweißerlaubnis fehlte,
– keine Sicherheitsmaßnahmen in der Schweißgefährdungszone.

Brand in einem Stall durch Irrstrom
In einem Kuhstall sollten Schweißarbeiten an Freßgittern und Trennbügeln durchgeführt werden. Ein Schweißtransformator wurde in der Mitte des Stalls aufgestellt. Der Anschluß der Schweißstromrückleitung erfolgte am ersten Gitter. Da im gesamten Stall die Trennbügel geschweißt werden mußten, wechselte der Schweißer häufig seinen Arbeitsplatz. Beim Schweißen des letzten Trenngitters fiel plötzlich ein 2,5 mm dicker Draht, an dem Tafeln befestigt waren, herunter. Der unter der Last der Tafeln gerissene Draht war zum Glühen gekommen und entzündete das im Stall befindliche Stroh. Ein Mitarbeiter erlitt Brandverletzungen an der Hand. Als Ursache wurde festgestellt, daß an einer Stelle die Freßgitter mit Draht verdrillt wurden, da die Schraubverbindungen durchgerostet waren. Dadurch nahm der Schweißstrom einen nicht vorgesehenen Weg. Bedingt durch den relativ großen Schweißstrom (4-mm-Elektroden) und die Zeitdauer der Arbeiten, kam es zu einer thermischen Überlastung des Drahtes (s. Abb. 45). Der Brand konnte gelöscht werden. Es erfolgte eine betriebliche Unterweisung und Auswertung.

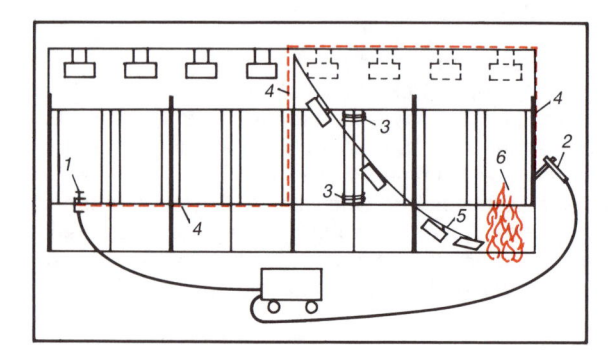

Abb. 45
Riß eines Spanndrahtes infolge Widerstandserwärmung durch Irrstrom,
1 Schweißrückstromklemme, 2 Elektrodenhalter, 3 Verdrillung, 4 Weg des Schweißrückstromes,
5 gerissener Draht,
6 Entstehungsbrand

Verstöße gegen die Sicherheitsbestimmungen:
– Schweißstromrückleitung nicht unmittelbar am Schweißteil angeschlossen,
– brandgefährdeter Bereich – Schweißerlaubnis fehlte,
– keine Sicherheitsmaßnahmen in der Schweißgefährdungszone.

Wirkung ultravioletter Strahlung auf Tiere
An einem großen Vogelkäfig eines Zoos wurden Elektroschweißarbeiten durchgeführt. Die Vögel verblitzten sich die Augen und flatterten orientierungslos im Käfig herum, stießen gegen Wände und Einbauten.
Ein weiteres Beispiel für die Schädigung von Tieren zeigt folgender Vorfall. Ebenfalls bei Elektroschweißarbeiten verblitzte sich ein Elefant die Augen und wurde

durch Schmerzen und Erregtheit zu einer Gefahr für den Wärter und die baulichen Anlagen.
Verstöße gegen die Sicherheitsbestimmungen:
- Tiere nicht mindestens 5 m von der Schweißstelle entfernt,
- kein Blendschutz aufgestellt.

Tödlicher Unfall durch Aufbewahrung von Waschbenzin in der Schweißgefährdungszone
An einem Mähdrescher mußten in einem landwirtschaftlichen Instandsetzungsbetrieb Schweißarbeiten durchgeführt werden. Vorher wurden einige Teile des Mähdreschers mit Waschbenzin gereinigt. Die Schüssel mit dem Waschbenzin blieb jedoch nach Beendigung der Arbeit auf der Fahrerplattform stehen. Während ein Schlosser noch unter dem Fahrzeug mit Richtarbeiten beschäftigt war, führte ein Schweißer in der Fahrerkabine Schweißarbeiten aus. Dabei geriet das Waschbenzin in der Schüssel in Brand. Der Schweißer schüttete die Schüssel aus, wobei der unter dem Fahrzeug arbeitende Schlosser mit dem brennenden Waschbenzin übergossen wurde. Er erlitt schwere Verbrennungen, an deren Folgen er verstarb. Durch umsichtiges Entfernen des leichtbrennbaren Materials aus der Schweißgefährdungszone hätte sich dieser tödliche Unfall vermeiden lassen. Gegen den leitenden Mitarbeiter des Betriebes wurde eine Ordnungsstrafe ausgesprochen, und der Schweißer wurde wegen fahrlässiger Tötung auf Bewährung verurteilt.
Verstöße gegen die Sicherheitsbestimmungen:
- Brandgefährdeter Bereich – Beseitigung der Brandgefahr oder Schweißerlaubnis,
- ungenügende Sicherheitsmaßnahmen in der Schweißgefährdungszone (die Schüssel mit dem Waschbenzin hätte entfernt werden müssen).

Brand eines Containers infolge Flammenrückschlages
An einem Erntefahrzeug, das am Feldrand abgestellt war, sollte autogen geschweißt werden. Infolge zu hoher Gaseinstellung kam es zu einem Flammenrückschlag. Der Schlauch riß ab und brannte. Die Acetylenflasche im Container des Werkstattfahrzeuges konnte nicht mehr geschlossen werden. Sie wurde unter der Wärmeeinwirkung zusammen mit der Sauerstoffflasche zerstört, und der Container brannte völlig aus. Der Schweißer war ungenügend eingewiesen worden. Gegen den Schweißer wurde eine Ordnungsstrafe ausgesprochen.
Verstöße gegen die Sicherheitsbestimmungen:
- Vor Inbetriebnahme Funktionstüchtigkeit des Brenners nicht überprüft,
- nach dem Flammenrückschlag die Gasversorgung nicht unterbrochen.
Weitere Beispiele sind in Tabelle 36 enthalten.

Tabelle 36
Beispiele für Unfälle und Brände in der Landwirtschaft

Sachverhalt	Verstoß gegen die Sicherheitsbestimmungen	Schaden
An einer Wasserleitung in einem Rinderstall war eine Reparatur durchzuführen. Während des Schweißens entzündeten sich in einem Lüftungsschacht durch Funkenflug Spinnweben und Strohreste. Eine Schweißerlaubnis lag nicht vor.	Schweißerlaubnis fehlte; Sicherheitsmaßnahmen in der Schweißgefährdungszone ungenügend.	Geringer Sachschaden
Bei Schweißarbeiten an einem Gebläse entzündeten sich Heureste und glimmten. 2 h nach der Reparatur wurde das Gebläse eingeschaltet. Eine Flamme schlug aus dem Gerät und verletzte ein Schaf.	Sicherheitsmaßnahmen in der Schweißgefährdungszone ungenügend; keine Nachkontrollen durchgeführt	Verletzung eines Tieres
Bei Reparaturarbeiten an einer Kartoffelerntemaschine geriet ein in unmittelbarer Nähe befindliches Fingerband aus Gummi in Brand. Infolge Verwechslung reichte man dem Schlosser statt Wasser ein Gefäß mit Waschbenzin. Es entstand eine große Stichflamme. Die Kleidung eines danebenstehenden Traktoristen und die Maschine gerieten in Brand [128].	Schweißerlaubnis fehlte; Sicherheitsmaßnahmen in der Schweißgefährdungszone ungenügend	Tödlicher Arbeitsunfall; Totalschaden der Maschine
Während der Ernte mußten an einer Ausgleichleitung zwischen zwei Tanks eines Rodeladers Schweißarbeiten durchgeführt werden. Die Tanks und die Leitung wurden nicht gereinigt. Durch die Wärmeeinwirkung entwickelten sich in den Tanks Gase. Es kam zu einer Explosion, und der Rodelader geriet in Brand.	Schweißerlaubnis fehlte; Leitung wurde nicht gereinigt; Tanks und Leitung wurden nicht ausgebaut	Groß

4.4.3. Bergbau und Metallurgie

Das in den Bereichen Bergbau und Metallurgie erreichte Niveau im Arbeits- und Brandschutz ist bemerkenswert hoch, was sich nicht zuletzt auch in der geringen

Häufigkeit von Bränden infolge von Schweiß- und Schneidarbeiten äußert. Einige typische Beispiele sollen jedoch nachfolgend verdeutlichen, daß die Ursachenstruktur dieser Brände weitestgehend mit denen in anderen Bereichen der Wirtschaft und Gesellschaft übereinstimmt.
Im Bergbau sind folgende Schweißarbeiten charakteristisch:
– Reparaturen an Arbeitsmitteln über und unter Tage sowie
– Reparaturen an und in Gebäuden sowie baulichen Anlagen.
In der Metallurgie sind neben Reparaturen an Arbeitsmitteln und Gebäuden noch die Schrottaufbereitung durch Brenn- oder Schmelzschneiden und die Verwendung von Sauerstofflanzen im Schmelzbereich von Bedeutung. In diesen Anwendungsgebieten liegen vorwiegend in Brand geratende Materialien. Zu ihnen gehören Öl- und Fettverunreinigungen an Maschinen und Anlagen, Gummigurte der Fördergeräte sowie Isolierungen von Rohren und Kabeln. Eine Analyse der Entstehungsbrände an Bandanlagen ergab, daß in 17 % der Fälle die Zündung durch Schneidperlen und glühende Schneidteile erfolgte [129]. Die dabei auftretende große Wärme (40 000 kJ · kg^{-1} Gummi), die großen Rauchmengen und die daraus resultierenden Sichtbehinderungen sind besonders unter Tage für die Brandausbreitung, -bekämpfung und -folgen maßgebend.
Im Untertagebereich kommt es vor allem beim Bandbetrieb darauf an, funktionsfähige Feuerlöschgeräte in ausreichender Anzahl zur Verfügung zu haben. Im Bereich der Schweißgefährdungszone sind insbesondere Kabelkanäle zu beachten, was sich auch in der Einstufung in brand- und explosionsgefährdete Bereiche sowie in der Freigabe der Arbeitsstätten widerspiegeln muß. Ordnungsgemäße Schweißerlaubnisscheine, richtiges Erfassen der Schweißgefährdungszone und vorschriftsmäßiges Arbeiten an Behältern mit gefährlichem Inhalt schalten die häufigsten Ursachen aus.

**Beispiele
für Unfälle, Brände und Explosionen**

Brand an einem Tagebau-Großgerät
In einem Tagebau wurden an einem Absetzer Nietköpfe abgebrannt. Herabfallende glühende Teile, Funken und Spritzer setzten das unter der Arbeitsstelle verlaufende Schmutzband und die elektrotechnische Anlage in Brand. Im Schweißerlaubnisschein waren die Schweißgefährdungszone unvollständig und die Sicherheitsmaßnahmen nicht ausreichend eingetragen. Die Nachkontrollen erfolgten nur mangelhaft. An der Arbeitsstelle brannte wegen fehlender Glühlampen kein Licht. Es entstand ein großer Sachschaden. Als Sanktionen kamen Freiheitsstrafen auf Bewährung und Geldstrafen sowie materielle Verantwortlichkeit zur Anwendung.
Verstöße gegen die Sicherheitsbestimmungen:
– Brandgefährdeter Bereich,
– Schweißerlaubnisschein unvollständig ausgefüllt,
– Schweißgefährdungszone nicht eindeutig bestimmt,

- Sicherheitsmaßnahmen in der Schweißgefährdungszone ungenügend (z. B. Abdecken des Schmutzbandes und der elektrotechnischen Anlage),
- mangelhafte Wirksamkeit der Brandwache.

Brand an einem Ladegerät
Im Grubenbetrieb eines Kali- und Steinsalzbetriebes waren Schweißarbeiten an einem Ladegerät erforderlich. Die Schweißerlaubnis wurde formal ausgestellt, elementare Gefährdungen nicht erkannt. Obwohl das Gerät mit Hydrauliköl und Schmierfett verunreinigt war, wurde es nicht gesäubert. Auch der Schweißer kam seinen Pflichten nicht nach, indem er in dieser Situation die Arbeiten aufnahm. Schlagartig entflammte das Ladegerät. Pulverlöscher, die eingesetzt werden sollten, erwiesen sich als funktionsuntüchtig oder leer. Unklarheiten gab es auch bei der Handhabung. Dadurch konnte sich der Brand ungehindert ausbreiten.
Verstöße gegen die Sicherheitsbestimmungen:
- Schweißerlaubnis ohne Ortsbesichtigung und Festlegung von Sicherheitsmaßnahmen ausgestellt,
- keine Brandwache gestellt,
- Handfeuerlöscher nicht funktionstüchtig.

Brand in einem Aufbereitungsgebäude bei der Rekonstruktion
Während Rekonstruktionsarbeiten sollten in einem ehemaligen Aufbereitungsgebäude eines Spatwerkes nicht mehr benötigte technische Anlagen entfernt werden. Wegen Betriebsstillstand war das Gebäude als nichtbrandgefährdet eingestuft worden. Zwei Mitarbeiter erhielten den Auftrag, zur Vorbereitung der Demontage eines Elevators die Blechverkleidung des Elevatorschachtes durch Brennschneiden zu entfernen. Der Elevator bestand aus einem Gummi-Taschenförderer (4 mm Gummi mit unterseitiger Textilbeschichtung). Im Schweißerlaubnisschein war eine Brandwache vorgesehen. Als Löschmittel wurden ein Eimer Wasser und Handfeuerlöscher bereitgestellt. Beim Abbrennen der Verschraubung gelangten Schweißspritzer in den Elevatorschacht und die Gummitaschen des Förderers. Infolge starker Kaminwirkung des Schachtes breitete sich der Brand sehr schnell aus und griff auch auf das Dach über. Die Brandbekämpfung durch beide Mitarbeiter blieb ohne Erfolg. Die freiwillige Feuerwehr löschte schließlich den Brand. Gegen den verantwortlichen Leiter und die beiden Schweißer kamen Disziplinarmaßnahmen zur Anwendung.
Verstöße gegen die Sicherheitsbestimmungen:
- Brandgefährdung – ungenügende Sicherheitsmaßnahmen in der Schweißgefährdungszone,
- unzureichende Kontrollen während der Arbeiten,
- unzureichende Löschmittel für eine wirksame Brandbekämpfung.

Brand in einem Walzwerk
Bei Schrott-Brennschneidarbeiten mit einem Lichtbogen in 2,20 m Entfernung von einem Kabelkanal gelangten Schweißspritzer durch die undichte Kanalabdeckung und entzündeten mit Emulsions- und Öldämpfen benetzte Kabel (s. Abb. 46). Als aus dem Kanal Rauch aufstieg, nahm man die Brandbekämpfung

Abb. 46
Entzündung von Kabeln in einem Kabelkanal,
1 Kabelkanal

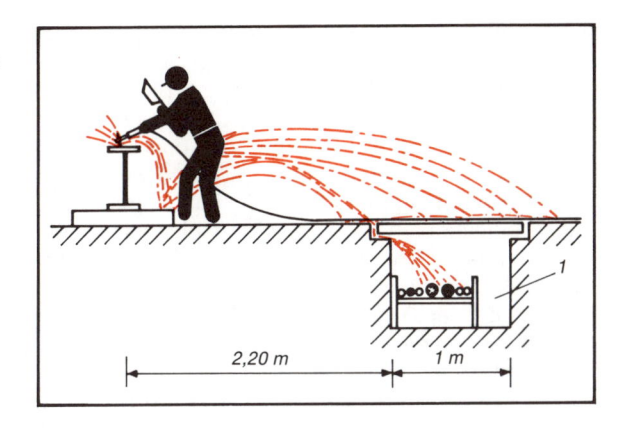

zunächst mit einem Kohlendioxidlöscher auf, allerdings ohne Erfolg, wodurch jedoch wertvolle Zeit zur Alarmierung der Feuerwehr versäumt wurde. Die Feuerwehr rückte 20 min nach Brandausbruch an und löschte den Brand. Auf 25 m Länge waren 150 Steuer- und Leitungskabel verbrannt. Es entstand ein großer Sachschaden und Produktionsausfall.
Der Arbeitsbereich war für Schweiß- und Schneidarbeiten freigegeben. Die Einstufung des Raumes berücksichtigte jedoch nicht angemessen die Gefährdung, die von Undichtigkeiten an der Kanalabdeckung ausging. Das betraf auch die Freigabe.
Als Konsequenz sprach der Betriebsleiter für den Raum ein Schweißverbot aus. Die Gutachten und Freigabe wurden überarbeitet, ebenso die Betriebsanweisung.
Verstöße gegen die Sicherheitsbestimmungen:
– Mängel in den betrieblichen Festlegungen bezüglich der freigegebenen Objekte zur Ausführung von Schweißarbeiten,
– ungenügende Sicherheitsmaßnahmen in der Schweißgefährdungszone,
– unzureichende Maßnahmen zur sofortigen Brandbekämpfung.

Unfall bei der Anwendung von Sauerstoff
In einer Stahlgießerei wurde zur Beschleunigung des Schmelzprozesses in den letzten 20 min vor dem Abstich der Schmelze Sauerstoff durch eine Lanze zugeführt. Eines Tages war zur Herstellung eines großen Gußstückes der Abstich von zwei Siemens-Martin-Öfen erforderlich. Nun hing aber ein Ofen. Die Schmelzer kamen auf den Gedanken, mit Sauerstoff nachzuhelfen. Bis zum Unfalltag wurde der Sauerstoff aus einer Flaschenbatterie mit einem Druck von 0,6 MPa der Sauerstofflanze zugeführt. Die Flaschenbatterie stellte ein Provisorium dar und sollte durch eine Sauerstofferzeugungsanlage mit einer Rohrleitung zu den Öfen ersetzt werden. Die Rohrleitung war fertiggestellt und stand unter einem Prüfdruck von 3 MPa. Durch Absprachen zwischen den Leitungen, von denen der Schmelzmeister nichts erfahren hatte, wurde die Abnahme auf den nächsten Tag verlegt. Dabei vergaß man jedoch, das für die Abnahme angebrachte Handrad am Entnahmeventil und den ebenfalls angeschlossenen Schlauch für die Lanze bis

zur Abnahme zu entfernen. Dieser Umstand veranlaßte den Schmelzer zu der Annahme, daß die Abnahme erfolgt sei. Obwohl das Manometer einen Druck von 3 MPa anzeigte, schloß der Schmelzer die Lanze an, hielt sie in der linken Hand und öffnete mit der rechten das Entnahmeventil. Durch den hohen Druck wurde ihm die Lanze aus der Hand gerissen und er zu Boden geschleudert. Da am Tag zuvor der Hallenkran geschmiert worden war, befanden sich auf dem Fußboden noch Öl- und Fettreste, die sofort aufflammten und den Sauerstoffschlauch der Lanze entzündeten. Der Sauerstoffschlauch schlug im Raum umher und fügte dem Schmelzer Brandwunden zu. Der Schmelzer konnte sich kriechend ins Freie retten. Unter hohem Druck strömte weiter Sauerstoff in den Raum. In dieser Situation rannte der Schmelzmeister herbei, um das Sauerstoffventil zu schließen. Seine Kleidung reicherte sich stark mit Sauerstoff an und entflammte. Der Meister verbrannte in wenigen Augenblicken [114].

Verstöße gegen die Sicherheitsbestimmungen:
- Grob fahrlässige Handlung des Schmelzers und der Leitungskräfte,
- Sauerstofflanze vor Inbetriebnahme nicht auf vorschriftsmäßigen Zustand und Funktionstüchtigkeit überprüft,
- unzulässig hohe Druckeinstellung bei Inbetriebnahme der Sauerstofflanze nicht beachtet.

Weitere Beispiele sind in Tabelle 37 enthalten.

Tabelle 37
Beispiele für Unfälle und Brände im Bergbau und in der Metallurgie

Sachverhalt	Verstoß gegen die Sicherheitsbestimmungen	Schaden
Durch Schweißarbeiten entzündeten sich in einem Hüttenwerk Papier und Pappe. Der Brand griff auf ein Steuerkabel für einen Erdgasschnellschlußschieber über, was zur Folge hatte, daß die Stranggußanlage den Gießbetrieb abbrechen mußte.	Zulässigkeit der Arbeiten nicht geprüft; Schweißerlaubnis fehlte	Sachschaden; Produktionsausfall
An einer Knüppelputzmaschine sollte der Aufnahmeflansch für eine Schleifscheibe ausgewechselt werden. Da er sich trotz Anwärmens nicht löste, entschlossen sich die Reparaturschlosser zum Abbrennen. Herabtropfendes Metall gelangte durch einen Schlitz zur Kabelführung im Maschinenbett. An der Kabelisolierung entwickelte sich ein Schwelbrand, der nach 6 h entdeckt und mit 2 Pulverlöschern gelöscht wurde.	Schweißerlaubnis fehlte; keine Sicherheitsmaßnahmen in der Schweißgefährdungszone; keine Brandwache gestellt; keine Nachkontrollen durchgeführt	Gering

Sachverhalt	Verstoß gegen die Sicherheitsbestimmungen	Schaden
In der Halle eines Stahlwerkes sollte eine Gießpfanne durch Schweißen repariert werden. Ein Schlosser ging in den Geräteraum, um die Gasschläuche zu holen. Beim Betätigen des Lichtschalters ereignete sich eine Explosion. Der im Raum befindliche Acetylenschlauch war außerhalb des Raumes an einer geöffneten Trockenvorlage angeschlossen, so daß Acetylen in den Raum geströmt war [130].	Grob fahrlässige Handlung	Schwerer Arbeitsunfall
Für Farbspritzarbeiten in einem Walzwerk füllte ein Mitarbeiter Lackfarbe und Verdünnung in ein 5-l-Glas. Damit sich die Farbe besser spritzen läßt, stellte er das Glas auf eine Kupferplatte und erwärmte sie mit dem Schneidbrenner. Das Glas zersprang, die Farbe spritzte auf die Kleidung des Mitarbeiters und die Umgebung und entzündete sich. Eine besondere Gefährdungssituation entstand dadurch, daß der Raum verschlossen war und Hilfe von außen nicht herein konnte.	Grob fahrlässige Handlung	Schwerer Arbeitsunfall
Der Schweißer eines Grubenbetriebes legte den geöffneten Schneidbrenner auf eine Werkzeugkiste und ging zu den Gasflaschen, um den Druck zu regulieren. Währenddessen strömte Gas durch einen Spalt in die Kiste. Beim Zünden des Brenners explodierte die Kiste.	Schneidbrenner falsch abgelegt	Schwerer Arbeitsunfall

4.4.4. Energiewirtschaft

Sowohl bei der Neufertigung als auch bei Reparatur- und Rekonstruktionsarbeiten von Anlagen der Energiewirtschaft spielt die Schweiß- und Schneidtechnik eine große Rolle. Besonders zu beachten ist, daß neben den unmittelbaren Schäden (Unfälle, Brände) die sekundären Wirkungen in Form von Unterbrechungen der Energieversorgung (Strom, Wärme) außerordentlich groß sein können

[131..133]. Zu den charakteristischen Schwerpunkten der Brandgefährdung in der Energiewirtschaft gehören:
– Schweiß- und Schneidarbeiten in Arbeitsstätten
- unvollständiges oder unterlassenes Beseitigen der Stoffe mit hoher Zündbereitschaft und anderer brennbarer Gegenstände aus der Schweißgefährdungszone bzw. ungenügende oder versäumte Sicherung der Stoffe gegen Entzündung,
- ungenügende Beachtung oder Unterlassung der auf dem Schweißerlaubnisschein festgelegten und für die Brandgefährdung notwendigen Sicherheitsmaßnahmen in der Schweißgefährdungszone, besonders bezüglich Abdekken und Abdichten von Wand- und Deckendurchbrüchen, Bereitstellung von Feuerlöschgeräten und Löschwasser, Beseitigung brennbarer Stäube und Nachkontrollen auf Brandnester;
– Erlaubnis für Schweiß- und Schneidarbeiten
- fehlende Schweißerlaubnis, unvollständiges Ausfüllen der Schweißerlaubnisscheine, Erteilung der Schweißerlaubnis ohne Besichtigung des Arbeitsplatzes,
- falsche Einstufung der Arbeitsstätten in brandgefährdete Bereiche sowie unvollständiges Erfassen der Schweißgefährdungszone in ihrer räumlichen Ausdehnung (z. B. fehlende Einbeziehung von Nebenräumen mit Öffnungen zu dem Raum, in dem Schweiß- und Schneidarbeiten durchgeführt werden),
- unzureichende oder unterlassene Einweisung und Unterweisung der Schweißer und Brennschneider über die Gefährdungen und Einhaltung der Sicherheitsmaßnahmen;
– Brandwache bei Schweiß- und Schneidarbeiten
- versäumte Einteilung von Brandwachen oder Beauftragung ungeeigneter, mit den Gefahren und notwendigen Handlungen zur Alarmierung bzw. Brandbekämpfung nicht genügend vertrauter Personen als Brandwache,
- Ausstattung der Brandwache mit ungeeigneten oder nicht funktionstüchtigen Feuerlöschgeräten.

In Brand geraten vor allem Kohle oder Kohlenstaub. Kennzeichnend für Kohlebrände ist die zeitliche Verzögerung des offenen Brandausbruches, das heißt, Glimm- oder Schwelbrände können sich wesentlich später als nach dem Richtwert von 6 h für Nachkontrollen zu einem Großbrand ausweiten. Das ist bei der Festlegung von Nachkontrollen besonders zu beachten. Kohlenstaub kann zu sehr gefährlichen Staubexplosionen führen. Zu beachten ist beim Befeuchten von brandgefährdeten Bereichen, daß sich Staub nur langsam durchfeuchtet, das heißt, er kann in trockenem Zustand auf einer Wasseroberfläche schwimmen und seine Zündfähigkeit behalten.

Auch bei Arbeiten an Gasrohren ist mit Explosionsgefährdung zu rechnen. Das gilt auch für außer Betrieb gesetzte Rohrabschnitte, in denen die Gasreste zur Bildung explosibler Gemische ausreichen können. In der Energiewirtschaft sind zahlreiche Rohre isoliert. Brände von Isolationsmaterial gehören mit zu typischen Erscheinungen im Brandgeschehen.

Hinsichtlich der Beteiligung am Brandgeschehen besteht zwischen Schweiß- und Schneidarbeiten ein Verhältnis von 2 : 1. Bei der Installation und Reparatur von Rohrleitungen überwiegen die Autogenschweiß- und -schneidverfahren.

Große Sicherheit kann nur durch eine konsequente Einhaltung der Arbeits- und Brandschutzbestimmungen erreicht werden. Eine Analyse der Brandschäden in Betrieben der Energiewirtschaft und beim Bau von Energieversorgungsanlagen ergibt, daß vor allem Probleme bei der Schweißerlaubniserteilung und Sicherung der brandgefährdeten Bereiche von Bedeutung sind. Aufgewirbelter Staub ist schon in relativ geringer Menge zündwillig, wobei für das Aufwirbeln schon der Gasstrom aus dem Brenner ausreicht. Kohlenstaub muß deshalb gründlich entfernt werden. Zur Verhinderung von Schwelbränden sind die Nachkontrollen über 6 h hinaus durchzuführen.

**Beispiele
für Unfälle, Brände und Explosionen**

Brand einer Bekohlungsanlage
Bei Schweiß- und Schneidarbeiten an Rohrleitungen entzündeten herabfallende Funken und Spritzer Rohbraunkohlereste auf einem Förderband. Die Glutnester führten zum Durchbrennen und Zerreißen des Förderbandes sowie zu einer schnellen Brandausbreitung auf die gesamte Bekohlungsanlage. Erst 24 h nach Beendigung der Schweißarbeiten wurde der Brand bemerkt. Der Gesamtschaden an Gebäuden, Anlagen und Ausrüstungen betrug mehrere Millionen [132]. Der unvollständig ausgefüllte Schweißerlaubnisschein wurde ohne Ortsbesichtigung unterschrieben, obwohl Staubexplosionsgefährdung und Stoffe mit hoher Zündbereitschaft vorhanden waren. Eine Brandwache sowie Nachkontrollen wurden nicht gefordert.
Verstöße gegen die Sicherheitsbestimmungen:
– Brand- und explosionsgefährdete Bereiche,
– Schweißerlaubnis ohne Ortsbesichtigung erteilt,
– keine Sicherheitsmaßnahmen in der Schweißgefährdungszone festgelegt,
– Schweißer nicht eingewiesen,
– keine Brandwache gestellt,
– keine Nachkontrollen gefordert.

Verpuffung in einer Niederdruckgasleitung
Mitarbeiter eines Energiekombinates hatten die Aufgabe, eine neue Hauszuleitung zu verlegen. Ohne Auftrag führte ein Mitarbeiter einen Brennschnitt an der freigeschachteten, außer Betrieb befindlichen alten Hauszuleitung (NW 80) durch. Die Hausleitung stand mit einem tags zuvor abgetrennten Niederdruckgasleitungsstrang (NW 300) in Verbindung, der an der Trennstelle mit einer Verschlußkappe verschlossen war (s. Abb. 47). Während des Brennens kam es zu einer starken Verpuffung. Die Druckwelle schleuderte die Verschlußkappe gegen den neu verlegten und in Betrieb befindlichen Segmentbogen (NW 300), wurde dort nach oben gelenkt, prallte in Höhe des 3. Geschosses gegen eine Hauswand und fiel dann auf die Straße zurück. In zwei Häusern wurden einige Fensterscheiben zertrümmert. Durch die beim Anschlagen der Verschlußkappe gegen den Seg-

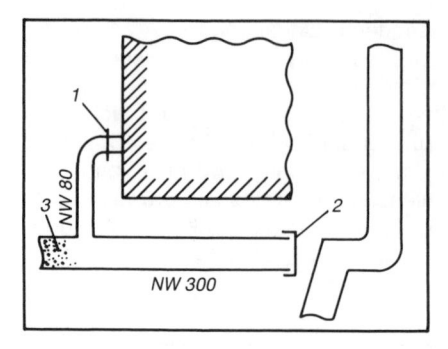

Abb. 47
Unzulässiger Trennschnitt beim Verlegen einer Niederdruckgasleitung, 1 Trennschnitt, 2 Verschlußkappe, 3 Erdfüllung

mentbogen aufgetretenen Schwingungen im Leitungssystem NW 300 kam es in 284 Wohnungen zum Abreißen der Zündflammen an den Gasgeräten, so daß Gefährdungen auftraten und die Gasversorgung vorübergehend unterbrochen werden mußte. Der Segmentbogen war durch den Aufprall gerissen und deformiert. Die Ursache der Verpuffung war ein zündwilliges Gas-Luft-Gemisch in den abgetrennten Leitungsabschnitten NW 300 und NW 80. Der Trennschnitt war außerdem technisch nicht erforderlich. Das Vorkommnis wurde im Betrieb ausgewertet [133].
Verstöße gegen die Sicherheitsbestimmungen:
– Behälter mit gefährlichem Inhalt,
– Arbeitsauftrag und Aufsicht eines Sachkundigen fehlten,
– Rohrleitung mit gefährlichem Inhalt nicht entleert und inertisiert.

Explosion in einem Transformatorenbehälter
Beim Aufstellen eines großen Transformators in einem Industriebetrieb zeigte sich, daß der Transformatorenbehälter undicht war. Das Loch in der Behälterwand sollte durch Schweißen geschlossen werden. Nach dem Entfernen des Transformatorrahmens wurden die Ölreste an den Wänden und am Boden nicht beseitigt. Das wäre jedoch die Grundvoraussetzung für die Aufnahme von Schweißarbeiten gewesen. Beim Schweißen entzündeten sich die Öldämpfe, und es ereignete sich eine starke Explosion, der der Schweißer zum Opfer fiel [92].
Verstöße gegen die Sicherheitsbestimmungen:
– keine Sicherheitsmaßnahmen in der Schweißgefährdungszone veranlaßt, insbesondere die Entfernung der Ölreste,
– keine Brandwache gestellt.

Brand an einem Kabelausführungsmast
Beim Schweißen eines 15-kV-Kabelendverschlusses auf einem Kabelausführungsmast wurde durch Herunterfallen von glühenden Aluminiumteilchen auf den nicht von brennbaren Stoffen geräumten Boden am Fuß des Mastes Gras entzündet. Durch schnellen Einsatz der Feuerwehr konnte der Brand gelöscht und der Schaden gering gehalten werden. Es wurde versäumt, die Schweißstätte von Gras und Unterwuchs zu befreien bzw. die gesamte Fläche mit nichtbrennbarem Material abzudecken und Löschmittel bereitzustellen. Der Verursacher wurde zur Verantwortung gezogen.

Verstöße gegen die Sicherheitsbestimmungen:
- Keine Sicherheitsmaßnahmen in der Schweißgefährdungszone veranlaßt, insbesondere Entfernung brennbarer Stoffe,
- keine Brandwache gestellt,
- keine Löschmittel bereitgestellt.

Brand in einer Umformerstation
In einer Umformerstation der Fernwärmeversorgung mußte rohrseitig eine Pumpe angeschlossen werden. Für den Transport der Pumpe war es notwendig, einen Teil des Rohrgeländers abzubrennen. In der entferntesten Ecke des 15 m x 15 m großen Raumes lagerten Holzkisten mit elektrischen Geräten, die sich während der Abwesenheit des Monteurs durch Funken entzündeten (s. Abb. 48). Hauptursache dafür war das Nichtbeachten der Brandgefährdung in der Schweißgefährdungszone und das Unterlassen der Kontrolle nach dem Brennschneiden. Es entstand ein großer Sachschaden.

Abb. 48
Brand von in Holzkisten verpackten elektrischen Geräten in einer Umformerstation

Verstöße gegen die Sicherheitsbestimmungen:
- Die bei Brandgefährdung erforderlichen Sicherheitsmaßnahmen in der Schweißgefährdungszone nicht veranlaßt (z. B. Entfernen oder Abdecken der Holzkisten),
- keine Brandwache gestellt,
- keine Nachkontrollen festgelegt.

Weitere Beispiele sind in Tabelle 38 enthalten.

Tabelle 38
Beispiele für Unfälle und Brände in der Energiewirtschaft

Sachverhalt	Verstoß gegen die Sicherheitsbestimmungen	Schaden
In einem Heizkraftwerk wurden während der turnusmäßigen Reparatur an einem Dampferzeuger Panzerbleche im Inneren durch Brennschneiden ausgewechselt. Infolge ungenügender Sicherheitsvorkeh-	Keine Sicherheitsmaßnahmen in der Schweißgefährdungszone festgelegt	Kein Schaden, nur Gefährdung

Sachverhalt	Verstoß gegen die Sicherheitsbestimmungen	Schaden
rungen kam es zu einem Kohlemühlenbrand. Die Kohlemühle wurde nicht mit Wasser ausgespritzt, das heißt, es erfolgte keine Entfernung der Staubschichten bzw. Glutnester.		
Beim Schweißen eines Leitbleches an einem Kokstransportband kam es zur Entzündung des mit Koksstaub vermischten Gummiabriebes durch Schweißspritzer. Löschmittel standen nicht bereit. Der Brand zerstörte in einer Länge von 80 m das Gummitransportband und die Elektroinstallation. Weiterhin traten durch Ausglühungen an der Stahlkonstruktion Verwerfungen ein. Der Holzfußboden wurde ebenfalls in Mitleidenschaft gezogen.	Keine Sicherheitsmaßnahmen in der Schweißgefährdungszone; keine Brandwache gestellt; keine Löschmittel bereitgestellt	Groß
Bei Brennarbeiten an Heizungsrohren in einem Kesselhaus in 50 cm Entfernung von einer Zwischendecke mit Holzbalken kam es zu einem Brand. Er griff auf das Pappdach sowie auf Lagergut (Maschinen, Holzkohle) über. Der Hauptmechaniker hatte 4 Schweißerlaubnisscheine blanko unterschrieben. Der Schweißer hatte einen unterschriebenen, aber nicht ausgefüllten Schweißerlaubnisschein.	Schweißerlaubnis ohne Ortsbesichtigung und Einweisung ausgestellt; keine Sicherheitsmaßnahmen festgelegt	Großer Sachschaden und 2 Verletze (Feuerwehrleute)
Mit einem Propanlötgerät wurde die Vergußmasse zum Nachfüllen von 5-kV-Endverschlüssen angewärmt. Zur gleichen Zeit reinigte ein anderer Mitarbeiter die Kabelendverschlüsse mit waschbenzingetränkten Putzlappen. Die Putzlappen fingen Feuer und entzündeten die Plastisolierung des Kabels	Sicherheitserfordernisse in der Schweißgefährdungszone nicht genügend beachtet	Gering

4.4.5. Chemische Industrie

In der chemischen Industrie liegen die Schwerpunkte der schweißtechnischen Aufgaben auf den Gebieten der Rekonstruktion, Reparatur und Instandhaltung. Die brennbaren Materialien sind außerordentlich vielfältig und umfassen alle Stoffgruppen (s. a. Abschn. 4.3.).

Obwohl die Autogentechnik und das Lichtbogenhandschweißen vorherrschen, werden viele andere Verfahren, bedingt durch die Werkstoffvielfalt an chemischen Anlagen, angewandt. Viele Rohstoffe und Erzeugnisse der chemischen Industrie sind nicht nur brennbar, sondern auch explosibel. Bei Bränden und Explosionen kommt es in vielen Fällen zu Vergiftungen und Umweltschädigungen mit bedeutendem Ausmaß. Als Gefahrenquelle ist weiterhin zu beachten, daß sich durch Effekte, die in anderen Wirtschaftsbereichen aus sicherheitstechnischer Sicht nahezu bedeutungslos sind (z. B. Diffusion und Korrosion) zündwillige Dampf- oder Gas-Luft-Gemische bilden können.

Den zahlreichen Gefährdungen stehen Schweißer und Fachpersonal (schweißtechnische Führungskräfte) gegenüber, die eine hohe fachliche Qualifikation haben. Ebenso verfügen die Chemiewerke über Feuerwehren mit gutem Ausbildungsstand.

Die Vielfalt der Brandschutzprobleme durch Schweiß- und Schneidarbeiten in der chemischen Industrie kann hier nur angedeutet werden. Weitere Ausführungen sind dem Abschnitt 4.4.10. sowie den zahlreichen Veröffentlichungen von TATTER in der Zeitschrift Schweißtechnik zu entnehmen.

Zu den Besonderheiten der chemischen Industrie gehört die dominierende Stellung des Dreischichtbetriebes. Das erleichtert einerseits die Kontrollen und die zufällige Entdeckung von Bränden, die in größerer zeitlicher Verzögerung zu den ausgeführten Schweißarbeiten zum Ausbruch kommen, bringt aber andererseits auch die Gefahr mit sich, daß zu jedem Zeitpunkt des Brandausbruchs oder Eintritts einer Explosion eine größere Anzahl Mitarbeiter betroffen werden kann.

Neben strikter Einhaltung der Vorschriften spielen bei der Verhütung von Bränden und Explosionen fachspezifische Kenntnisse (auch der Schweißfachkräfte) über die zur Anwendung kommenden Verfahren, die zu verarbeitenden Rohstoffe und die zu erzeugenden Produkte eine wesentliche Rolle. Das heißt, an das chemische und physikalische Fachwissen der Betriebsleiter und anderen Führungskräfte werden große Anforderungen gestellt.

Ebenso ist es von großer Bedeutung, daß alle Räume hinsichtlich der Brand- und Explosionsgefährdung realistisch eingestuft werden und daß eine Aktualisierung erfolgt, wenn Veränderungen in der Nutzung der Räume eintreten. Das Antihavarietraining hat in Chemiebetrieben einen großen Stellenwert. Die Mitarbeiter müssen mit der Handhabung von Atemschutzgeräten beim Auftreten giftiger Gase vertraut sein. Die vielfältigen Brandmöglichkeiten erfordern den sicheren Einsatz der richtigen Feuerlöschgeräte. Verstärkt gilt es, anstelle thermischer vorrangig mechanische Füge- und Trennverfahren anzuwenden bzw. die zu schweißenden Teile auszubauen und in freigegebenen Arbeitsstätten zu schweißen. Gefahren beim Arbeiten an Behältern mit gefährlichem Inhalt sind durch Sachkenntnis und Konsequenz bezüglich der Durchsetzung sicherheitstechnischer Maßnahmen auszuschalten.

Beispiele für Unfälle, Brände und Explosionen

Tankexplosionen
Ein Schweißer schweißte an der Außenwand eines großen Tanks, der ein Fluorwasserstoffsäuregemisch enthielt. Die Schweißtemperaturen verursachten die Entzündung des Tankinhaltes, und es kam zu einer Explosion, die den Tank von der Grundplatte riß. Der Schweißer wurde getötet und der Tank zerstört.

Abb. 49
Unvorschriftsmäßig durchgeführte Schweißarbeiten an einem Ammoniaktank

In ähnlicher Weise ereignete sich die Explosion eines Ammoniaktankes mit ≈ 8 m Durchmesser und 10 m Höhe. Der Tank war zu ≈ 4/5 mit flüssigem Ammoniak gefüllt, den übrigen Raum nahmen Ammoniakdämpfe ein. Ein Rohr führte vom Tankoberteil zu einem Wasserschacht. Bei Elektroschweißarbeiten in diesem Bereich kam es zur Entzündung der im Rohr befindlichen Ammoniakgase (s. Abb. 49). Die Explosion war so stark, daß der Tank von der Grundplatte gerissen wurde. Er flog in die Luft, erreichte eine Höhe von 30 m und schlug jenseits eines Verwaltungsgebäudes auf den Erdboden auf und wurde vollständig zerstört. Vier Anstreicher, die von einem Gerüst aus an dem Tank arbeiteten, erlitten durch das flüssige Ammoniak Verletzungen [89].
Verstöße gegen die Sicherheitsbestimmungen:
- Behälter mit gefährlichem Inhalt – Zulässigkeit der Arbeiten nicht geprüft,
- Aufsicht eines Sachkundigen fehlte,
- keine Sicherheitsmaßnahmen festgelegt,
- Behälter bzw. Rohrleitung weder entleert noch Rückstände beseitigt.

Entzündung von Verpackungsmaterial an einer Abfüllanlage
In einem Chemiebetrieb der Leichtindustrie kam es zu einem folgenschweren Brand, der durch Schweißarbeiten hervorgerufen wurde. Die Arbeiten waren in einem größeren Produktionsraum, in dem eine Abfüllanlage (Fließstraße) für Geschirrspülmittel stand, erforderlich. Der Raum war nach betrieblichen Unterlagen als brandgefährdet eingestuft. Bei Elektroschweißarbeiten an Rohren unterhalb der Decke in 4 m Höhe fielen Schweißspritzer auf die unter der Schweißstelle befindlichen nicht abgedeckten Kartons. Der Entstehungsbrand wurde vom Schweißer nicht bemerkt, da er seinen Arbeitsplatz zur Mittagspause verlassen hatte. Über eine gefüllte Kartonrutsche, die zum nächsten Geschoß führte, breitete sich der Brand schnell aus. Er erfaßte im oberen Geschoß mehrere 100 Kartons und entflammte schließlich brennbare chemische Stoffe. Es entstand ein großer Schaden. Weiterhin traten Produktionsausfall und dadurch bedingt Unregelmäßigkeiten in der Versorgung der Bevölkerung auf [88].
Es wurde festgestellt, daß der Schweißerlaubnisschein mangelhaft ausgestellt war. Die Sicherheitsmaßnahmen waren nur ungenügend festgelegt (z. B. keine Entfernung der Kartons aus der Schweißgefährdungszone, keine Sicherung des Gerüstbodens des Schweißarbeitsplatzes, der aus brennbarem Material bestand, kein Abschluß des Arbeitsraumes zum oberen Geschoß).

Verstöße gegen die Sicherheitsbestimmungen:
– Schweißerlaubnisschein unvollständig ausgefüllt,
– ungenügende Sicherheitsmaßnahmen in der Schweißgefährdungszone festgelegt.

Entzündung von ausströmendem Wasserstoff
In einem Chemiebetrieb wurden Schweißarbeiten an Behältern im 4. Geschoß eines Spezialgebäudes durchgeführt. Im ersten Geschoß befanden sich eine Wasserstoffrohrleitung mit einer undichten Absperrvorrichtung sowie elektrische Kabel mit PVC-Isolierung. Eine Schweißerlaubnis lag vor. Als Sicherheitsmaßnahmen wurden Luftanalysen im 3. und 4. Geschoß durchgeführt. Beim Schweißen fielen Schweißspritzer durch die Bühnen des Gebäudes und

Abb. 50
Entzündung von ausströmendem Wasserstoff

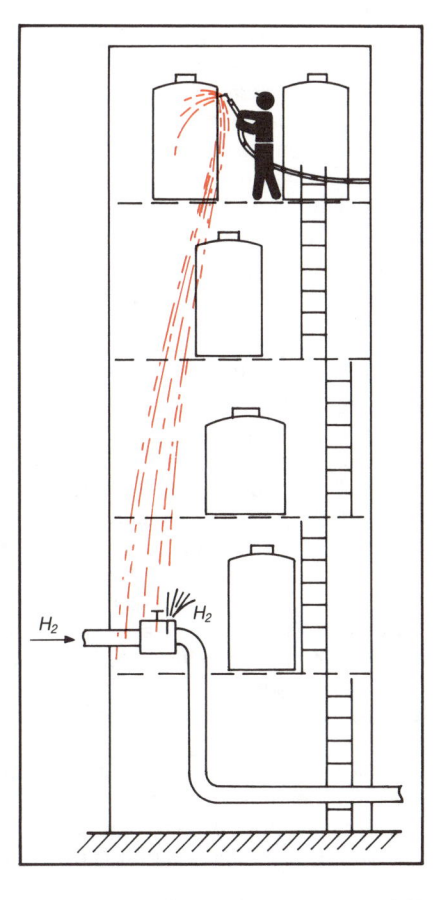

entzündeten den ausströmenden Wasserstoff und die Kabelisolierung (s. Abb. 50). Die Schweißer flüchteten. Das Feuer zerstörte die elektrischen Leitungen und die Rohrleitung. Es kam zur Explosion und Brandausbreitung [89].
Verstöße gegen die Sicherheitsbestimmungen:
- Brand- und explosionsgefährdeter Bereich – Zulässigkeit der Arbeiten nicht geprüft,
- unvollständige Sicherheitsmaßnahmen in der Schweißgefährdungszone,
- keine Brandwache gestellt.

Explosion in einem Elektromotor
Während Instandsetzungsarbeiten ereignete sich an einem Elektromotor, der zum Antrieb eines Ammoniakverdichters verwendet wurde, eine Explosion. Das Zylinderrollenlager des Motors war heißgelaufen und glühte. Bei dem Versuch, einen Anlaufring von der Motorwelle abzuziehen – dazu wurde der Ring mit einer Schweißbrennerflamme erwärmt –, schoß eine meterlange Stichflamme aus dem Klemmkasten. Der Klemmkasten wurde teilweise zerstört, Bruchstücke flogen durch den Raum [134]. Als mögliche Explosionsursache kommt die Bildung eines zündwilligen Gemisches im Innenraum des 200 l fassenden Motors durch Ammoniakdämpfe, Pyrolyseprodukte von Anstrichstoffen und Isolierlack sowie von Schmiermitteln des heißgelaufenen Lagers in Betracht. Die Explosion ereignete sich 40 h nach dem Heißlaufen. Die geschlossene Bauart des Motors ließ kein Entweichen des entstandenen zündwilligen Gemisches zu. Je nach Bauart und Größe können Elektromotoren also zu Behältern mit gefährlichem Inhalt werden.
Verstöße gegen die Sicherheitsbestimmungen:
- Behälter mit gefährlichem Inhalt – Sachkundiger fehlte,
- keine Sicherheitsmaßnahmen in der Schweißgefährdungszone,
- obwohl das Erkennen des Motors als Behälter mit gefährlichem Inhalt problematisch ist, hätte das Einwirken einer starken Erwärmung verhindert werden müssen.

Explosion durch Wasserstoffbildung infolge Korrosion
In einem Chemiebetrieb wurden in 3 m Höhe alte Rohrleitungen mit dem Schneidbrenner zerschnitten. Plötzlich zerbarst ein 3 m entferntes stillstehendes Turbogebläse (2 m ⌀) mit lautem Knall. Es entwickelte sich eine Staubwolke. Die gußeisernen Bruchstücke des Gebläses flogen bis zu 10 m weit. Eine Wasserleitung wurde durchschlagen. Ursache dieser Explosion war Wasserstoff, der sich infolge Korrosion gebildet hatte. In dem seit einem halben Jahr stillgelegten Gebläse waren zuvor schwefeldioxid- und schwefeltrioxidhaltige Röstgase gefördert worden. Zuweilen gelangten auch Säurereste in das Gebläse. Vor der Stillegung wurde das Gebläse mit Wasser ausgespült. Im Inneren hatte sich an den Wänden Eisensulfat gebildet. Der dabei entstandene Wasserstoff konnte nicht entweichen und erreichte im Laufe der Zeit eine zündwillige Konzentration. Durch das Schneiden erfolgte die Zündung. Eine Ausschaltung derartiger Gefahrenquellen ist zum Beispiel durch Anbringen einer Öffnung an hochgelegenen Stellen möglich.
Verstöße gegen die Sicherheitsbestimmungen:
- Brand- und explosionsgefährdeter Bereich,
- Zulässigkeit der Arbeiten nicht geprüft.
Weitere Beispiele sind in den Tabellen 39 und 40 enthalten.

Tabelle 39
Schadensfälle in der chemischen Industrie an Tanks und Behältern

Sachverhalt	Verstoß gegen die Sicherheitsbestimmungen	Schaden
An einem Lagertank (Festdachtank) sollten technische Veränderungen vorgenommen werden. Der Tank war mit einer brennbaren Flüssigkeit der Gefahrklasse A III gefüllt (Flammpunkt >55 °C ... 100 °C). Die Schweißwärme hatte dazu geführt, daß zunächst partiell der Flammpunkt überschritten wurde (Verdampfung), beim Überschreiten der Zündtemperatur ereignete sich die Explosion. Bei der Explosion wurden Teile des Daches weggeschleudert. Darauf befindliche Mitarbeiter erlitten schwere Verletzungen.	Behälter mit gefährlichem Inhalt nicht beachtet; keine Sicherheitsmaßnahmen festgelegt; keine Überwachung der Arbeiten durch Sachkundigen	Schwerer Massenunfall; großer Sachschaden
Im Fertigungsbereich einer Rohgummiherstellung war der zur Beschickung der Anlage benötigte Fahrstuhl defekt. Die zur Behebung des Defektes durchgeführten Brennarbeiten erfolgten ohne Schweißerlaubnis. In der Schweißgefährdungszone lagerten Gefäße mit brennbaren Chemikalien, der Boden wurde mit Wasser befeuchtet. Der Schweißer und Brandwache gingen gleichzeitig frühstücken. Es entstand ein Schwelbrand, der auf die Chemikalien und einen Elektromotor übergriff.	Brandgefährdeter Bereich – Schweißerlaubnis fehlte; brennbare Stoffe aus der Schweißgefährdungszone nicht entfernt; Verletzung der Kontrollpflicht durch Brandwache	Gering
Bei Rekonstruktionsarbeiten in einem Chemiebetrieb wurde eine Ölwanne demontiert. Brennschneidspritzer setzten Ölreste in Brand. Eine Schweißerlaubnis lag nicht vor. Der Mitarbeiter besaß auch keine Fertigkeiten für die Brennarbeiten.	Fertigkeit fehlte; Schweißerlaubnis fehlte; keine Sicherheitsmaßnahmen in der Schweißgefährdungszone	Sachschaden

Sachverhalt	Verstoß gegen die Sicherheitsbestimmungen	Schaden
Ein Schweißer wollte aus einem Faß zwei Kalkfässer machen und begann ohne Wissen seines Meisters mit dem Brennschnitt. Das Faß mit der Aufschrift „Feuergefährlich" explodierte mit großer Stichflamme. Im Faß befand sich Methylethylketon, wovon Reste ein zündwilliges Gemisch bildeten.	Auftrag fehlte; Schweißarbeiten an Behälter mit gefährlichem Inhalt ohne Aufsicht eines Sachkundigen ausgeführt	Verletzung von 2 Mitarbeitern; Zerstörung vieler Fensterscheiben
Schweißspritzer fielen durch eine Abdeckung in einen Abwasserkanal, der zu einem Schlammbehälter führte. Im Kanal und im Behälter hatte sich ein hochexplosibles Gasgemisch gebildet. Die folgende Explosion zerstörte den Schlammbehälter und weitere Gebäude des Chemiebetriebes.	Schweißarbeiten an Behälter mit gefährlichem Inhalt ohne Aufsicht eines Sachkundigen ausgeführt	Schwerer Arbeitsunfall; großer Sachschaden

Tabelle 40
Beispiele für Unfälle und Brände in der chemischen Industrie

Sachverhalt	Verstoß gegen die Sicherheitsbestimmungen	Schaden
In einem Waschmittelwerk befand sich im 2. Geschoß des Produktionsgebäudes ein Natriumnitritlager. Es war mit Maschendraht eingezäunt. Die Lagerung des Natriumnitrits erfolgte in Papiersäcken auf Flachpaletten mit einer Stapelhöhe von 80 cm. In 2 m Höhe und 50 cm Entfernung von der Einzäunung wurden Brennarbeiten an einem Rohr durchgeführt. Der Schweißerlaubnisschein war unvollständig und ohne Ortsbesichtigung ausgestellt. Das Lager geriet in Brand.	Schweißarbeiten im brandgefährdeten Bereich; Schweißerlaubnisschein unvollständig und ohne Ortsbesichtigung ausgestellt; ungenügende Sicherheitsmaßnahmen	Sachschaden; Produktionsausfall; Gefährdung von Menschen durch toxische Wirkung der Verbrennungsprodukte

Sachverhalt	Verstoß gegen die Sicherheitsbestimmungen	Schaden
In einer Sauerstoffgewinnungsanlage ereignete sich ein schweres Explosionsunglück. Als Ursache wurde ein Schwelbrand infolge vorangegangener Schweißarbeiten ermittelt. Der Schwelbrand hatte sich unter Stahlblechen auf dem Holzboden entwickelt. Durch auslaufenden flüssigen Sauerstoff explodierte das schwelende Holz infolge Zündung durch den noch andauernden Schwelbrand.	Schweißarbeiten im brand- und explosionsgefährdeten Bereich; ungenügende Sicherheitsmaßnahmen in der Schweißgefährdungszone; keine Nachkontrollen durchgeführt	Zahlreiche Todesopfer und schwerer Sachschaden
Beim Aufbau einer Absackanlage in einem Stahlskelettbau wurden Brennarbeiten an Silos ausgeführt. Schweißspritzer entzündeten Dämmwolle und Schaumstoffe an den Decken- und Wandteilen der Absackanlage sowie die gesamte elektrische Anlage.	Schweißarbeiten im brandgefährdeten Bereich; Schweißerlaubnis fehlte; keine Sicherheitsmaßnahmen in der Schweißgefährdungszone	Gering

4.4.6. Maschinen-, Anlagen- und Apparatebau

Beispiele für Brände, die sich in der unmittelbaren Fertigung von Maschinen, Apparaten und Behältern bzw. ihren Teilen ereigneten, konnten bei den Untersuchungen nicht gefunden werden. Dagegen gibt es bei der Aufstellung, Montage, Komplettierung und Demontage eine Reihe von Bränden durch Schweiß- und Schneidarbeiten. Das Ursachengefüge weist bei den untersuchten Fällen eine weitestgehende Gemeinsamkeit auf, und zwar ungenügende Sicherheitsmaßnahmen in der Schweißgefährdungszone. Bei den in Brand geratenden Materialien handelt es sich vorrangig um Kunststoffteile der Konstruktionen sowie um Hilfsmaterialien, wie Verpackung, Gerüste und Abdeckplanen. Bezüglich der zur Anwendung kommenden Verfahren sind vor allem das Elektroschweißen, das Gasschweißen und das Brennschneiden zu nennen.
Neben der prinzipiellen Voraussetzung, die Schweißgefährdungszone richtig zu bestimmen und notwendige Sicherheitsmaßnahmen durchzusetzen, ist beim Aufstellen von Maschinen, Anlagen und Apparaten folgendes besonders zu beachten:
– Einhaltung der Baustellenordnung, hier kann es unter Umständen erforderlich werden, sich mit ausländischen Partnern und Arbeitskräften abzustimmen,

- Berücksichtigung von Gefahren, die aus der laufenden Produktion in Industrieanlagen kommen können, wenn in deren Nähe Montagen unter Anwendung thermischer Verfahren erfolgen sollen,
- Beachtung der Spezifik von Maschinen, Anlagen und Apparaten, da sie die Merkmale enger Räume bzw. Behälter mit gefährlichem Inhalt erfüllen können.

Beispiele
für Unfälle, Brände und Explosionen

Brand bei der Montage eines Bioreaktors
An einem im Bau befindlichen Bioreaktor kam es bei Schweiß- und Schneidarbeiten zu einem Brand. Bei dem Reaktor handelte es sich um einen zylindrischen Tank mit 11,30 m Durchmesser und 6,95 m Höhe. Im Innern war der Behälter mit einer 2 mm dicken gewebekaschierten Polyethylenfolie ausgekleidet. Ferner verkleidete man gerade die Außenwände und das Dach mit Polyurethanschaum (25 ... 30 mm). Den Reaktor umgaben außen allseitig Holzrüstungen, zusätzlich war die Rüstung noch mit Zeltplanen verhangen. Am Brandtag kam es bereits mehrmals zu Entstehungsbränden an den Zeltplanen, die von den dort arbeitenden Mitarbeitern gelöscht wurden. Bei Brennarbeiten an einer Druckleitung (NW 1 400) fielen Metalltropfen auf eine unter der Arbeitsstelle befindliche Zeltplane. Der Brand entwickelte sich über eine Holzbohle zur PUR-Isolierung hin. Der Brand erfaßte sehr schnell die PUR-Außenfläche, die Rüstung und Zeltplanen in voller Ausdehnung sowie die Innenverkleidung des Reaktors (s. Abb. 51). Es entstand ein großer Schaden. Erforderliche Sicherheitsmaßnahmen wurden gröblichst mißachtet. Außerdem wurde keine Brandwache eingesetzt. Gegen die Verursacher des Brandes kam das Strafrecht zur Anwendung. Proteste der Staatsanwaltschaft ergingen an den Investitionsauftraggeber und den auf der Großbaustelle tätigen Montagebetrieb.

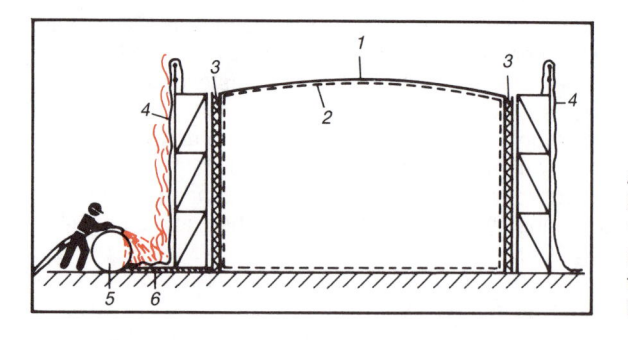

Abb. 51
Brand eines Bioreaktors,
1 Tank aus Stahlblech, 2 Polyethylenfolie, 3 Polyurethanschaum, 4 Zeltplane, 5 Druckleitung, 6 Holzbohle

Verstöße gegen die Sicherheitsbestimmungen:
- Brandgefährdeter Bereich,
- unzureichende Sicherheitsmaßnahmen in der Schweißgefährdungszone (brennbare Stoffe nicht entfernt oder geschützt),
- keine Brandwache festgelegt.

Tabelle 41
Beispiele für Brände im Maschinen-, Anlagen- und Apparatebau

Sachverhalt	Verstoß gegen die Sicherheitsbestimmungen	Schaden
Bei Brennschneidarbeiten an einer Hallenkranbahn entzündeten herabfallende Schweißspritzer alte Fensterholzrahmen. Die Flammen erreichten die ausgetrockneten Holzdachbinder. Das Dach brannte innerhalb kurzer Zeit ab. Eine Brandwache war nicht aufgestellt.	Brennschneidarbeiten im brandgefährdeten Bereich; Schweißerlaubnis fehlte; keine Sicherheitsmaßnahmen in der Schweißgefährdungszone; keine Brandwache gestellt	Sehr groß
An einer Entzunderungsanlage wurden Brennschneidarbeiten durchgeführt. Dabei entzündete sich die Gummiauskleidung und brannte aus. Der Schweißerlaubnisschein war nur formal ausgestellt worden, der Schweißer wurde nicht eingewiesen. Es war kein Brandposten aufgestellt worden.	Schweißarbeiten im brandgefährdeten Bereich; keine Sicherheitsmaßnahmen in der Schweißgefährdungszone; keine Brandwache gestellt	Groß
Unter dem Dach einer Fertigungshalle wurde eine Anlage montiert. Dabei waren Schweißarbeiten erforderlich. Schweißspritzer entzündeten $\approx 2\,m$ unter der Schweißstelle die Isolierschicht der Maschine [137].		Geringer Sachschaden
In einem Werk für Anlagen- und Gerätebau wurden Brennschneidarbeiten an einem Stahlprofil ausgeführt. Dabei wurden Schweißspritzer in horizontaler Richtung weggeschleudert. Sie drangen durch Ritzen in eine Holzkiste ein und entzündeten Pappe, Papierwolle und elektrische Kabel.	Ungenügende Sicherheitsmaßnahmen in der Schweißgefährdungszone	Geringer Sachschaden

Verpuffung beim Schweißen eines Behälters
Auf einer Montagebaustelle mußten Verlängerungsrohre an Rohrstutzen von Kondensgefäßen angeschweißt werden. Nach dem Anschluß eines Rohres überprüfte der Schweißer die Geradlinigkeit, indem er $\approx$ 20 cm vom Rohrende entfernt, den Rohrverlauf betrachtete. In diesem Augenblick ereignete sich eine Verpuffung mit Stichflammenaustritt aus dem Rohr. Die Flamme traf das linke Auge und die linke Gesichtshälfte des Schweißers, was eine stationäre Behandlung in einer Augenklinik erforderlich machte. Für die Entstehung des zündwilligen Gemisches im Rohr und im Behälter gibt es folgende Möglichkeiten:
– Ansammlung von Acetylen in zündwilliger Konzentration,
– Bildung von Pyrolyseprodukten aus dem Anstrichmaterial des Gefäßes, einschließlich Stutzen,
– Zusammenwirken beider Möglichkeiten.
Als Zündquelle wirkte die heiße Schweißnaht [135].
Verstöße gegen die Sicherheitsbestimmungen:
– Behälter mit gefährlichem Inhalt,
– Anstrichmaterial im Schweißnahtbereich des Gefäßes und Stutzens nicht entfernt,
– keine Überwachung der Schweißarbeiten durch einen Sachkundigen.

Brand bei der Montage einer Zellstoffentwässerungsmaschine
Auf der Baustelle einer neuen Zellstoffabrik wurde durch unsachgemäße Schweißarbeiten während der Montage einer Zellstoffentwässerungsmaschine ein Großbrand verursacht. Der Schaden betrug 1 Million M. Durch den Brand verzögerte sich die Inbetriebnahme des Zellstoffwerkes um annähernd ein halbes Jahr, was sich als Produktionsausfall volkswirtschaftlich noch weitaus stärker bemerkbar machte als der unmittelbare Brandschaden. Seitens der Baustellenleitung waren ordnungsgemäße organisatorische Voraussetzungen für den Brandschutz geschaffen worden, die der ausführende Montagebetrieb jedoch permanent ignorierte [136].
Verstöße gegen die Sicherheitsbestimmungen:
– Schweißerlaubnis fehlte,
– keine Sicherheitsmaßnahmen in der Schweißgefährdungszone.
Weitere Beispiele sind in Tabelle 41 enthalten.

4.4.7. Schiffbau

Der Schiffbau ist ein schweißintensiver Industriezweig mit vielfältigen Schweiß-, Brennschneid- und thermischen Richtarbeiten, die teilweise in der Nähe brandgefährdeter Stoffe und Materialien durchgeführt werden müssen. Der Hauptanteil der Schweiß- und Schneidarbeiten wird in Schweißwerkstätten und Hallen mechanisiert oder automatisiert durchgeführt. Aber auch der Anteil der Arbeiten, der vorwiegend manuell auf der Helling, am Ausrüstungskai oder bei Reparaturen im Dock anfällt, ist beachtlich. Das Schweißen erfolgt zu 60 % bei der Vorfertigung und zu 40 % bei der Montage. Die Hauptverfahrensanteile sind das Schutzgasschweißen (50 %), das Elektrodenhandschweißen (33 %), das UP-Schweißen (13 %) sowie das Gas- und Widerstandsschweißen (4 %) [138].

Die Auswertung von Schadensfällen – insbesondere von Bränden der vergangenen Jahre im Schiffbau der neuen Bundesländer – zeigt, daß ein Drittel durch Lichtbogenschweißen und zwei Drittel durch Arbeiten mit der Autogentechnik verursacht wurden. Damit liegen im Schiffbau die durch Lichtbogenschweißen entstandenen Brände über dem Durchschnitt anderer Industriezweige (20 %).

Beim Neubau von Schiffen stellt die Vielzahl Öffnungen eine spezifische Gefahrenquelle dar, die den Schweißspritzern unkontrollierte Wege ermöglichen. Teilweise liegen beengte räumliche Bedingungen vor, die die Gefahr der Bildung explosibler Gas- und Dampfgemische begünstigen. Zu den in Brand geratenden Materialien gehören Farbe und Lösungsmittel sowie Werkstoffe des Ausbaus (z. B. Holz, Wärmedämmstoffe, Fußbodenbeläge und Textilien). Bei Reparaturarbeiten kommen als brennbare Materialien noch Öl und Waschbenzin hinzu.

Die Schweißwerkstätten und Montagehallen sind als Arbeitsstätten für Schweißarbeiten freigegeben. Das gilt auch für Neubauschiffe auf freier Helling.

Auffallend ist, daß die meisten Brände auf der freien Helling und bei Reparaturarbeiten entstanden sind. Hier liegen die Schwerpunkte für die Brandverhütung und Unterweisung. Nur wenige Fälle treten in der Schiffbauhalle direkt auf. Von besonderer Bedeutung ist, daß funktionstüchtige Alarmsysteme vorhanden sind. Zu den wichtigsten Maßnahmen zur Gewährleistung des Brandschutzes zählen:
– richtige Bestimmung der Schweißgefährdungszone, Feststellung der Gefährdungen und Einhaltung der notwendigen Sicherheitsmaßnahmen,
– Nichtaufnahme oder keine Weiterführung der Schweißarbeiten, wenn die erforderlichen Sicherheitsmaßnahmen nicht realisiert sind oder veränderte Bedingungen auftreten, die andere oder zusätzliche Sicherheitsmaßnahmen erfordern,
– Gewährleistung der Kontrollen und, soweit erforderlich, Brandwache,
– ausreichende Befähigung der Arbeitskräfte.

Zur Gewährleistung und systematischen Verbesserung des Arbeits- und Brandschutzes beim Schweißen, Schneiden und bei verwandten Verfahren im Schiffbau wurden aufgrund des technologischen Ablaufes und des Baugeschehens beim Bau und bei der Reparatur von Schiffen spezifische Festlegungen getroffen. Sie betreffen zum Beispiel:
– Arbeiten in Schiffsräumen,
– Arbeiten während der Bebunkerung und der Probefahrt,
– Schweiß- und Schneidarbeiten auf Reparatur- und Garantieschiffen,
– Schweißerlaubnis und Verantwortung bei Arbeiten in den Werfthäfen,
– Schweißarbeiten an Werftanlagen.

Wenn es trotz aller Bemühungen um die Brandsicherheit zu einem Großbrand auf einem im Wasser liegenden Schiff kommt, ist bei der Brandbekämpfung mit Löschwasser unbedingt die Stabilität des Schiffes zu beachten, da sonst die Gefahr des Kenterns besteht.

**Beispiele
für Unfälle, Brände und Explosionen**

Kentern der Truppentransporter „Lafayette" und „Sirius"
Als größtes französisches Passagierschiff wurde 1935 die „Normandie" (83 400 BRT) in Dienst gestellt. Sie ging nach Kriegsausbruch in das Eigentum der USA über und erhielt den Namen „Lafayette". Ende 1941 begann in New York der Umbau zum Truppentransporter. Am 9. Februar 1942 wurden an $\approx$ 110 Stellen des Schiffes Schweiß- und Schneidarbeiten durchgeführt; an Bord befanden sich $\approx$ 3 000 Arbeitskräfte. Im größten Salon (30 m x 26 m) sollten vier Deckenstützen abgebrannt werden. Im Raum lagerten in unmittelbarer Nähe der Schneidarbeiten 1 140 Bündel mit je 10 Rettungsgürteln. Kurz vor Ende der Schneidarbeiten an der vierten Stütze verließ der aufsichtsführende Vorarbeiter den Salon. Unmittelbar darauf wurden kleine Flammen auf den Bündeln bemerkt. Versuche der Arbeiter, den Brand auszuschlagen, scheiterten. Ebenso brachten Löschversuche mit Wasser und Handfeuerlöschern keinen Erfolg. Ein ausgelegter Löschschlauch war nicht angeschlossen. Ein allgemeiner Alarm konnte nicht ausgelöst werden, weil die Nachrichtenverbindungen im Schiff nicht funktionstüchtig waren. Auch zur Brandüberwachungszentrale bestand keine Telefonverbindung. So entwickelte sich binnen kurzer Zeit ein Großbrand [139, 140]. Die Brandbekämpfung, die ohne einheitliche Leitung aufgenommen wurde, erfolgte mit riesigen Wassermengen (24 Löschfahrzeuge, 6 Drehleitern, 3 Feuerlöschboote u. a.). Niemand beachtete zunächst die Stabilität des Schiffes, die sich durch die Wassermengen in den oberen Decks stetig verringerte. Nach 4 h war zwar der Brand unter Kontrolle gebracht, das Schiff hatte aber zu diesem Zeitpunkt bereits eine Krängung von 10°. Versuche, das Löschwasser aus den oberen Decks abzupumpen, blieben erfolglos. Eine Flutung der Maschinenräume war nicht möglich, da das Schiff keine Flutventile hatte. Die Abflußventile waren durch herumschwimmende

Abb. 52
Kentern des Truppentransporters „Lafayette" durch Stabilitätsverlust infolge großer Löschwassermengen

Gegenstände verstopft. 60 min später erreichte die „Lafayette" die kritische Krängung von 13°, bei der offene Bullaugen und Seitenpforten in das Wasser eintauchten. Nach 12 h legte sie sich vollständig auf die Seite (s. Abb. 52). Auf diese Weise versenkte die New Yorker Feuerwehr den größten Truppentransporter der Alliierten im eigenen Hafen. Das Hafenbecken war mehr als ein Jahr vollständig blockiert.

Erst 1943 konnte das Schiff, das 65 Millionen Dollar Baukosten und 20 Millionen Dollar Umbaukosten verursacht hatte, mit einem Kostenaufwand von 9 Millionen Dollar aufgerichtet werden. Der Erlös für den Schrott belief sich auf 144 000 Dollar.

Vergleichbare Fälle des Kenterns in Verbindung mit Brandbekämpfungen hatte es schon früher gegeben (1931 „Segovia", 9 500 t, in Newport News; 1939 „Paris", 3 450 t, in Le Havre), aber auch später kenterten Schiffe aus diesem Grund (1953 „Empress of Canada", 20 325 BRT, in Liverpool; 1953 „Kronprinz Frederick" in Harwich). 1972 sollte der Transporter „Sirius" (13 000 t) in Seattle abgewrackt werden. Während der Schneidarbeiten entwickelte sich ein Brand, der unter ähnlichen Bedingungen wie bei der „Lafayette" zum Kentern führte.

Verstöße gegen die Sicherheitsbestimmungen:
– Brennbare Gegenstände nicht aus der Schweißgefährdungszone entfernt,
– keine Brandwache gestellt,
– ungenügende Bereitstellung von Löschmitteln,
– funktionsuntüchtige Alarmierungssysteme.

Brandkatastrophe beim Ausbau des Flugzeugträgers „USS Constellation CV A-64"

Das 79 000-t-Schiff lief 1960 vom Stapel. Zwei Monate später brach ein Brand aus, der große Menschenopfer (50 Tote, Hunderte Verletzte) und erhebliche materielle Schäden (50 Millionen Dollar, acht Monate Verzögerung der Indienststellung) forderte. Bis zum Zeitpunkt der Katastrophe war es bereits innerhalb eines Jahres zu 42 Bränden gekommen, was Mängel in der Organisation des Brandschutzes verdeutlicht.

Zu dem Großbrand kam es folgendermaßen. Im Hangardeck des Schiffes war zeitweilig ein Kraftstofftank mit 1 900 l Inhalt aufgestellt. Beim Anstoßen eines Hebefahrzeuges gegen eine Stellage mit Stahlplatten verrutschten diese und rissen dabei ein Ventil vom Kraftstofftank ab. Der ausfließende Kraftstoff lief in darunterliegende Decks, wo geschweißt wurde. Dort entzündete er sich. Der Brand griff schnell um sich, erfaßte das Hangar- und Flugdeck und breitete sich vom Brandherd bis zum Vor- und Achterschiff aus. Die Querschotten stellten kein Hindernis für die Brandausbreitung dar, da die Kabeldurchlässe noch nicht abgedichtet waren. Lagernde hölzerne Bauhilfsmaterialien, aufgestellte Holzgerüste, Lager- und Baubuden begünstigten die Brandbreitung ebenso wie die nicht voll funktionsfähige Kommandoanlage. Der Befehl „Alle Mann von Bord" konnte von vielen Arbeitern nicht gehört werden. Die Brandbekämpfung erfolgte durch Feuerwehren der Stadt und der Werft. 150 000 m^3 Löschwasser beendeten nach 12 h den Brand und hinterließen neben den Brandschäden auch große Wasserschäden. Ein großer Teil der Ausrüstung des Schiffes (z. B. Kabel, Rohre, Geräte, mechanische Anlagen) war zerstört. Die 45 mm dicken Stahlplatten des Flugdecks waren auf 190 m Länge wellenförmig deformiert (bis zu 250 mm Durchbie-

gung). Ähnlich stellte sich die Situation auf dem Hangardeck dar, wo 31 mm dicke Stahlplatten verlegt waren. Die Platten mußten teilweise gerichtet, teilweise erneuert werden [139].
Die Katastrophe führte zu einer Präzisierung der Brandschutzbestimmungen für den Bau und die Modernisierung amerikanischer Schiffe.
Verstöße gegen die Sicherheitsbestimmungen:
− Mangelhafte Organisation des Brandschutzes,
− funktionsuntüchtige Alarmierungssysteme.

Tödliche Verbrennungen durch unkontrolliertes Austreten von Sauerstoff beim Brennschneiden
Während der Ausführung von Rohrverlegungsarbeiten an Bord eines Binnenschiffes (Stauraum unter dem Hauptdeck − enge Räume) ereignete sich ein Entstehungsbrand, in dessen Folge ein Mitarbeiter tödliche und ein weiterer Mitarbeiter schwere Hautverbrennungen erlitten. Bei der Durchführung von Brennschneidarbeiten rutschte der Sauerstoffschlauch vom Handstück des Brenners. Nach dem Schließen der Druckmindererventile befestigte der Brennschneider den Schlauch wieder, öffnete die Ventile und zündete den Brenner. Dabei fing der Brennschneider Feuer und erlitt tödliche Verbrennungen [141].
Verstöße gegen die Sicherheitsbestimmungen:
− Schlauchanschluß mangelhaft befestigt,
− erneute Arbeitsaufnahme in der sauerstoffangereicherten Luft.

Brand in einem Laderaum
Im Laderaum eines Schiffes am Liegeplatz wurden an einem Containereinweiser Elektroschweißarbeiten durchgeführt. Dabei gelangten Schweißspritzer und Funken in einen unter dem Arbeitsplatz stehenden schadhaften Farbcontainer und entzündeten Putzlappen und Schlauchmaterial. Der Laderaum war als nichtbrandgefährdet eingestuft und für Schweißarbeiten freigegeben, der Farbcontainer aber vor Beginn der Schweißarbeiten nicht entfernt worden. Der Schweißer bekam eine Rüge ausgesprochen.
Verstöße gegen die Sicherheitsbestimmungen:
− Brandgefährdung am Arbeitsplatz nicht beseitigt,
− brennbare Stoffe in der Schweißgefährdungszone nicht entfernt oder gesichert,
− Arbeitsaufnahme durch den Schweißer ohne Kontrolle der Schweißgefährdungszone.
Weitere Beispiele sind in Tabelle 42 enthalten.

Tabelle 42
Beispiele für Unfälle und Brände im Schiffbau [138 ... 141]

Sachverhalt	Verstoß gegen die Sicherheitsbestimmungen	Schaden
Zum Wechseln der Gummiauskleidung in der Strahlkabine einer Plattenentzunderungsanlage war ein Abweiser durch Brennschneiden zu entfernen. Funkenflug und herabtropfendes flüssiges Metall führten zum Brand.	Arbeitsauftrag durch den Meister ohne Schweißerlaubnisschein erteilt	Gering
Ohne Schweißerlaubnis wurden am Steuerhaus eines Überführungsprahms Schweißarbeiten durchgeführt. Dabei entzündeten sich die mit Polystyren isolierte Wand und $\approx 0{,}5\,\text{m}^2$ Isolierung.	Schweißerlaubnis fehlte; brennbare Stoffe nicht aus der Schweißgefährdungszone entfernt	Gering
Während des Wolfram-Inert-Gasschweißens an einem Türwinkel fielen Tropfen durch eine Bohrung und entzündeten eine Schaumstoffmatte und elektronische Geräte.	Schweißberechtigung fehlte; Öffnungen nicht abgedichtet	Gering
Beim Brennschneiden von Kabeldurchbrüchen im Bereich der Kombüse entzündete sich durch Funkenflug ein Kühlschrank und brannte völlig aus.	Brennbare Gegenstände aus der Schweißgefährdungszone nicht entfernt bzw. gesichert	Gering
Während Brennschneidarbeiten zur Demontage der Krananlage auf einem Motorschiff fielen Funken durch die Radarkabelführung und entzündeten Netze. Obwohl im Schweißerlaubnisschein eine Brandwache und Nachkontrollen angeordnet waren, wurden diese nicht ordnungsgemäß ausgeführt, so daß ein Schwelbrand entstand.	Öffnungen ungenügend abgedichtet; keine Brandwache gestellt; keine Nachkontrollen durchgeführt	Gering

Sachverhalt	Verstoß gegen die Sicherheitsbestimmungen	Schaden
Im Inneren eines Schiffsneubaues waren drei Arbeitskräfte mit Anstreicharbeiten beschäftigt. Durch Lösungsmitteldämpfe bildete sich ein explosibles Gasgemisch, das mit einer riesigen Stichflamme verpuffte. Die Zündung erfolgte vermutlich durch Schweißarbeiten, die in der Nähe durchgeführt wurden [142].	Fehlende Löschmittel; brennbare Stoffe nicht aus der Schweißgefährdungszone entfernt bzw. gesichert	1 Toter, 2 Schwerverletzte; Sachschaden

4.4.8. Sonstige Industriezweige

Thermische Trenn- und Fügeverfahren nehmen in Industriebetrieben vor allem bei Rekonstruktions- und Reparaturarbeiten an der Bausubstanz, an Anlagen der technischen Gebäudeausrüstung sowie an Produktionsanlagen eine wichtige Stellung ein. Hervorzuheben sind besonders Arbeiten an Heizungsanlagen mit den typischen Gefährdungen des Schweißspritzerdurchtritts durch Wand- und Deckenöffnungen sowie durch die Rohre.

Brennbare Stoffe kommen in großer Vielfalt hauptsächlich in Form von
- Rohstoffen, Halbzeugen und Fertigerzeugnissen, einschließlich erzeugnistypischer Verpackung,
- Abfällen und Verunreinigungen (z. B. Öle, Fette, Späne, Staub) sowie
- Konstruktionsteilen der Bauwerke (z. B. Holz, Kunststoffe) [11]

vor. Ein großer Teil der Schweiß- und Schneidarbeiten muß außerhalb der Werkstätten und Produktionsbereiche, die für solche Arbeiten freigegeben sind, vorgenommen werden. Das setzt für brand- und explosionsgefährdete Bereiche, in denen die Brand- und Explosionsgefahr nicht beseitigt werden kann, die Erteilung der Schweißerlaubnis voraus.

Für Schweiß- und Schneidarbeiten bei Rekonstruktions- und Reparaturarbeiten in Industriebetrieben sind folgende Gefährdungen bzw. Ursachen charakteristisch:
- Verstöße gegen die Bestimmungen zur Erteilung der Schweißerlaubnis, fehlende Schweißfertigkeiten und falsche Bestimmung der Schweißgefährdungszone,
- ungenügende Realisierung der auf dem Schweißerlaubnisschein festgelegten Maßnahmen, besonders unterlassenes Entfernen oder Sichern brennbarer Materialien in der Schweißgefährdungszone, fehlende Löschmittel, unterlassene Nachkontrollen,
- Nichterkennen oder Unterschätzen brennbarer Bauteile in der Baukonstruktion, die sich vor allem durch Wärmeübertragung entzünden können.

Von den Verfahren her betrachtet, überwiegen beim Zustandekommen der Brände das Autogenschweißen und -schneiden.

Die entscheidenden Aktivitäten zur Verhütung von Bränden stellen die umfassende, sorgfältige Überprüfung der Arbeitsstellen hinsichtlich der Brand- und

Explosionsgefahren vor Erteilung der Schweißerlaubnis und die gewissenhafte Einhaltung der im Schweißerlaubnisschein festgelegten Sicherheitsmaßnahmen dar. Die Brandgefahr durch Wärmeübertragung in Rohren läßt sich mit wärmeableitenden Pasten sowie Wärmeschutzfolien vermindern. An Wänden und Decken mit unbekannter Beschaffenheit sollten Probebohrungen oder ähnliche Maßnahmen durchgeführt werden. Bestandsunterlagen über zu verändernde Bausubstanz sind, soweit vorhanden, rechtzeitig aus Archiven bereitzustellen. Die Führungskräfte sind durch klare betriebliche Regelungen, Qualifizierungen und Unterweisungen zur Wahrnehmung ihrer Verantwortung zu befähigen.

**Beispiele
für Unfälle, Brände und Explosionen**

Brand in einem Steingutwerk
An der Lagerhalle des Steingutwerkes wurden von einem Schweißer und einem Elektriker Brennschneidarbeiten an Winkelprofilen eines Schleppdaches durchgeführt. Durch einen Spalt zwischen dem unter dem Schleppdach befindlichen Schiebetor und der Lagerwand fielen glühende Metallteilchen in das Lager und entzündeten dort Holzwolle, Stroh und Schilfmatten (s. Abb. 53). Der Brand griff schnell auf das Dach, bestehend aus Holzsparren, Dachpappe und Schindeln über (s. Abb. 54). Der Schaden war sehr hoch. Der Schweißerlaubnisschein war nicht ordnungsgemäß ausgefüllt, und eine Ortsbesichtigung hat nicht stattgefunden. Der Schweißer hat den Elektriker ohne entsprechende Fertigkeiten brennen lassen [143].
Verstöße gegen die Sicherheitsbestimmungen:
– Arbeiten im brandgefährdeten Bereich,
– keine Befähigung zum Brennschneiden,
– fehlende Ortsbesichtigung vor Erteilung der Schweißerlaubnis,
– Schweißerlaubnisschein unvollständig ausgefüllt.

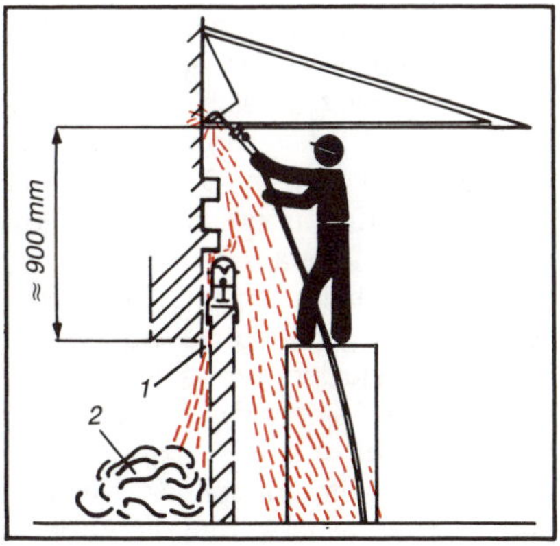

Abb. 53
Großbrand infolge Brennarbeiten an einem Schleppdach,
1 Spalt (15 ... 20 mm), 2 Holzwolle

Abb. 54
Brand in einem Steingutwerk,
1 Schweißstelle

Brand im Lager einer Schuh- und Lederwarenfabrik
Ein ≈ 100jähriges sechsgeschossiges Gebäude, das zu einer Malzfabrik gehörte, wurde durch Rekonstruktion in ein Lager umfunktioniert. Die Nutzung für diesen Zweck erfolgte bereits während der Rekonstruktion. In diesem Zusammenhang machten sich Demontagearbeiten an Einbauten erforderlich. Dabei handelte es sich unter anderem um Trichter, die von der Decke in das 5. Geschoß ragten. Sie sollten durch Brennschnitt entfernt werden. Die Arbeiten übernahm ein Baubetrieb, ohne daß ein Vertrag oder schriftlicher Arbeitsauftrag vorlag. Die Decke des 5. Geschosses (zugleich Fußboden des 6. Geschosses) bestand aus Holzbalken und 35 mm dicken Bohlen, der Fußboden des 5. Geschosses aus Beton (s. Abb. 55). Bei dem im 6. Geschoß lagernden Gut handelte es sich um Schuhschäfte aus Kunststoff sowie um Fertigerzeugnisse, also leichtentzündliches und brennbares Material.
Bei der Ausstellung des Schweißerlaubnisscheines kam es zu Kompetenzüberschreitungen. Er war unvollständig ausgefüllt und enthielt auch keine Angaben zur Schweißgefährdungszone. Die Angaben zu den Sicherheitsmaßnahmen beschränkten sich auf das 5. Geschoß. Der Schweißer und die Brandwache wurden vor Ort nicht eingewiesen.
Die Brennarbeiten begannen. Nach einer Arbeitspause bemerkten der Schweißer und die Brandwache, daß die Abdeckplanen, die zum Schutz des 6. Geschosses

Abb. 55
Großbrand in einer Schuh- und Lederwarenfabrik,
1 abgebrannter Trichter, 2 Planen

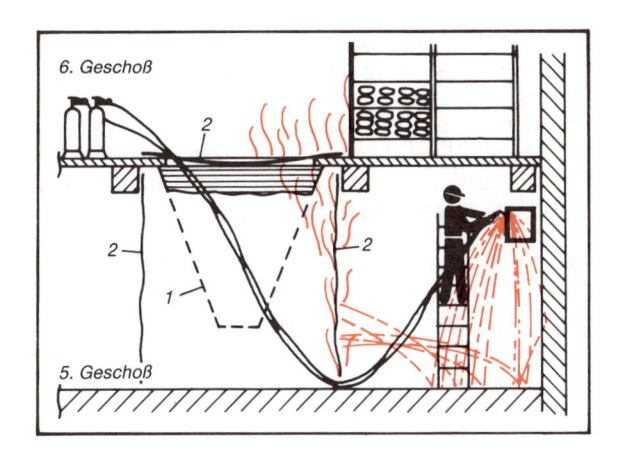

im Bereich bereits abgebrannter Trichter angebracht waren, brannten. Beide Mitarbeiter rannten in das 6. Geschoß, um die Löscharbeiten aufzunehmen. Eine starke Rauchentwicklung veranlaßte den Schweißer zur Umkehr. Die Brandwache versuchte zu löschen. Dabei nahm sie eine tödliche Dosis Kohlenmonoxid auf. Neben den brennbaren Produkten befanden sich im 6. Geschoß ein Acetylententwickler und eine Sauerstoffflasche, die für die Brennarbeiten benutzt wurden.
Der Brand vernichtete die lagernden Produkte sowie das Gebäude. Neben dem Tod eines Mitarbeiters entstand ein Sachschaden in Millionenhöhe.
Das Bezirksgericht verurteilte die Angeklagten wegen fahrlässiger Verursachung eines Brandes zu folgenden Strafen [144]:
– den ehemaligen Betriebsdirektor zu einer Freiheitsstrafe von 2 Jahren und 10 Monaten und Schadenersatz,
– den Sicherheitsingenieur zu einer Freiheitsstrafe von 2 Jahren und Schadenersatz,
– den Gruppenleiter Instandhaltung zu einer Freiheitsstrafe von 2 Jahren und 3 Monaten und Schadenersatz,
– den ausführenden Schweißer zu einer Freiheitsstrafe von 2 Jahren auf Bewährung und Schadenersatz in Höhe eines Monatseinkommens.
Verstöße gegen die Sicherheitsbestimmungen:
– Zulässigkeit der Arbeiten nicht geprüft,
– keine Ortsbesichtigung vor Erteilung der Schweißerlaubnis durchgeführt,
– keine Einweisung vorgenommen,
– Schweißerlaubnisschein nicht ordnungsgemäß ausgefüllt.

Brand in einem Betrieb der metallverarbeitenden Industrie
Eine Wärmebehandlungsstraße, die dazu diente, Federn für Fahrzeuge zu biegen und zu härten, war wegen Rekonstruktionsarbeiten außer Betrieb gesetzt. Dabei machten sich Elektroschweißarbeiten im Bereich der Absaughauben erforderlich. Um Baufreiheit zu schaffen, führte der Investbauleiter selbst diese Arbeiten durch.

Er besaß die erforderliche Schweißerqualifikation, aber keinen gültigen Schweißerlaubnisschein. Eine weitere wesentliche Unterlassung war, daß eine Brandwache, die unter den gegebenen Bedingungen notwendig gewesen wäre, fehlte. Schweißspritzer setzten Ölrückstände an der Absaughaube in Brand. Der Brand breitete sich über die Absaugrohre auf die Dachkonstruktion der 60 m x 25 m großen Produktionshalle sowie auf eine weitere Wärmebehandlungsstraße aus. Die sofort alarmierte betriebliche und örtliche freiwillige Feuerwehr brachten den Brand schnell unter Kontrolle, es entstand aber ein beträchtlicher Sachschaden. Wegen fahrlässiger Verursachung eines Brandes mußte sich der Bauleiter vor dem Gericht verantworten. Er wurde zu einer Freiheitsstrafe von 8 Monaten auf Bewährung verurteilt. Außerdem mußte er Schadenersatz leisten [145].
Verstöße gegen die Sicherheitsbestimmungen:
– Schweißerlaubnis fehlte,
– keine Brandwache gestellt.

Brand in einem Maschinenbaubetrieb
Im 2. Obergeschoß eines Massivgebäudes wurden Rekonstruktionsarbeiten durchgeführt. Dabei war ein Stahlrohr (20 mm x 1 mm), das bisher als Kabelführung für die Beleuchtung gedient hatte, mit einem Brennschnitt zu entfernen. Durch einen Luftspalt zwischen dem Rohr und der Wand gelangten die Schweißspritzer in einen Nebenraum, der als Lager für Gießereimodelle diente. Die Schweißspritzer entzündeten Zelluloidtafeln und Holzwolle. Sofort eingeleitete Löschmaßnahmen (Handfeuerlöscher und Wasser) führten zunächst zum Ersticken der Flammen. Kurz darauf ereignete sich jedoch eine Verpuffung, bei der flüssiges, wiederentflammtes Zelluloid im ganzen Raum verspritzt wurde und das Lager in Brand setzte. Nun wurde die Feuerwehr alarmiert, die den Brand nach $\approx$ 2 h löschte. Die Brandbekämpfung wurde durch starke Rauchentwicklung beim Verbrennen des Zelluloids erschwert. Es entstand ein großer Sachschaden. Gegen die Verantwortlichen wurden strafrechtliche Maßnahmen eingeleitet. Hauptursache dieses Schadensfalles waren ungenügende Beurteilung und Festlegung der Schweißgefährdungszone sowie eine formale Ausstellung des Schweißerlaubnisscheines.
Verstöße gegen die Sicherheitsbestimmungen:
– Schweißerlaubnisschein ohne Ortsbesichtigung ausgestellt,
– keine Einweisung vorgenommen,
– ungenügende Sicherheitsmaßnahmen in der Schweißgefährdungszone (ungenügende Beachtung von Nebenräumen).

Brand und Explosion in einem Getränkekombinat
Bei der Generalreparatur der Pasteurisieranlage eines Getränkekombinates waren Schweiß- und Malerarbeiten im gleichen Raum erforderlich. Im Raum befanden sich sechs Mitarbeiter. Die Schweißspritzer entzündeten ausgelaufene, leichtbrennbare Flüssigkeit und ein 200-l-Faß mit Waschbenzin. Infolge der explosionsartigen Verbrennung erlitten ein Mitarbeiter schwere und ein weiterer Mitarbeiter leichte Brandverletzungen. Der durch den Brand entstandene Schaden war groß. Durch das Vorhandensein des 200-l-Fasses und die Entnahme brennbarer Flüssigkeiten für Reinigungsarbeiten war Brand- und Explosionsgefahr vorhanden, die vor Beginn der Arbeiten hätte beseitigt werden müssen.

Verstöße gegen die Sicherheitsbestimmungen:
- Brand- und Explosionsgefahr im Schweißbereich nicht beachtet,
- Sicherheitsmaßnahmen in der Schweißgefährdungszone fehlten (Entfernen der brennbaren Flüssigkeit und des Fasses mit Waschbenzin).

Arbeitsunfall bei der Wärmebehandlung eines geschlossenen Hohlkörpers
Zwei Mitarbeiter fertigten aus einem Stahlrohr mit 16 mm Durchmesser Rohrringe mit 300 mm Länge an. Die Technologie sah Zuschneiden des Rohres auf Länge, Reinigung der Rohrstücke durch Ausdampfen (Konservierung im Anlieferungszustand mit Fettschicht), Warmbiegen, Schweißen des Rohrstoßes, Bohren einer Öffnung und Warmrichten des Ringes vor. Nach dem Verschweißen des Ringes wurde versäumt, die Bohrung (2,5 mm ⌀) einzubringen. Der Ring wurde in einen Schraubstock gespannt und mit einer Autogenflamme auf Rotglut gebracht. Beim Richten zerplatzte der Ring, wobei ein Mitarbeiter im Gesicht Verbrennungen erlitt. Mögliche Ursachen sind:
- Bildung von Pyrolyseprodukten des Fettes, die zusammen mit der Luft im Rohr ein zündwilliges Gemisch bildeten,
- Überdruck im Rohr durch die Temperaturerhöhung,
- Festigkeitsverlust des Rohrmaterials infolge der hohen Temperatur,
- Überdruck durch verdampfendes Restwasser [146].

Verstöße gegen die Sicherheitsbestimmungen:
- Abweichung von der vorgegebenen Technologie (Nichtausführung der Entlüftungsbohrungen).

Weitere Beispiele sind in Tabelle 43 enthalten.

Tabelle 43
Beispiele für Brände in sonstigen Industriezweigen

Sachverhalt	Verstoß gegen die Sicherheitsbestimmungen	Schaden
In einem Betrieb der Kunststoffverarbeitung erfolgten Schweißarbeiten zur Montage eines Windfanges an einem Geländer. Einem Kabelschacht, in dem sich auch Ölreste, Gummiabrieb und Papier befanden, wurde bei der Ausstellung des Schweißerlaubnisscheines keine Beachtung geschenkt. 2 h nach Beendigung der Arbeiten brach dort ein Brand aus.	Kabelschacht nicht in die Schweißgefährdungszone einbezogen; brennbare Stoffe nicht entfernt; keine Nachkontrollen durchgeführt	
Zum Auswechseln eines Warmwasserspeichers wurden Brennschneidarbeiten in der Nähe von Holzkonstruktionen durchgeführt. Es wurde weder die Schweißgefährdungszone noch Sicherheitsmaßnahmen oder Nachkontrollen	Schweißerlaubnis fehlte; keine Sicherheitsmaßnahmen in der Schweißgefährdungs-	Sehr groß

Sachverhalt	Verstoß gegen die Sicherheitsbestimmungen	Schaden
festgelegt. Aus einem Schwelbrand entwickelte sich nach 6 h ein Großbrand, der die Produktionshalle und Nebenanlagen vernichtete [68].	zone; keine Brandwache gestellt; keine Nachkontrollen durchgeführt	
Bei Schneidarbeiten an einem Brückenkran kam es durch Funkenflug zu einem nichtbemerkten Schwelbrand von Putzlappen, die mit Waschbenzin und Fett getränkt waren. In der Mittagspause brach infolgedessen ein Brand aus und erfaßte die Krankabine.	Keine Sicherheitsmaßnahmen in der Schweißgefährdungszone; brennbare Stoffe nicht entfernt; keine Nachkontrollen durchgeführt	Gering
In einem Betrieb wurde eine Heizungsanlage repariert. Ein Rohr, das durch mehrere Räume führte, senkte sich infolge Wärmeeinwirkung und stieß im anliegenden Lagerraum einen Behälter mit brennbarer Flüssigkeit um. Die unter der verschlossenen Tür durchlaufende Flüssigkeit wurde durch Schweißspritzer gezündet (s. Abb. 56).	Angrenzende Räume nicht in Schweißgefährdungszone einbezogen; ungenügende Sicherheitsmaßnahmen (brennbare Flüssigkeiten im Nebenraum)	Gering
Bei der Reparatur einer Filteranlage wurde mit Epoxidharz geklebt. Um das Trocknen zu beschleunigen, nahm man ein Gasschweißgerät zu Hilfe. Während dieser Arbeit ereignete sich eine Verpuffung.	Unzulässige Verwendung des Schweißgerätes für die Trocknung	Geringer Sachschaden und Produktionsausfall
Eine Feierabendbrigade führte Demontagearbeiten an ungenutzten Heizungsanlagen aus. Spritzer vom Brennschneiden fielen durch ein Rohr im Erdgeschoß auf einen Holzspind mit Polyethylenbeuteln und setzten diesen in Brand. Infolge Funkenflug geriet ein Lüftungskanal in Brand, und das Feuer breitete sich schlagartig aus [147, 148].	Schweißgefährdungszone unvollständig erfaßt; Abdichten von Rohröffnungen unterlassen	Sehr groß

Abb. 56
Umsturz einer Flasche mit brennbarer Flüssigkeit infolge thermischer Formveränderung eines Rohres

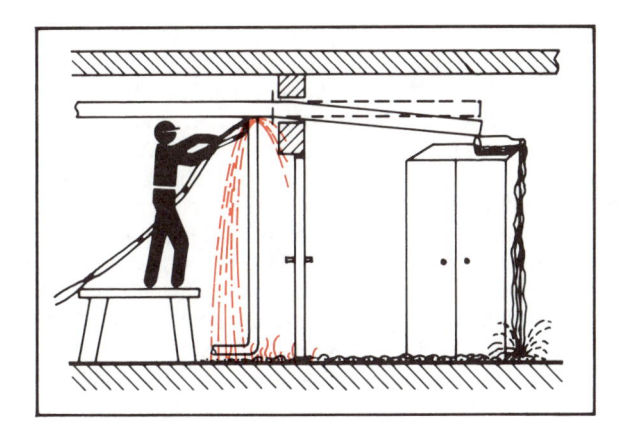

4.4.9. Handwerksbetriebe

Schweiß- und Schneidarbeiten werden von vielen Handwerksbetrieben ausgeführt. Zu den Hauptanwendungsgebieten zählen Heizungsinstallationen, vielfältige Reparaturarbeiten und sonstige Leistungen [81]. Unter den zur Anwendung kommenden Verfahren dominieren das Gasschweißen und Brennschneiden. Aber auch Elektroschweiß- und Lötarbeiten sind nicht selten. Zu den in Brand geratenden Materialien gehören insbesondere brennbare Baumaterialien (z. B. Holz, Kunststoffe, Dämmstoffe), Textilien, Papier und Kartonagen sowie brennbare Flüssigkeiten.
Eine Spezifik der Handwerksbetriebe besteht darin, daß in vielen Unternehmen die Mitarbeiter keine schweißtechnische Qualifikation (z. B. Schweißfachingenieure, -meister) haben. Die Aufsicht, Kontrolle und Unterweisung sind im Durchschnitt nicht auf dem Niveau wie in größeren Unternehmen. Das hat zweifellos auch Rückwirkungen auf den Arbeits- und Brandschutz zur Folge. So hat sich als bereichstypischer Gefahrenschwerpunkt zum Beispiel die Erkennung der Brandgefahr und die Bestimmung der Schweißgefährdungszone erwiesen. Insbesondere wird dem Sichern von Öffnungen in Wänden und Decken zu wenig Aufmerksamkeit gewidmet.
Grundvoraussetzungen für die Gewährleistung der Sicherheit ist die Übereinstimmung schweißtechnischer Qualifikationen mit dem Produktionsprofil des Betriebes. Die durch die Berufsgenossenschaften, die Handwerkskammer und andere Dienste gebotenen Möglichkeiten sind zu nutzen. Wichtig ist es weiterhin, daß das aktuelle Vorschriftenwerk sowie notwendige Fachliteratur zur Verfügung stehen. Auf beiden Gebieten – Qualifikation und Verfügbarkeit von Vorschriften – mußten und müssen bedeutende Lücken geschlossen werden.
Der Arbeiter, der Schweiß- und Schneidarbeiten durchführt, ist für die ordnungsgemäße Erledigung dieser Arbeiten, einschließlich der Einhaltung von Sicherheitsbestimmungen im Rahmen seiner Arbeitsbefugnis sowie der Festlegungen im

Schweißerlaubnisschein, verantwortlich. Bei Schweiß- und Schneidarbeiten (z. B. in Wohn- und Gesellschaftsbauten) ist der Unternehmer für alle Arbeiten verantwortlich. Er muß aufgrund der örtlichen Verhältnisse einschätzen, ob für Mitarbeiter, die Schweiß- und Schneidarbeiten in Wohn- und Gesellschaftsbauten durchführen (z. B. auf Dächern, Dachböden, in Wohnungen und Kellerräumen mit Heizmaterial), Brand- oder Explosionsgefahr vorhanden ist.

Um der Brandentstehung und -ausbreitung wirksam vorzubeugen, kommt es vor allem darauf an, die Sicherheitsmaßnahmen als besonderen Schwerpunkt zu beachten und einzuhalten. Danach sind Stoffe mit hoher Zündbereitschaft und brennbare Gegenstände aus der Schweißgefährdungszone zu entfernen oder gegen Entzündung zu sichern. Oftmals wird die Schweißgefährdungszone falsch eingeschätzt oder nicht vollständig kontrolliert. Mitunter ist die Kontrollierbarkeit durch konstruktive Bedingungen auch wesentlich erschwert, besonders in Altbausubstanz.

**Beispiele
für Unfälle, Brände und Explosionen**

Entzündung von Isoliermaterial in einer Wand durch Wärmeübertragung
Schlosser hatten den Auftrag, Gitter für Bürofenster einer Kaufhalle anzufertigen und einzubauen (s. Abb. 57). Der Sicherheitsingenieur und der stellvertretende Kaufhallenleiter schätzten die Brandgefährdung falsch ein. Kurz vor Abschluß der Tätigkeit stellte man Brandgeruch fest. Schwache Rauchschwaden traten an einem Fenster hervor. Nach Entfernung einer Blechplatte konnte die Ursache festgestellt werden. Bei der Montage des Gebäudes hatte sich eine Isoliermatte verschoben und lag am Fensterrahmen an, an dem geschweißt wurde.
Aus diesem Beispiel wird deutlich, daß ein bereitgestellter Eimer mit Wasser viel geholfen hätte.

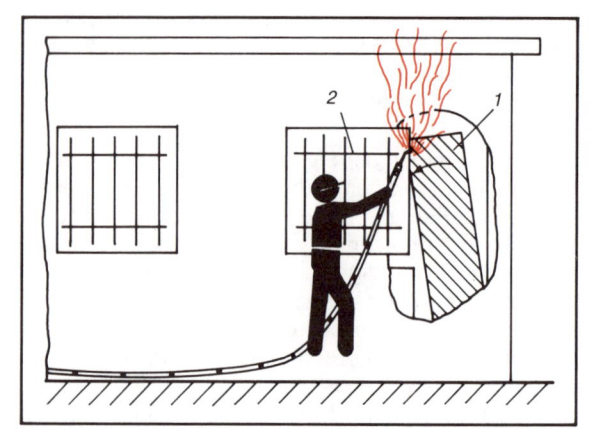

Abb. 57
Entzündung einer unsachgemäß eingebauten Isolierplatte,
1 Isolierplatte, 2 Stahlfensterrahmen

Verstöße gegen die Sicherheitsbestimmungen:
- Bauliche Gegebenheiten in der Schweißgefährdungszone ungenügend berücksichtigt,
- Brandgefährdung falsch eingeschätzt.

Brand in einer Schmiedewerkstatt
In einer Schmiedewerkstatt wurden häufig Werkzeuge regeneriert. In der Regel geschah das mit dem Schmiedefeuer, bei geringem Arbeitsumfang mit dem Schweißgerät. Das Schweißgerät kam auch beim Bearbeiten eines Handmeißels zur Anwendung. Gegen 16 Uhr verließ der Schmied die Werkstatt. Um Mitternacht bemerkte ein Passant hinter den Fensterscheiben einen Feuerschein und alarmierte die Feuerwehr, die den Brand löschte. Die Ursachenermittlung ergab, daß Schweißspritzer in eine 2 m vom Arbeitsplatz entfernt stehende Kiste mit Schmiedekohle gefallen waren und diese entzündet hatten (s. Abb. 58). Der Brand griff auf über der Kiste lagernde Schweißkabel über [149].

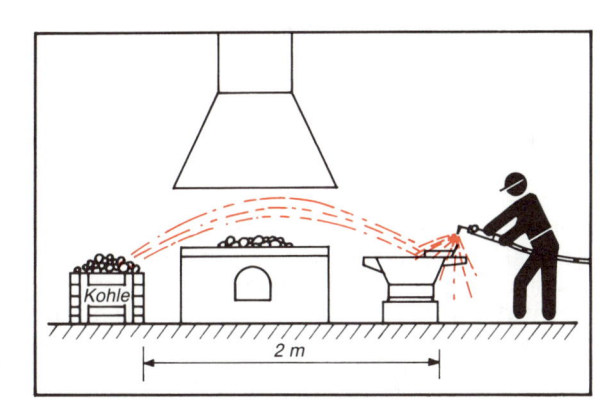

Abb. 58
Entzündung von Schmiedekohle bei autogenen Anwärmarbeiten

Verstöße gegen die Sicherheitsbestimmungen:
- Brennbare Stoffe nicht aus der Schweißgefährdungszone entfernt,
- keine Nachkontrollen durchgeführt.

Brand in einer Tischlerei
Trotz Brandgefahr arbeiteten zwei Heizungsinstallateure im Lackierraum einer Tischlerei. Einige Sicherheitsmaßnahmen, wie Befeuchten des Arbeitsbereiches und Bereitstellung von Wasser und einem Handfeuerlöscher, waren durchgeführt worden. Beim Schweißen knallte der Brenner ab und schleuderte flüssiges Schweißgut gegen eine 3 m entfernte Stirnwand, an der ausgetrocknete Lackreste hafteten. Die Lackreste solcher Arbeitsstätten sind häufig zentimeterdick und porös, so daß Spritzer nicht abprallen, sondern an der Wand haften bleiben. Die Wand entflammte in Sekundenschnelle. Als die Löschversuche ergebnislos blieben, wurde die Feuerwehr verständigt. Dadurch ging weitere Zeit verloren. Es entstand ein großer Schaden. Die Intensität des Brandes wurde durch nicht entfernte Behälter mit Lack und Farbverdünner gesteigert (s. Abb. 59). Der zustän-

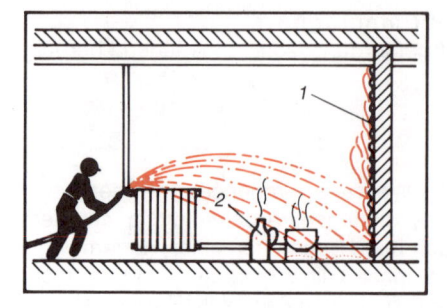

Abb. 59
Entzündung von Lackverschmutzungen an der Wand einer Tischlerei,
1 Lackverschmutzung, 2 Farbe und Verdünnung

dige Leiter wurde zu 1 Jahr Freiheitsstrafe auf Bewährung und der Schweißer zu 7 Monaten auf Bewährung verurteilt.
Verstöße gegen die Sicherheitsbestimmungen:
– Brandgefährdeter Bereich – Schweißerlaubnis fehlte,
– ungenügende Sicherheitsmaßnahmen in der Schweißgefährdungszone.

Explosion eines Fasses
Ein Landwirt brachte ein Blechfaß in eine Schlosserwerkstatt und versicherte, daß es schon seit Jahren nicht mehr in Gebrauch gewesen wäre. Er bat den Schlosser, den Boden herauszutrennen, um das Faß als Regentonne verwenden zu können. Kurz nach dem Ansetzen des Brenners gab es eine Explosion. Der Faßboden wurde herausgerissen und der Schlosser mehrere Meter zurückgeschleudert. Er war fünf Wochen arbeitsunfähig. Der entstandene Sachschaden umfaßte die Zerstörung von 16 m² Dachfläche und sechs Oberlichtern von je 2 m².
Verstöße gegen die Sicherheitsbestimmungen:
– Grundsätze des Arbeitens an Behältern mit gefährlichem Inhalt nicht berücksichtigt (Schweißarbeiten unter Aufsicht eines Sachkundigen).
Weitere Beispiele sind in Tabelle 44 enthalten.

Tabelle 44
Beispiele für Unfälle und Brände in Handwerksbetrieben

Sachverhalt	Verstoß gegen die Sicherheitsbestimmungen	Schaden
Ein Schweißer schnitt in einer Werkstatt mit dem Brennschneidgerät Rohre für Zaunfelder zu. Dabei entzündete sich durch Funkenflug ein Behälter mit Waschbenzin, der unter der Werkbank stand.	Ungenügende Sicherheitsmaßnahmen in der Schweißgefährdungszone (brennbare Stoffe nicht entfernt)	Verletzung des Schweißers (Verbrennungen an den Händen); Zerstörung des Behälters

Sachverhalt	Verstoß gegen die Sicherheitsbestimmungen	Schaden
Beim Herausschneiden von alten Rohrleitungen unterhalb der Decke eines Gebäudes kam es zu einem Brand. Durch die Schneidarbeiten wurde ein noch in der Wand steckendes Rohrstück stark erwärmt. Das Rohr lag an einem Holzbalken, der durch die Wärme zu schwelen anfing.	Bauliche Gegebenheiten in der Schweißgefährdungszone ungenügend berücksichtigt; keine Nachkontrollen durchgeführt	Gering
Ein Heizungsmonteur führte Schweißarbeiten an einer Heizungsanlage aus. Aus der vermeintlichen Schweißgefährdungszone wurden alle brennbaren Gegenstände entfernt. Beim Schweißen kurz unterhalb der Decke kam es zum Funkenflug und zur Staubaufwirbelung im darüberliegenden Geschoß. Eine Staubexplosion war die Folge, bei der die Fensterscheiben des oberen Raumes zerbarsten.	Angrenzende Räume ungenügend in die Schweißgefährdungszone einbezogen; Staubansammlung in Schweißgefährdungszone nicht beachtet	Gering
Der Schweißer eines kleinen Handwerksbetriebes, in dem sehr selten geschweißt wird, öffnete durch Unachtsamkeit die Brennerventile in falscher Reihenfolge. Beim Zünden der Flamme ereignete sich ein Flammenrückschlag, wodurch die Gasschläuche und Druckminderer zerstört wurden.	Brenner falsch bedient – Betriebsanweisung nicht vorhanden	Geringer Sachschaden
Bei Schweißarbeiten in einer Bäckerei, die nicht gründlich gereinigt worden war, entzündeten Funken Mehl und Papierreste. Durch Rauch- und Rußbildung verdarben Backwaren und Sauerteig.	Ungenügende Sicherheitsmaßnahmen in der Schweißgefährdungszone	Geringer Sachschaden; 1 Tag Produktionsausfall

4.4.10. Transport- und Nachrichtenwesen

Für Instandsetzungsarbeiten an Verkehrsmitteln gelten zunächst die in Abschnitt 4.4.11. dargestellten Sachverhalte. Das betrifft insbesondere die Arbeitsbedingungen, das heißt das Arbeiten in freigegebenen Arbeitsstätten sowie das Vorhandensein von Treibstoffen, Öl und Schmiermitteln als leichtbrennbare Stoffe. Fahrzeuge erfüllen teilweise auch die Bedingungen enger Räume mit den dafür zu beachtenden Gefahren der Bildung explosibler Gas- oder Dampf-Luft-Gemische sowie der Sauerstoffanreicherung.

Die großen Abmessungen, insbesondere von Schienenfahrzeugen, verleiten dazu, Schweißstromrückleitungen bei mehreren Schweißstellen nicht laufend neu anzubringen. Hier muß besonders bedacht werden, daß der Strom unkontrollierte Wege nehmen kann. Große Übergangswiderstände sind an angeschraubten Verbindungsstellen von Baugruppen und an Lagern (Rädern) zu erwarten, wo es zum Brand kommen kann. Gefahr besteht insbesondere dabei auch für das Schutzleitersystem.

Brennbare Materialien an Fahrzeugen sind neben den bereits genannten Holz, Dämmstoffe, Textilien (Polster) sowie Fußbodenbeläge. Eine besondere Rolle spielen weiterhin brennbare Transportgüter, wie Öl, Treibstoffe, Schweißgase usw. In Häfen mit Ölumschlag ergibt sich somit eine spezifische Gefährdung.

Im Nachrichtenwesen sind insbesondere Kabelstränge gefährdet. Die Isolierung der Kabel kann in Brand geraten und abschmelzen, was schwerwiegende Folgen für die Kommunikation bzw. Steuerung von Prozessen haben kann. Die relativ große Oberfläche einer Vielzahl von Kabeln innerhalb eines Stranges bietet Schweißperlen gute Angriffsmöglichkeiten. Gefährdet ist oft auch gelagertes Nachrichtenmaterial in rohbaufertigen Bauwerken.

Im Transport- und Nachrichtenwesen sind Brände vorwiegend auf die Verfahren Gasschweißen und Brennschneiden, Elektrodenhandschweißen, Schutzgasschweißen sowie – speziell beim Schienenschweißen – das Gießschmelzschweißen zurückzuführen.

Eine umfassende Berücksichtigung der Sicherheitsmaßnahmen, die für Behälter mit gefährlichem Inhalt bzw. enge Räume notwendig sind, schaltet einen großen Teil der bereichstypischen Gefährdungen aus. Das beginnt beim Fahrzeugtank und endet am Großtanklager.

Reparaturwerkstätten sind in der Regel zum Schweißen freigegebene Arbeitsstätten. Die Bedingungen, unter denen eine Schweißerlaubnis erforderlich ist, sind sorgfältig zu prüfen. Die Kabelstränge müssen wirksam gegen Schweißspritzer gesichert werden. Zu den erforderlichen Maßnahmen gehören das Abdecken und Abdichten der Kanäle, die Bereitstellung geeigneter Löschmittel in ausreichender Menge sowie erweiterte Zeiten für Nachkontrollen. Sollte es an Kabelsträngen zu Entstehungsbränden kommen, die zunächst keine Schäden erkennen lassen, so ist die Funktionssicherheit der Kabel sachkundig prüfen zu lassen und eventuell Reparaturen zu veranlassen. In Kabelkanälen kann die Brandausbreitung in der Anfangsphase durch Staub und andere Verschmutzungen beeinflußt werden. Die Lagerung von Nachrichtenmaterial in rohbaufertigen Gebäuden ist mit den anderen Partnern so abzustimmen, daß eine Entzündung in Verbindung mit Schweißarbeiten (z. B. in der Ausbauphase des Gebäudes) sicher ausgeschlossen wird.

**Beispiele
für Unfälle, Brände und Explosionen**

Explosion in einem Kesselwagen
In einem Reichsbahnausbesserungswerk wurden Reparaturarbeiten an einem Kesselwagen ausgeführt. Ein Mitarbeiter schraubte die Absperrhähne im unteren Wagenbereich ab. Ein anderer öffnete den Domdeckel. Da er feststellte, daß sich im Inneren des Kesselwagens Dämpfe befanden, setzte er eine Vollmaske auf und stieg ein. Unterdessen strömte aus den Öffnungen der abgeschraubten Absperrhähne das explosible Gasgemisch (s. Abb. 60). Als ein in der Nähe befindlicher Schweißgenerator in Betrieb gesetzt wurde, entzündete sich das Gemisch vermutlich durch den Abrißfunken. Die Flamme breitete sich in Richtung der höheren Konzentration zum Kesselwagen hin aus, schlug in das Innere des Wagens und löste eine Explosion aus. Dabei wurde auch das Hallendach beschädigt. Der im Kessel befindliche Arbeiter erlitt auf 90 % der Körperoberfläche Verbrennungen ersten und zweiten Grades und verstarb nach drei Tagen.

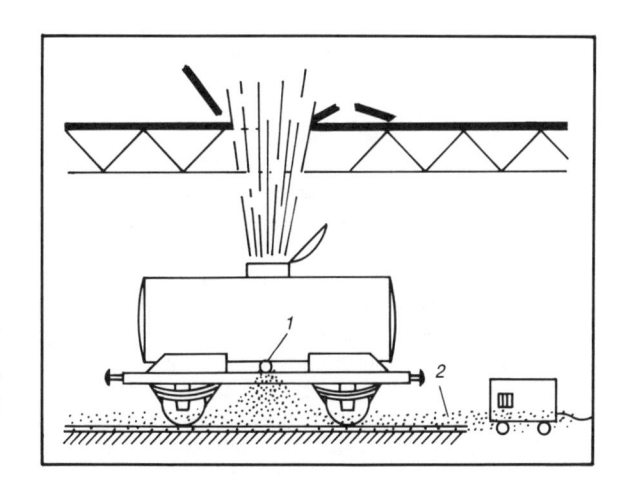

Abb. 60
Explosion in einem Kesselwagen,
1 Stutzen, von dem der Absperrhahn abgeschraubt wurde, 2 Toluen-Luft-Gemisch

Verstöße gegen die Sicherheitsbestimmungen:
– Kesselwagen hätte erst in gereinigtem Zustand in die Werkstatt gebracht werden dürfen,
– Befahrerlaubnis fehlte.

Brand an einer Oberbau-Großmaschine
An der Hydraulikanlage einer Oberbau-Großmaschine wurden Instandsetzungsarbeiten durchgeführt. Dabei vergaßen die Schlosser, auf dem Führerstand 1 einen Hydraulikschlauch anzuschließen. Anschließend wurden in diesem Bereich Gasschweißarbeiten ausgeführt und zur gleichen Zeit im Führerstand 2 die Maschine zu einem Probelauf gestartet (s. Abb. 61). Austretendes Hydrauliköl im

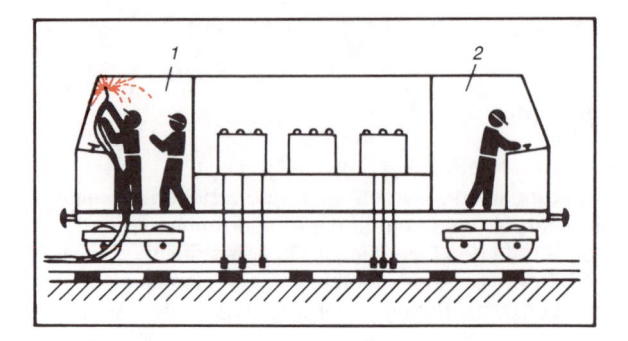

Abb. 61
Verpuffung und Brand an einer Oberbau-Großmaschine,
1 Führerstand 1,
2 Führerstand 2

Führerstand 1 entzündete sich an der Gasschweißflamme, was eine Verpuffung zur Folge hatte. Der Schweißer und die Brandwache erlitten schwere Verbrennungen. Der Führerstand 1 brannte völlig aus, wobei ein großer Schaden entstand.
Verstöße gegen die Sicherheitsbestimmungen:
- Arbeiten zwischen den Reparaturschlossern und dem Leiter mangelhaft abgestimmt,
- Gefährdungen in der Schweißgefährdungszone unvollständig erfaßt,
- Schweißerlaubnisschein unvollständig ausgefüllt.

Brand auf einem Straßenbahnhof
Beim Autogenschweißen des Winkeleisens zur Halterung der Kupplung eines Straßenbahnbeiwagens kam es durch ungehinderten Zutritt der Flamme und Spritzer in das Wageninnere zu einem Brand von Sperrholzplatten und Gummibelag. Der Handfeuerlöscher erwies sich als funktionsuntüchtig, die Betriebsfeuerwehr war nicht einsatzfähig, und die Feuerwache wurde zu spät alarmiert. Der Schlüssel zum verschlossenen Tor der Halle mußte erst gesucht werden, so konnte man auch nicht den brennenden Beiwagen aus der Halle ziehen. Die Flammen erfaßten die Überdachung. Von hier herabfallende brennende Teile entzündeten einen Triebwagen und zwei weitere Beiwagen. Der Schaden war sehr hoch. Wegen fahrlässiger Verursachung eines Brandes wurden der Leiter der Inspektion Arbeits- und Produktionssicherheit, der Vorarbeiter und der Schweißer zu einer Freiheitsstrafe von 2 Jahren auf Bewährung und zu Geldstrafen verurteilt. Außerdem wurden sie in Höhe eines Monatseinkommens materiell verantwortlich gemacht. Gegen drei weitere Mitarbeiter fanden Disziplinarverfahren wegen ungenügender Organisierung des Brandschutzes, mangelnder Einsatzbereitschaft der Betriebsfeuerwehr und ungenügender Kontrolle der Feuerlöschgeräte statt [150].
Verstöße gegen die Sicherheitsbestimmungen:
- Brandgefährdeter Bereich – Schweißerlaubnis fehlte,
- keine Sicherheitsmaßnahmen,
- keine Brandwache gestellt,
- keine funktionstüchtigen Feuerlöschgeräte bereitgestellt.

Tödlicher Unfall in einem Tender
Im Wasserteil eines Tenders für Dampflokomotiven waren Kontroll- und Instandsetzungsarbeiten erforderlich. Der Tender bestand aus mehreren Kammern. Nachdem zunächst Brennschneidarbeiten in der vom Einstieg her gesehen dritten Kammer erfolgten, sollte dort in einem weiteren Arbeitsgang ein Flicken durch Elektrodenhandschweißung eingebaut werden. Der Brennschneider und der Schweißer begaben sich in die 3. Kammer, um den Flicken zunächst anzupassen und dann einzuschweißen. Eine Befahrerlaubnis, eine Be- und Entlüftung sowie eine Brandwache waren nicht vorhanden. Plötzlich sahen andere Arbeiter starken Rauch aus der Einstiegsöffnung des Tenders austreten. Sie alarmierten die Feuerwehr und versuchten trotz starker Wärme- und Rauchentwicklung in den Einstieg hineinzuleuchten. Dabei entdeckten sie unmittelbar unter der Einstiegsluke die beiden Arbeiter, die nur noch tot geborgen werden konnten (s. Abb. 62).

Abb. 62
Tödlicher Unfall in einem Tender,
1 Sauerstoff, 2 Acetylen, 3 E-Schweißgerät, 4 seitlicher Ein- bzw. Ausstieg, 5 Lage der Verunglückten, 6 Draufsicht der Kammer

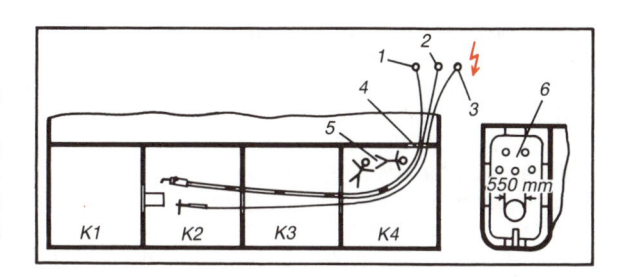

Bei der Untersuchung wurde festgestellt, daß die Arbeiter Verbrennungen dritten und vierten Grades erlitten hatten. In den Tenderkammern waren starke Rußablagerungen vorhanden. Teilabschnitte der Schweißkabelisolierung, der Autogenschläuche und der Schweißerschutzschirm waren verbrannt. Die Rekonstruktion des Unfalls führte zu folgendem Ergebnis. Gestützt auf Versuche, ist mit hoher Wahrscheinlichkeit anzunehmen, daß am Brennschneidgerät ein Flammenrückschlag erfolgte, der zunächst zur Explosion des Sauerstoffschlauches führte. Dabei ergriff der Brand auch die Arbeitsschutzkleidung der Arbeiter. Das zusätzliche Entzünden des Acetylenschlauches verursachte weitere Temperaturerhöhungen. Den Verletzten gelang noch die Flucht bis in die erste Kammer, wo sie dem Hitzetod erlagen. Durch die zuständige Arbeitsschutzinspektion wurden gegen vier leitende Mitarbeiter des Betriebes Ordnungsstrafen ausgesprochen [151].
Verstöße gegen die Sicherheitsbestimmungen:
– Schweißarbeiten in engen Räumen – Schweißerlaubnis und Befahrerlaubnis fehlten,
– keine Sicherheitsmaßnahmen (Absaugung, schwerentflammbare Schutzanzüge),
– keine Brandwache gestellt.

Flaschenbrand während eines Transportes
Ein LKW-Fahrer hatte den Auftrag, mit einem Lastzug Acetylenflaschen auszuliefern. Von einem entgegenkommenden Kraftfahrer wurde er darauf aufmerksam gemacht, daß es auf seinem Anhänger brennt. Er fuhr den Lastzug auf den Mittelstreifen der Straße und stellte fest, daß das Absperrventil einer der 30 doppel-

schichtig gelagerten und mit Schutzkappen versehenen Druckgasflaschen undicht war und brannte. Es gelang ihm nicht, das Ventil zu schließen, so daß er sich entschloß, den Anhänger vom Fahrzeug abzukuppeln. Doch vorher explodierte die Druckgasflasche, wobei eine haushohe Stichflamme auftrat. Es brannten das ausströmende Gas einer Druckgasflasche und die hölzerne Ladefläche. Die zerborstene Druckgasflasche glühte, und aus weiteren erwärmten Flaschen strömte Gas aus. Nach wenigen Minuten war die sofort alarmierte Feuerwehr zur Stelle und löschte den Brand. 11 Flaschen wurden entladen und gekühlt. Wichtig ist in derartigen Fällen die Kennzeichnung der Flaschen (z. B. „Druckgasflasche hat gebrannt oder „Druckgasflasche war Wärmewirkung ausgesetzt") [152].

Verstöße gegen die Sicherheitsbestimmungen:
– Unsachgemäßes Abfüllen der Gasflaschen in der Abfüllstelle,
– ungenügendes Schließen des Flaschenventils.

Explosion eines nicht gereinigten Öltanks
Zwei Arbeiter befanden sich in einem 22 000 m^3 fassenden Öltank, der auf einem Hafengelände stand, und wollten von einem Ponton aus, der auf der Wasseroberfläche des mit zu zwei Dritteln gefüllten Tanks schwamm, Schweißarbeiten ausführen. Das Öl war vorher abgelassen worden. Als ein Mitarbeiter mit den Schweißarbeiten begann, entstand sofort ein Brand, der sich auf der Wasseroberfläche ausbreitete und auch die Behälterwand erfaßte. Die Brandwache zog den Ponton unter die Einstiegsluke, die zwei Arbeiter konnten unverletzt aussteigen und sich einige Meter von der Luke entfernen (s. Abb. 63). Dann erfolgte eine Explosion mit riesiger Flamme. Beim Löschen des Brandes gab es erhebliche Probleme. Der Wasserdruck der Tankberieselungsanlage war zu klein. Die zentrale Beschäumungsanlage der Tanks war aufgrund einer Durchsicht abgeschaltet. Der Schaden war sehr groß. Der bauleitende Monteur wurde zu einer Freiheitsstrafe von 1 Jahr und 6 Monaten auf Bewährung verurteilt. Gegen eine Reihe verantwortlicher Leiter des Ölhafens kamen das Strafrecht (auf Bewährung) und Disziplinarmaßnahmen (u. a. Ablösung von Funktionen) zur Anwendung.

Abb. 63
Brennendes Öl auf der Wasseroberfläche im Tank

Verstöße gegen die Sicherheitsbestimmungen:
– Schweißarbeiten nicht unter Aufsicht eines Sachkundigen durchgeführt,
– Behälter ungenügend gereinigt.
Weitere Beispiele sind in Tabelle 45 enthalten.

Tabelle 45
Beispiele für Unfälle und Brände im Transport- und Nachrichtenwesen

Sachverhalt	Verstoß gegen die Sicherheitsbestimmungen	Schaden
Im Schienenbereich einer Werksbahn führten Gleisbauarbeiter Brennschneidarbeiten aus. Angewiesene Sicherheitsmaßnahmen waren nicht realisiert worden. In der Umgebung der Schweißstelle gerieten Gras und alte Holzschwellen in Brand.	Sicherheitsmaßnahmen in Schweißgefährdungszone nicht realisiert (Entfernen oder Abdecken brennbarer Stoffe)	Geringer Sachschaden
An einem Tankzug war die Dieselleitung eingefroren. Als der Fahrer sie mit einer Lötlampe auftaute, kam es zu einer Explosion, wobei der Fahrer tödlich verletzt wurde [153].	Auftauarbeiten mit offener Flamme	Tödlicher Unfall
In einem Hafengelände führten Schweißarbeiten zur Entzündung von Brennstoff. Zwanzig Tanks wurden durch die Flammen vernichtet. Die Flammen erreichten eine Höhe von 100 m. Der ausfließende Brennstoff breitete sich brennend im Hafenbecken aus. Ein Schiff brannte aus, ein Schwimmkran wurde beschädigt. Gefährliche Luftturbulenzen machten es erforderlich, den Flugverkehr eines 20 km entfernten Flugplatzes umzuleiten. 460 Feuerwehrleute waren im Einsatz. Das Löschen dauerte mehrere Tage [154].	Ungenügende Sicherheitsmaßnahmen in Schweißgefährdungszone	Sehr großer Sachschaden
Bei Schweißarbeiten in einem Zementwerk entstand im Kabelsystem ein Brand. Der Ausfall über zwei Wochen hinaus brachte neben dem direkten materiellen Verlust bedeutende Folgeschäden mit sich, indem die laufenden Aufträge von anderen Firmen übernommen wurden.	Ungenügende Sicherheitsmaßnahmen in der Schweißgefährdungszone	Mehrere Millionen DM

4.4.11. Kraftfahrzeuginstandhaltung

Kraftfahrzeugwerkstätten beheben Schäden, die durch Unfälle, Korrosion, Überbelastung und Verschleiß entstehen. Dabei sind auch Schweiß- und Schneidarbeiten erforderlich. Wichtige Anwendungsgebiete der Schweißverfahren sind Karosserien, Unterböden, Fahrzeugrahmen sowie Kraftstofftanks [82, 155, 156]. Zur Anwendung kommen gegenwärtig fast ausschließlich das Gas- und Lichtbogenhandschweißen, autogenes Brennschneiden sowie Anwärmarbeiten zum Richten von Konstruktionsteilen und Gangbarmachen von Schraubenverbindungen.

Von den Materialien, die in Brand geraten können, stehen brennbare Flüssigkeiten und Textilien an erster Stelle. Die Kraftfahrzeuge sind häufig mit Kraftstoff- und Ölresten verschmutzt und mit brennbaren Konservierungsmitteln beschichtet. Auch die Innenausstattung ist brennbar; ihre vollständige Entfernung ist nur mit großem Aufwand möglich. Kraftfahrzeugtanks mit ihrem gefährlichen Inhalt stellen bei Reparaturarbeiten an Fahrzeugen eine besondere Gefahrenquelle dar.

Die Hauptursache der Schadensfälle ist die ungenügende Beachtung und Durchführung von Sicherheitsmaßnahmen in der Schweißgefährdungszone, die Häufigkeit des Arbeitens in brand- und explosionsgefährdeten Bereichen ohne Schweißerlaubnis, Mängel bei der Unterweisung sowie Betriebsblindheit bzw. Inkonsequenz von Führungskräften hinsichtlich des Arbeits- und Brandschutzes.

Charakteristisch für Schadensfälle in Verbindung mit Schweißarbeiten an Behältern mit gefährlichem Inhalt bzw. in der Nähe kraftstoffverschmutzer Teile ist die Plötzlichkeit der Ereignisse (Explosionen, Verpuffungen) sowie die Intensität der Brände.

Die Kraftfahrzeuginstandsetzungsbetriebe verfügen in der Regel über Werkstätten, die für Schweiß- und Schneidarbeiten freigegeben sind. Dort entfällt die Ausstellung von Schweißerlaubnisscheinen für einzelne Arbeiten. Zugleich obliegt dem Schweißer eine besonders große Verantwortung hinsichtlich des Brandschutzes.

Darüber hinaus müssen auch Schweiß- und Schneidarbeiten an Kraftfahrzeugen außerhalb der Werkstätten ausgeführt werden. Für diese Fälle ist bei nicht zu beseitigender Brandgefahr ein Schweißerlaubnisschein erforderlich.

Unabhängig davon, welche Situation vorliegt, hat der Schweißer neben termin- und qualitätsgerechter Ausführung der Reparatur stets auf brandschutzgerechtes Arbeiten zu achten. Um der Brandentstehung und -ausbreitung wirksam vorzubeugen, kommt es vor allem darauf an, im Bereich der Schweißgefährdungszone Stoffe mit großer Zündbereitschaft sowie brennbare Gegenstände zu entfernen oder gegen Entzündung zu sichern. Kraftstofftanks sind als Behälter mit gefährlichem Inhalt einzustufen. Für die praktische Anwendung heißt das, daß Schweißarbeiten nur unter Aufsicht eines Sachkundigen ausgeführt werden.

Der Sachkundige hat vor Beginn der Schweißarbeiten unter Berücksichtigung der Eigenschaften des Behälterinhalts die notwendigen Sicherheitsmaßnahmen festzulegen und die Durchführung der Arbeiten zu überwachen.

Außer den genannten Brandursachen und Maßnahmen zur Brandverhütung sei noch auf die Bedeutung der Nachkontrollen hingewiesen. So können durch Funken und Spritzer vor allem an Textilien der Innenausstattung von Fahrzeugen

Brandnester entstehen, die sich noch nach Stunden zu einem Brand ausweiten können.
Zu den organisatorischen Voraussetzungen für eine schnelle und erfolgreiche Brandbekämpfung gehört die Einhaltung einer betrieblichen Aufstellordnung der Fahrzeuge, um im Brandfall brennende oder gefährdete Fahrzeuge schnell aus der Werkstatt bergen zu können.

**Beispiele
für Unfälle, Brände und Explosionen**

Entzündung eines ausgebauten Kraftstoffbehälters
In einer Kraftfahrzeugwerkstatt waren Schweißarbeiten am hinteren Rahmen eines Trabants durchzuführen. Zu diesem Zweck stand das Fahrzeug auf einer Hebebühne in einer Höhe von 1,80 m. Der Tank und die Reifen waren bereits aus- bzw. abgebaut. Wegen beengter Platzverhältnisse in der Werkstatt lagerten die Reifen und darauf der Tank in 2 m Entfernung von der Hebebühne (s. Abb. 64).

Abb. 64
Entzündung eines ausgebauten Kraftstoffbehälters,
1 Kraftstoffbehälter, 2 Schweißfunken, 3 ausgelaufenes Benzin

Beim Hinlegen des Tanks hatte sich der Kraftstoffhahn ein wenig geöffnet und Benzin tropfte heraus. Als der Schweißer mit seiner Arbeit begann, entzündete sich der Kraftstoff durch Funkenflug. So kam es nicht nur zum Brand, sondern durch die brennenden Reifen auch zu einer ungewöhnlich starken Rauchentwicklung. Der Brand wurde relativ schnell mit Handfeuerlöschern gelöscht.
Verstöße gegen die Sicherheitsbestimmungen:
– Brennbare Gegenstände und Stoffe nicht aus der Schweißgefährdungszone entfernt,
– Schweißgefährdungszone in der räumlichen Ausdehnung zu klein eingeschätzt.

Brand und Unfall durch einen nicht ausgebauten Kraftstofftank
Ein Schweißer reparierte den Pritschenrahmen für einen Lastkraftwagen. Da das Fahrzeug noch am selben Tag für einen dringenden Transport benötigt wurde, baute er den Tank nicht aus, obwohl die Schweißstelle nur 25 cm neben dem Tank lag. Beim Schweißen erwärmte sich der Tank und explodierte. Der Schweißer zog

sich leichte Verbrennungen an der linken Hand zu. Gegen den Schweißer wurde ein Ermittlungsverfahren eingeleitet.
Verstöße gegen die Sicherheitsbestimmungen:
– Behälter mit gefährlichem Inhalt nicht unter Aufsicht eines Sachkundigen geschweißt.

Explosion beim Schweißen an einem ausgebauten Kraftstofftank
Ein Schlosser wollte einen defekten Tank schweißen. Er spülte den Tank, füllte ihn teilweise mit Wasser und verschloß ihn mit dem Tankdeckel. Beim Schweißen explodierte der Tank. Es wäre notwendig gewesen, während der Dauer der Schweiß- und Schneidarbeiten Wasserdampf oder Schutzgas (z. B. Stickstoff oder Kohlendioxid) durch den Behälter zu leiten oder den Behälter gründlich mit Wasser zu spülen und während der Arbeiten völlig mit Wasser gefüllt zu halten. Bei diesem Verfahren muß eine offene Verbindung des Behälterinneren mit der Atmosphäre gewährleistet sein.
Verstöße gegen die Sicherheitsbestimmungen:
– Grundsätze zur Ausführung von Schweißarbeiten an Behältern mit gefährlichem Inhalt nicht eingehalten,
– Schweißer handelte eigenmächtig, ohne Aufsicht eines Sachkundigen.

Fahrzeug- und Werkstattbrand durch Entzündung von Öl- und Kraftstoffrückständen
In einer Werkstatt wurden an einem Kleintransporter Schweißarbeiten am Fahrgestellrahmen durchgeführt. Obwohl der Motor und das Getriebegehäuse mit Öl und Dieselkraftstoff verschmutzt waren, begann man mit den Arbeiten. Durch Entzündung von Öl- und Dieselrückständen wurde das Fahrerhaus in Brand gesetzt. Verstellte Feuerlöschgeräte verhinderten die schnelle Brandbekämpfung. Das brennende Kraftfahrzeug konnte nicht aus der Werkstatt gebracht werden, da hinter diesem ein weiteres Fahrzeug aufgebockt war. Die Flammen griffen auf das Hallendach über.
Verstöße gegen die Sicherheitsbestimmungen:
– Die mit brennbaren Stoffen verschmutzten Fahrzeugteile ungenügend gereinigt.
Weitere Beispiele sind in Tabelle 46 enthalten.

Tabelle 46
Beispiele für Unfälle und Brände bei der Kraftfahrzeuginstandsetzung

Sachverhalt	Verstoß gegen die Sicherheitsbestimmungen	Schaden
In einer Reparaturwerkstatt wurde an einem Personenkraftwagen direkt über dem gefüllten Kraftstofftank geschweißt. Der erwärmte Tank explodierte und setzte die Pritsche in Brand. Der Schweißer erlitt Brandverletzungen an den Händen.	Ungenügende Sicherheitsmaßnahmen in der Schweißgefährdungszone (Tank hätte vorher ausgebaut werden müssen)	Groß
An einem Personenkraftwagen mußten Schweißarbeiten an der Bodenträgergruppe ausgeführt werden. Dazu wurde das Fahrzeug ≈45° seitlich gekippt. Durch Schweißfunken entzündete sich das aus dem gefüllten Tank ausgelaufene Benzin. Unbemerkt konnte sich der Brand auf die Schalldämmatte ausbreiten.	Ungenügende Sicherheitsmaßnahmen in der Schweißgefährdungszone	Gering
Bei der Karosserieinstandsetzung an einem Barkas baute man weder den Tank noch die Innenverkleidung aus. Beim Schweißen entzündete sich die Innenverkleidung. Vom Schweißer unbemerkt konnte sich der Brand auf das gesamte Fahrzeug ausbreiten. Ein Mitarbeiter entdeckte den Brand und zog den Schweißer unter dem brennenden Fahrzeug hervor. Eingeleitete Löscharbeiten wurden nicht mehr wirksam, die Werkstatt brannte mit den abgestellten Fahrzeugen ab [157].	Ungenügende Sicherheitsmaßnahmen in der Schweißgefährdungszone	Groß
Vor Beginn der Schweißarbeiten an einem Traktor lief Getriebeöl aus, das nicht vollständig entfernt wurde und sich während der Schweißarbeiten durch Funkenflug entzündete.		Brandverletzung des Schweißers

Sachverhalt	Verstoß gegen die Sicherheitsbestimmungen	Schaden
In einer Werkstatt wurden nach Feierabend Reparaturschweißungen am Radkasten eines Personenkraftwagens durchgeführt. Die Schweißwärme entzündete die hinteren Sitze. Geöffnete Autofenster förderten die Brandausbreitung. Eine Schweißerlaubnis lag nicht vor.	Schweißerlaubnis fehlte; keine Sicherheitsmaßnahmen in der Schweißgefährdungszone; keine Brandwache gestellt; Löschmittel fehlten	Gering
An einem Personenkraftwagen sollten die Längsträger ausgewechselt werden. Der Tank, die Benzinleitung sowie die Vorder- und Hintersitze wurden ausgebaut. Die Rückenlehne verblieb während der Schweißarbeiten im Fahrzeug. Das Konservierungsmittel Elaskon entzündete sich infolge der Schweißwärme, die Flammen griffen auf die Rückenlehne über.	Unzureichende Sicherheitsmaßnahmen in der Schweißgefährdungszone	Gering

4.4.12. Handelseinrichtungen

Die nachfolgend beschriebenen Schadensfälle ereigneten sich in Verkaufsstellen, Kaufhäusern und -hallen, Großhandelseinrichtungen, bäuerlichen Handelsgenossenschaften und Kühlhäusern. Charakteristisch für diese Bereiche ist, daß eine Vielzahl brennbarer fester und flüssiger Materialien als Ware vorhanden ist. Darüber hinaus können nichtbrennbare Materialien, wie Glas oder Metallwaren, die mit Papier, Pappe, Schaumstoffen oder Kunststoffolien verpackt sind, durch Brände vernichtet werden. Ein großer Teil der in Handelseinrichtungen vorkommenden Materialien trägt zu einer schnellen Brandausbreitung in der Anfangsphase sowie zu einer großen Brandintensität bei. Neben den Waren, die in Brand geraten können, ist zu beachten, daß auch Ausbaustoffe (z. B. Kunststoffteile) und Verschmutzungen, die sich oft an schlecht zugänglichen Stellen ansammeln, günstige Bedingungen für Brände bieten. Zu den Verschmutzungen gehören Öl- und Fettreste an Fördervorrichtungen (z. B. Aufzüge, Rolltreppen), Schmutzansammlungen, Papierreste, Spinnweben im Sohlbereich von Aufzugsschächten usw. Des weiteren sind brennbare Flüssigkeiten in Form von Kosmetika, Farben und Lösungsmitteln vorhanden.
Die bei Bränden entstehenden Schäden resultieren nicht nur aus dem unmittelbaren Brand durch Verbrennung und Rußablagerungen, sondern auch aus Wasser-

schäden durch Löscharbeiten. Die hohe Wertkonzentration in Handelseinrichtungen beeinflußt die Schadenshöhe maßgeblich. Neben den Sachschäden ist die Gefährdung der Menschen insbesondere in Kaufhäusern und Kaufhallen ein wichtiger Aspekt.
Eine schnelle Brandausbreitung kann zum Abschneiden von Fluchtwegen sowie zur Panik führen.
Typische Schweißarbeiten im Handelsbereich sind Heizungsreparaturen und Instandsetzungsarbeiten an Fördervorrichtungen. Begünstigend auf die Brandausbreitung wirken sich das relativ hohe Durchschnittsalter (und damit die Bauweise) der Geschäftshäuser, die Luftbewegung in den Gebäuden durch natürliche Konvektion (Treppenhäuser, Fahrstuhlschächte) sowie die Zwangsbelüftung (Klimatisierung) aus.
Für die Sicherheit der Handelseinrichtungen kommen sowohl dem baulichen Brandschutz als auch der Einstufung der Räume, ob Brand- oder Explosionsgefahr vorhanden ist, sehr große Bedeutung zu. Die günstigen Bedingungen für die Brandentstehung und -ausbreitung erfordern höchste Konsequenz bei der Sicherung der Schweißgefährdungszone unter besonderer Berücksichtigung von Durchbrüchen, Ritzen, Spalten usw., der Bereitstellung entsprechender Löschmittel und auch der Durchführung von Nachkontrollen. Die Tatsache, daß Geschäfte in der Regel 12 und mehr Stunden entsprechend den Öffnungszeiten von keinem Menschen betreten werden, bietet günstige Möglichkeiten für die Entwicklung von Glimm- und Schwelbränden zu Großbränden. Nachkontrollen sollten vor allem in Kaufhäusern und Lagereinrichtungen nach Beendigung der Schweißarbeiten für die folgenden Stunden regelmäßig und gewissenhaft durchgeführt werden.

**Beispiele
für Unfälle, Brände und Explosionen**

Kaufhausbrand in Philadelphia (USA)
In einem fast 100jährigen Geschäftshaus, das durch umfangreiche Holzverklei-

Abb. 65
Entzündung von Papier- und Zigarettenresten in einem Aufzugsschacht,
1 Aufzugsschacht, 2 ölgetränkte Papier- und Zigarettenreste

dung objektiv stark brandgefährdet war, führte ein Schlosser Schweißarbeiten an einer Rohrleitung aus. Weil die Arbeiten nur wenige Minuten dauern sollten, verzichtete man auf alle Sicherheitsmaßnahmen. Während des Schweißens fielen Schweißperlen in die Ritze eines Aufzugsschachtes und entzündeten auf dem Schachtboden Papier, Zigarettenkippen, herabgetropftes Öl und Schmierfett (s. Abb. 65). Die Kaminwirkung riß die Flammen nach oben. Der Brand breitete sich mit großer Geschwindigkeit aus, 18 Gebäude wurden zum Teil schwer beschädigt. Etwa 25 000 Menschen mußten aus Wohnungen, Büros und anderen Arbeitsstätten evakuiert werden. Glücklicher Weise gab es keine Toten und Schwerverletzten. Der Sachschaden war sehr groß.

Ein Teil der City von Philadelphia war vernichtet worden. Noch nie in der Geschichte der Schweißtechnik hatte ein einziger Mensch, fahrlässig und leichtsinnig, eine so gewaltige Katastrophe ausgelöst [158].

Verstöße gegen die Sicherheitsbestimmungen:
– Ungenügende Sicherheitsmaßnahmen im brandgefährdeten Bereich (Unterschätzung von Ritzen und Spalten),
– unreale Bestimmung der Schweißgefährdungszone,
– keine schriftliche Schweißerlaubnis.

Kaufhausbrand in Wien

Eine weitere große Brandkatastrophe durch Schweiß- und Schneidarbeiten ereignete sich in Wien. Innerhalb kurzer Zeit wurde ein Kaufhaus von einem Brand erfaßt und vernichtet. Weitere Wohn- und Geschäftshäuser waren gefährdet. Nach Auslösung des Feueralarms um 22.41 Uhr kamen 300 Feuerwehrleute zum Einsatz, 160 Feuerwehrleute wurden mit 30 Strahlrohren im Gebäude eingesetzt. Neben den Gefahren durch Flammen und Rauch bestand Explosionsgefahr durch infolge hoher Temperaturen geschmolzener Gasleitungen. Weiterhin bestanden Gefahren durch Verpuffungen von Sprayflaschen, die in großer Anzahl vorhanden waren, sowie durch giftige Gase infolge des hohen Kunststoffanteils in den Räumen.

Als Brandursachen wurden Schweißspritzer festgestellt. Für Reparaturen an einer Rolltreppe zwischen dem 2. und 3. Geschoß mit Autogenschweißgeräten war die Brandmelde- und Sprinkleranlage außer Betrieb gesetzt worden, um nicht ständig Fehlalarm durch Wärmeeinwirkung auszulösen. Aus den Ermittlungen ist ersichtlich, daß es bereits zu einem kleinen Entstehungsbrand kam, der mit Handfeuerlöschern gelöscht wurde. Nach Fortführung der Arbeiten geriet die mit Staub und Öl vermischte Schicht an der Rolltreppe durch Funkenflug erneut in Brand. Einige Minuten versuchten Schweißer und Helfer den Brand zu löschen, mußten aber infolge Rauch und des weiter um sich greifenden Brandes aufgeben. Der dadurch verspätet ausgelöste Feueralarm begünstigte die Ausbreitung des Brandes auf die anderen Geschosse [159].

Verstöße gegen die Sicherheitsbestimmungen:
– Ungenügende Sicherheitsmaßnahmen in der Schweißgefährdungszone,
– keine schriftliche Schweißerlaubnis,
– keine Brandwache gestellt,
– keine geeigneten Feuerlöschgeräte bereitgestellt.

Großbrand in einem Kühlhaus
Im Zwischengeschoß eines Kühlhaus-Gebäudekomplexes befanden sich Büroräume, in denen ein Abflußrohr durchtrennt werden sollte. Ein Arbeiter begann das Trennen mit einer Metallsäge. Da ihm das Sägen zu langsam verlief, half er mit dem Lichtbogen einer Elektroschweißanlage nach. Dabei fielen Metallperlen auf die abgehängte Styropordecke des unter dem Büro befindlichen Zerteilraumes. Die Decke entzündete sich und stürzte brennend in den Raum, in dem gerade 1 700 Schweine zerteilt wurden. Etwa 30 t Schweinefett, die in Kunststoffmulden lagerten, gerieten in Brand. Panikartig flohen die Beschäftigten aus dem brennenden Raum, eine Person kam in den Flammen um. Der Brand griff auf mehrere Kühlkammern über und verursachte einen Schaden in Millionenhöhe [160].
Verstöße gegen die Sicherheitsbestimmungen:
– Auftrag und Berechtigung für thermische Trennarbeiten fehlten,
– Schweißerlaubnis fehlte,
– keine Sicherheitsmaßnahmen in der Schweißgefährdungszone.

Brand eines Regallagers
Im Lagerraum der Betriebsverkaufsstelle einer Teppichfabrik sollte ein Rohr an der Trennwand zum Materiallager abgebrannt werden. Ohne Schweißerlaubnis und ohne sich zu überzeugen, wo das Rohr hinführt, nahm der Schweißer die Arbeit auf. Die Schweißspritzer entzündeten die Materialien auf der anderen Seite der Trennwand. Der Schaden betrug mehrere Millionen. Der zuständige Leiter wurde zu einer Freiheitsstrafe von 30 Monaten und der Schweißer von 24 Monaten verurteilt [161].
Verstöße gegen die Sicherheitsbestimmungen:
– Brandgefährdeter Bereich – Schweißerlaubnis fehlte,
– Rohrleitungssysteme nicht auf vorhandene Öffnungen überprüft,
– angrenzende Bereiche nicht in die Schweißgefährdungszone einbezogen.

4.4.13. Gesundheits- und Bildungswesen sowie kulturelle Einrichtungen

Im Unterschied zu Schadensfällen und Bränden in der Industrie bestehen im Gesundheits- und Bildungswesen erhöhte Gefahren für Personen. Im Brandfall können umfangreiche Evakuierungen notwendig werden. Vor allem in Krankenhäusern und Pflegeheimen ist davon auszugehen, daß Kleinkinder, Kranke, alte und gebrechliche Personen nicht allein in der Lage sind, sich in Sicherheit zu bringen. Die Evakuierungen sind oft langwierig und kompliziert, wobei die Einsatzkräfte teilweise unter Einsatz ihres Lebens arbeiten müssen [162].
Im Bereich kultureller Einrichtungen ist zu unterscheiden zwischen solchen mit großen Menschenansammlungen (z. B. Theater, Kinos) und solchen, die bedeutende materielle und ideelle Werte beherbergen oder solche Werte darstellen (z. B. Museen, Schlösser, Kirchen, Archive). In den kulturellen Einrichtungen werden Schweiß- oder Schneidarbeiten natürlich nicht während der Veranstaltungen ausgeführt, aber ein Schwelbrand kann in dieser Zeit mit großer zeitlicher Verzögerung zum Ausbruch kommen.
Fast alle Brände in diesen Einrichtungen entstehen durch Reparatur- und Rekonstruktionsarbeiten. Größtenteils herrscht Unkenntnis über die örtlichen Gegeben-

heiten in der Schweißgefährdungszone. Die Auswertung von Schadensfällen zeigt, daß der überwiegende Teil der Brände durch Arbeiten mit der Autogentechnik entstanden ist. Etwa die Hälfte der Brände begann als Schwelbrände, die zunächst nicht bemerkt wurden, und entwickelte sich erst nach einiger Zeit zu einem Flammenbrand.

Ein großer Anteil Pflichtverletzungen wird durch Nichterkennen brand- und explosionsgefährdeter Bereiche bei der Erlaubniserteilung begangen. Formell ausgefüllte oder gar nicht ausgestellte Schweißerlaubnisscheine sind dann häufig die Ursache für weitere Pflichtverletzungen durch die Schweißer. Gefährdungsschwerpunkte sind ferner fehlende Sicherheitsmaßnahmen in der Schweißgefährdungszone. Besondere Gefährdungen ergeben sich
- durch brennbare oder explosive Stoffe, die ungenügend gesichert sind,
- aus der Konstruktion, insbesondere der baulichen Hülle und dem baulichen Zustand des Gebäudes, des Raumes oder der Anlage.

Zu den typischen Materialien, die in Brand geraten können, gehören Kleidung und Wäsche, Mobiliar, Baustoffe (z. B. Holz, Isolierungsmaterial) sowie Büromaterial. Die besonderen Bedingungen der Brandgefährdung in den Bereichen des Gesundheits- und Bildungswesens sowie der kulturellen Einrichtungen erfordern spezifische Festlegungen für die Schweißerunterweisungen, die Erteilung der Schweißerlaubnis und die Brandwache. Vor Beginn der Schweiß- und Schneidarbeiten müssen sich die Verantwortlichen eingehend mit den örtlichen Gegebenheiten vertraut machen. Aufsichtspersonen sind vor allem über das Entstehen von Schwelbränden (besondere Anzeichen und Ausbreitung) sowie die Brandbekämpfung zu unterweisen. Nachkontrollen sollten über einen längeren Zeitraum gewissenhaft durchgeführt werden. Insbesondere ist zu prüfen, ob mögliche Komplikationen bei der Evakuierung der Gebäude (z. B. Krankenhäusern, Pflegeheimen), die zum Zeitpunkt der Arbeiten belegt sind, auftreten können.

**Beispiele
für Unfälle, Brände und Explosionen**

Unglücksfall in einer Säuglingsstation
In der Säuglingsstation eines Krankenhauses lagen Frühgeburten unter einem Sauerstoffzelt. Obwohl bekannt war, daß bereits eine Sauerstofferhöhung auf 24 % eine Verdopplung der Verbrennungsgeschwindigkeit nach sich zieht, wurden ganz in der Nähe des Sauerstoffzeltes Schweißarbeiten durchgeführt. Schweißspritzer entzündeten die mit Sauerstoff angereicherten Betten. Das Feuer breitete sich mit einer so großen Geschwindigkeit aus, daß es nicht mehr unter Kontrolle gebracht werden konnte. Alle Säuglinge dieser Abteilung kamen in den Flammen um. Es entstand ein sehr hoher Sachschaden [162].
V e r s t ö ß e   g e g e n   d i e   S i c h e r h e i t s b e s t i m m u n g e n :
- Brandgefährdeter Bereich – Schweißerlaubnis fehlte,
- keine Sicherheitsmaßnahmen in der Schweißgefährdungszone, insbesondere Nichtbeachtung der Sauerstoffanreicherung.

Brandausbreitung über Isolierungsmaterial einer Rohrleitung
Beim Umbau eines Krankenhauses wurden wesentliche Änderungen an den Heiz- und Sanitärleitungen vorgenommen. Am Vortag des Brandes waren zwei Schweißer damit beschäftigt, im Heizungsraum des Kellergeschosses mit einem Schneidbrenner die nicht mehr benötigten Dampf- und Sanitärrohre abzubrennen. An den Trennstellen wurde die Isolierung der Rohre vorher entfernt. Dagegen beließ man die Isolation an den noch in Betrieb bleibenden Heizungsleitungen in unmittelbarer Nähe. In dieser Isolierung entstand im Kellergeschoß ein Schwelbrand, der sich entlang der Steigleitung bis zum Dachgeschoß ausbreitete und die hölzerne Dachkonstruktion entzündete [163]. Der Schaden war sehr groß. Infolge der Löscharbeiten entstanden Wasserschäden bis ins Kellergeschoß.
Verstöße gegen die Sicherheitsbestimmungen:
– Brandgefährdeter Bereich – Schweißerlaubnis fehlte,
– unzureichende Sicherheitsmaßnahmen in der Schweißgefährdungszone,
– keine Brandwache gestellt, keine Nachkontrollen durchgeführt.

Entzündung eines verdeckten Holzbalkens
Bei Modernisierungsarbeiten in einem Krankenhaus wurden mehrere Stationen neu eingerichtet. Unter anderem erhielt die Säuglingsstation, die sich im Dachgeschoß befand, eine neue Heizungsanlage. Während der Arbeiten war die Station geräumt, und der Brandschutzinspektor des Krankenhauses war mit der Aufsicht beauftragt. Er sollte täglich während und nach den Schweißarbeiten den Arbeitsbereich auf eventuelle Brandentwicklung kontrollieren. Laut Schweißerlaubnisschein war festgelegt, daß die Schweißarbeiten täglich gegen 13.00 Uhr zu beenden sind. An diesem Tag arbeiteten die Schweißer aber bis gegen 16.00 Uhr. Die letzte Schweißstelle war an einer Wand, hinter der sich ein Holzbalken befand. Durch große Wärme kam es zu einem Schwelbrand, der sich gegen 21.00 Uhr zu einem offenen Brand ausbreitete. Der mit der Brandwache betraute Mitarbeiter hielt es nicht für notwendig, an diesem Tag länger zu bleiben, um den Arbeitsbereich zu kontrollieren. Er machte pünktlich gegen 16.30 Uhr Feierabend. Erschwerend wirkte sich noch aus, daß er alle Zugangswege sorgfältig verschloß und den Schlüssel mit nach Hause nahm. Die Feuerwehr konnte nur über den Fahrstuhl in das brennende Geschoß gelangen, wodurch der Strom nicht abgeschaltet werden konnte. In Auswertung des Schadensfalles wurden der Leiter, ein Schweißer und der Brandschutzinspektor gerichtlich zur Verantwortung gezogen.
Verstöße gegen die Sicherheitsbestimmungen:
– Im Schweißerlaubnisschein festgelegte Sicherheitsmaßnahmen nicht eingehalten,
– keine Nachkontrollen durchgeführt.

Brand in einem Altersheim
Unter Mißachtung der Sicherheitsbestimmungen führte ein Schweißer in einem brandgefährdeten Bereich eines Altersheimes Schweißarbeiten an der Installation durch. Die Schweißspritzer verursachten einen Brand, der zur Zerstörung des Dachstuhls und des Obergeschosses führte (s. Abb. 66). Alle Heimbewohner mußten evakuiert werden. Im Gebäude lagernde Gasflaschen bildeten eine zusätzliche Gefahr, die die Rettungs- und Löscharbeiten erschwerte. Sie wurden aus dem brennenden Gebäude geborgen. Bei dem Brand entstand ein großer

Abb. 66
Brand in einem Altersheim

Sachschaden. Das Altersheim war für längere Zeit nicht bewohnbar. Der Schweißer wurde zu einer Freiheitsstrafe von 2 Jahren und 4 Monaten auf Bewährung und der Vorsitzende der Handwerkerproduktionsgenossenschaft zu 2 Jahren Freiheitsstrafe verurteilt. Bei ihm wirkte sich strafverschärfend aus, daß er aus einem Brand, der sich zuvor aus ähnlicher Ursache ereignete, nicht die notwendigen Schlußfolgerungen gezogen hatte.
Verstöße gegen die Sicherheitsbestimmungen:
– Brandgefahren nicht beseitigt,
– Schweißerlaubnis fehlte,
– fehlende Sicherheitsmaßnahmen in der Schweißgefährdungszone,
– keine Brandwache mit geeigneten Feuerlöschgeräten gestellt.

Brand in einem Schulhort
Im Schulhort wurde eine Heizung installiert. Bei Brennschneidarbeiten an Rohren unter der Decke schlugen die Flammen durch die Gipskartonplatten zur Dachkonstruktion durch und setzten das Ölpapier der Sparschalung in Brand. Der Brand breitete sich auf die Dachkonstruktion aus, die größtenteils abbrannte. Weiterhin entstanden erhebliche Schäden an der Elektroinstallation (s. Abb. 67). Durch das schnelle Eingreifen der Feuerwehr konnte größerer Schaden sowie das Übergreifen des Feuers auf andere Gebäudeteile verhindert werden. Der ausführende Betrieb mußte Schadenersatz leisten.

Abb. 67
Dachstuhlbrand in einem Schulhort,
1 Schneidstelle, 2 Sparschalung, 3 Karmelit, 4 Elektroinstallation, 5 Ölpapier

Verstöße gegen die Sicherheitsbestimmungen:
– Fehlende Sicherheitsmaßnahmen in der Schweißgefährdungszone,
– angrenzende Bereiche nicht in die Schweißgefährdungszone einbezogen.
Weitere Beispiele sind in Tabelle 47 enthalten.

Tabelle 47
Beispiele für Brände im Gesundheitswesen

Sachverhalt	Verstoß gegen die Sicherheitsbestimmungen	Schaden
Bei Schweißarbeiten in einem Krankenhaus (600 Betten) entzündete sich die Isolierung eines Leitungsstranges, der in einem Schacht nach oben verlief. Die Brandwache war dem grellen Lichtschein ausgewichen und konnte deshalb den Brandausbruch nicht sehen; Sicherungs- und Abdeckungsmaßnahmen waren unterlassen worden. Glücklicherweise erlosch das Feuer im Schacht von selbst aus Sauerstoffmangel.	Unzureichende Sicherheitsmaßnahmen in der Schweißgefährdungszone; Brandwache ungenügend eingewiesen	Groß

Sachverhalt	Verstoß gegen die Sicherheitsbestimmungen	Schaden
In einem Krankenhaus kam es zum Brand der Kinderstation und des Dachstuhles. Der Brand wurde durch Schneidarbeiten an einem Heizungsrohr, das sich an einer Wand befand, hinter der ein Holzbalken verlief, ausgelöst. Der Holzbalken entzündete sich (Schwelbrand). Nach Abschluß der Schweißarbeiten gegen 15.30 Uhr fanden keine Nachkontrollen statt. Der Brand brach um 22.15 Uhr aus. Gleichzeitig mit den Löscharbeiten mußten alle Patienten des Krankenhauses evakuiert werden.	Ungenügende Kenntnis der Bausubstanz; keine Nachkontrollen durchgeführt	Großer Sachschaden; das Krankenhaus konnte erst nach 6 Monaten wieder belegt werden
Bei autogenen Schweißarbeiten kam es in einer Kinderkrippe zu einem Brand. Der Schweißer sollte in einem Kinderwagenaufbewahrungsraum einen Heizkörper anschließen. Die Arbeiten mußten in gebückter Haltung durchgeführt werden. Der Schweißer kam mit der Flamme gegen leicht entzündliche Stoffe (Säge-, Hobelspäne), die sofort Feuer fingen. Die Flammen schlugen durch eine Fuge des Mauerwerks in das Nachbargrundstück und entzündeten die Bretterverschalung eines Schuppens.	Brandgefährdeter Bereich – Schweißerlaubnis fehlte; keine Sicherheitsmaßnahmen in der Schweißgefährdungszone	$4\,m^2$ Bretterverschalung verbrannt
In einem Klubhaus wurde die Zentralheizung erneuert. Eine Schweißerlaubnis lag für das Dachgeschoß nicht vor. Obwohl die Demontage der alten gemufften Rohre keine Schneidarbeiten erfordert hätten, wurde gebrannt. Schreibtische voller Papier, gefüllte Papierkörbe und Polsterstühle sind nicht entfernt bzw. gesichert worden. Es entstanden 3 Brandherde, die sich nach Feierabend zu einem offenen Brand entwickelten	Schweißerlaubnis fehlte; keine Sicherheitsmaßnahmen in der Schweißgefährdungszone; keine Brandwache gestellt; keine Nachkontrollen durchgeführt	Groß

Sachverhalt	Verstoß gegen die Sicherheitsbestimmungen	Schaden
Beim Umfüllen von Chemisolkleber in einer Produktionshalle für orthopädische Erzeugnisse kam es zur Bildung eines brennbaren Gas-Luft-Gemisches, das sich durch Schweißfunken einer 1,50 m entfernt arbeitenden Bandstumpfschweißmaschine entzündete. Die Halle brannte ab.	Keine Sicherheitsmaßnahmen in der Schweißgefährdungszone	Sehr groß

4.4.14. Freizeit- und Hobbybereich

Schweiß-, Schneid- und Lötarbeiten im privaten Bereich nehmen einen immer größeren Umfang an. Dabei ist festzuhalten, daß auch Personen ohne Schweißausbildung und ohne Kenntnis der Vorschriften Schweiß- und Schneidarbeiten ausführen [54, 84].

Im Handel sind die Kleinschweißgeräte ohne Vorlage eines Berechtigungsnachweises käuflich zu erwerben. Die Käufer orientieren sich in der Regel an den Bedienungsanleitungen der Geräte. Die Schweiß- und Schneidarbeiten im Freizeitbereich werden vorrangig im Freien, in Garagen oder in Hobbywerkstätten ausgeführt. Gefahrenmomente bilden besonders brennbare Gegenstände und Flüssigkeiten (z. B. Holz, Farbe, Verdünnung und Waschbenzin). Schweißungen an Autos und Motorrädern bergen nicht nur Gefahren bei der Ausführung dieser Arbeiten in sich, sondern können auch Ursache für Unfälle und Gefährdungen im Straßenverkehr sein. Des weiteren werden die Gefahren durch Schweiß- und Schneidarbeiten im Wohnbereich, in dem meistens entflammbare Textilien und Möbel vorhanden sind, unterschätzt. Auch mangelnde Kenntnisse über die Vorschriften sind hier die Ursachen der meisten Brände. Ferner kann davon ausgegangen werden, daß unsachgemäße Handhabung sowie Leichtfertigkeit bei der Wartung und Pflege der Schweißgeräte weitere Unfall- und Schadensursachen sind.

Der Anteil der Brände durch Schweißen und Schneiden im Freizeitbereich ist in den letzten Jahren ständig gestiegen, wobei Unfälle mit tödlichem Ausgang oder zeitweiliger Arbeitsunfähigkeit besonders zu denken geben müssen.

Vor allem grundlegende Arbeitsvoraussetzungen, wie das Entfernen brennbarer Gegenstände aus der Schweißgefährdungszone, finden nicht genügend Beachtung. Die Schadensfälle sind überwiegend auf Autogenschweiß- und -schneidverfahren zurückzuführen.

Eine entscheidende Sicherheitsmaßnahme zur Verhütung von Bränden und Unfällen ist die umfassende und sorgfältige Überprüfung der Arbeitsstätte hinsichtlich der Arbeitssicherheit sowie der Brand- und Explosionsgefahren [38].

Schlußfolgernd daraus sollten Lehrgänge für Heimwerker organisiert werden. Durch entsprechende Kenntnisvermittlung, besonders auf dem Gebiet des Brandschutzes sowie praktische Arbeiten mit den Geräten, eventuell auch Abschlußprüfung mit Befähigungsnachweis, würden günstige Voraussetzungen für unfallfreies Arbeiten schaffen.

**Beispiele
für Unfälle, Brände und Explosionen**

Tödlicher Unfall durch Explosion eines Fasses
Auf einem Grundstück war ein 18jähriger Schweißer damit beschäftigt, ein Gestell aus Winkelstahl herzustellen, an dem in gleichmäßigen Abständen Haken angeschweißt werden sollten. Um die Arbeitsposition zu erleichtern, benutzte er ein Teerfaß, das noch zu einem Drittel mit Kaltanstrich gefüllt war, als Standfläche (s. Abb. 68). In Arbeitsrichtung kam der Schweißer mit der Autogenflamme immer näher an das Faß, das sich stark erwärmte. Im Faß bildeten sich Gase, die zu einer Verpuffung führten. Dadurch riß das Faß zu einem Drittel auf und der Teer spritzte genau auf den Schweißer. Trotz sofortiger Rettungsmaßnahmen verstarb der Jugendliche am Unfallort an den Folgen der Verbrennungen (75 % 3. Grades). Der Schweißer hatte die Schweißerprüfung erfolgreich absolviert und war somit über die Sicherheitsbestimmungen informiert [164]. Bei Auswahl einer anderen Unterlage bzw. eines genügenden Sicherheitsabstandes zum Teerfaß hätte dieser tödliche Unfall verhindert werden können. (Fässer und andere Behälter, die gefährliche Stoffe enthalten oder enthalten haben können, dürfen bei Schweißarbeiten nicht als Werkstückunterlage verwendet werden.)
V e r s t ö ß e   g e g e n   d i e   S i c h e r h e i t s b e s t i m m u n g e n :
– Brennbare bzw. explosible Stoffe nicht aus der Schweißgefährdungszone entfernt.

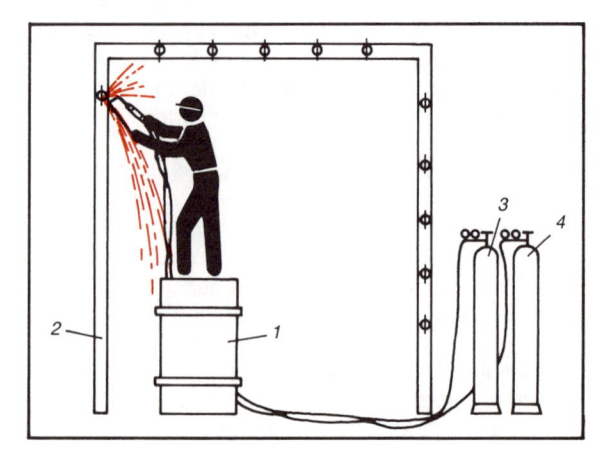

Abb. 68
Brand- und Explosionsgefahr durch Wahl einer falschen Standfläche,
1 Faß, 2 Winkelgestell, 3 Sauerstoffflasche, 4 Acetylenflasche

Entzündung von Farbe in einer Hobbywerkstatt
In einer Hobbywerkstatt ging ein Heimwerker unüberlegt zu Werke, als er an einem mit 50 l Farbe gefüllten Behälter eine Strebe anschweißte. Er hatte weder für eine sichere Abdeckung des Behälters noch für das Entfernen der Farbe gesorgt. Schweißfunken fielen in den mit Farbe der Gefahrklasse A II gefüllten Behälter und entzündeten sie. Bei Lösch- und Bergungsarbeiten erlitt der 30jährige Verbrennungen ersten und zweiten Grades und einen Schock. Zu Hilfe eilende Nachbarn und die örtliche freiwillige Feuerwehr löschten den Brand in kürzester Zeit. Das Elektroschweißgerät sowie Wände, Fenster und Decke wurden durch den Brand stark beschädigt [165].
Verstöße gegen die Sicherheitsbestimmungen:
– Grob fahrlässige Handlung,
– Sicherheitsgrundsätze nicht beachtet.

Verpuffung in einem Kamin
Als in einer Wohnung Kaminholz nicht anbrennen wollte, goß der Wohnungsinhaber Waschbenzin über die Scheite und holte eine Lötlampe (s. Abb. 69). Beim Versuch, das mit Benzin übergossene Kaminholz zu entzünden, gab es eine Verpuffung, durch deren Wucht der Mann an die gegenüberliegende Wand geschleudert wurde. Er zog sich Verbrennungen am Gesicht und an den Händen sowie schwere Prellungen zu [153].

Abb. 69
Versuch, mit Benzin übergossenes Holz mit einer Lötlampe anzuzünden

Verstöße gegen die Sicherheitsbestimmungen:
– Grob fahrlässige Handlung,
– fahrlässiger Umgang mit brennbaren und explosiblen Stoffen.

Unfall und Schlauchexplosion
In einer Werkstatt der Abteilung Rohrleitungsbau wurde am Wochenende ein Schneidgerät von einem Anlagenfahrer für private Arbeiten benutzt. Der Mitarbeiter hatte keine schweißtechnischen Fertigkeiten. Beim Trennen von Rohren ereignete sich ein Flammenrückschlag. Da dem Mitarbeiter diese Erscheinung nicht bekannt war, achtete er nicht auf das Abknallen der Flamme an der Düse und auf das sich daran anschließende pfeifende Geräusch. Demzufolge reagierte er nicht

sofort und schloß die Brennerventile und das Flaschenventil der Acetylenflasche nicht. Es kam hinter dem Griffstück zu einer Explosion des Acetylenschlauches. Die herausschlagende Flamme verletzte den Mann am Unterarm. Der Schlauch wurde an mehreren Stellen zerstört. Darüber hinaus kam es zur Zerstörung des Acetylendruckminderers, und es entstand ein Flaschenbrand, der den Sauerstoffdruckminderer in Mitleidenschaft zog. Auch über das Verhalten bei einem Flaschenbrand hatte der Kollege keine Kenntnis. Er tat das einzig richtige und alarmierte die Betriebsfeuerwehr, die den Brand löschte. Durch die Feuerwehr wurde eine Ordnungsstrafe ausgesprochen [166].

Verstöße gegen die Sicherheitsbestimmungen:
– Person nicht mit den Einrichtungen und Verfahren vertraut,
– Fachkenntnisse nicht vorhanden,
– Fehlhandlung bei Gerätebedienung.

Weitere Beispiele sind in Tabelle 48 enthalten.

Tabelle 48
Beispiele für Unfälle und Brände bei Freizeit- und Hobbyarbeiten

Sachverhalt	Verstoß gegen die Sicherheitsbestimmungen	Schaden
Bei Installationen in einer Badestube wurden mit einem Propanbrenner Schweißarbeiten durchgeführt. Der Schweißer ließ den Brenner im Betriebszustand einige Minuten unbeaufsichtigt im Bad liegen. Durch Zugluft schlug die Flamme an den Schlauch, wobei es zu einem Schlauchbrand kam.	Beim Verlassen des Arbeitsplatzes Schweißbrenner nicht außer Betrieb gesetzt	Zerstörung des Schlauches; Verbrennung der Handflächen 2. Grades
Um Reparaturkosten zu sparen, führte ein junger Mann Schweißarbeiten an einem Riß im Bodenblech seines Kraftfahrzeuges aus. Der Tank und die Gummiauskleidung des Fahrzeugbodens wurden nicht entfernt. Die Scheiben des Fahrzeuges zersprangen. Es gelang, den Brand mit mehreren Eimern Wasser zu löschen [167].	Berechtigung fehlte; brennbare Stoffe aus der Schweißgefährdungszone nicht entfernt	Sachschaden, der von der Versicherung nicht getragen wurde
Zwei Jugendliche schweißten an einem seitlich hingelegten Motorrad die Fußraste an. Das aus dem Tank und dem Vergaser auslaufende Benzin entzündete sich durch den Lichtbogen beim Schweißen, wobei der Kabelbaum, die Bowdenzüge und die Sitzbank in Brand gerieten.	Schweißberechtigung fehlte; Sicherheitsbestimmungen nicht beachtet	Gering

Sachverhalt	Verstoß gegen die Sicherheitsbestimmungen	Schaden
Ein Heimwerker fügte in seiner Garage Stahlschienen mit einem Kleinschweißgerät zusammen. Die dahinter befindlichen unabgedeckten Farben wurden vom Funkenflug erreicht, die Garage geriet in Brand.	Keine Sicherheitsmaßnahmen in der Schweißgefährdungszone	Gering
Beim Zünden eines Autogenschweißgerätes mit einem Flüssiggasfeuerzeug kam es zur Explosion des Gasfeuerzeuges. Der Heimwerker erlitt Verletzungen.	Anzünden des Autogenbrenners mit Flüssiggasfeuerzeug	Verbrennungen 2. Grades an den Fingern; 8 Tage Arbeitsausfall
Zum persönlichen Gebrauch beschaffte sich ein Schweißer 2 kg Carbid und füllte es in eine Papiertüte. Zum Feierabend steckte er die Tüte zusammen mit 2 Milchflaschen in eine Aktentasche. Bei der Heimfahrt mit dem Bus löste eine undichte Milchflasche eine Acetylenerzeugung aus [166].	Unsachgemäßer Transport des Carbids (ein geschlossener Behälter wäre erforderlich gewesen)	Kein Schaden, nur Unterbrechung der Busfahrt

4.5. Möglichkeiten für gefahrloses Schweißen in brand- und explosionsgefährdeten Arbeitsstätten

Am Beispiel von Reparaturarbeiten an einem 32 000 m^3 fassenden Erdöltank werden in [168] Möglichkeiten des gefahrlosen Schweißens in brand- und explosionsgefährdeten Arbeitsstätten dargelegt (s. Abb. 70).
Drei Jahre nach Inbetriebnahme trat an einer Vertikalnaht des aus 9 Ringen bestehenden Mantels ein Leck auf, das zunächst von außen mit einer aufgeschweißten Lasche (250 mm x 490 mm) abgedichtet wurde. Zu dieser Reparatur liegen keine näheren Aussagen vor. Einige Jahre später waren erneut Undichtigkeiten festzustellen, da sich der ursprüngliche Riß über den Laschenrand hinaus fortgesetzt hatte.
Ein Ausarbeiten und Nachschweißen der Vertikalnaht kam als Reparaturlösung nicht in Betracht, da die Rißentstehung offenbar durch einen viel zu großen Schweißspalt begünstigt wurde. Die konstruktive Reparaturlösung bestand im Einschweißen einer Platte mit einer Fläche von 500 mm x 1 800 mm und einer Dicke von 13 mm, die über die gesamte Ringhöhe reichte. Das setzte voraus, ein entsprechendes Stück aus der Behälterwand zu entfernen.
Das Schwimmdach des Tanks diente als Arbeitsebene. Bei einem Füllstand von ≈ 1/3 des Volumens lag das Schwimmdach unter der Reparaturstelle. Nach dem

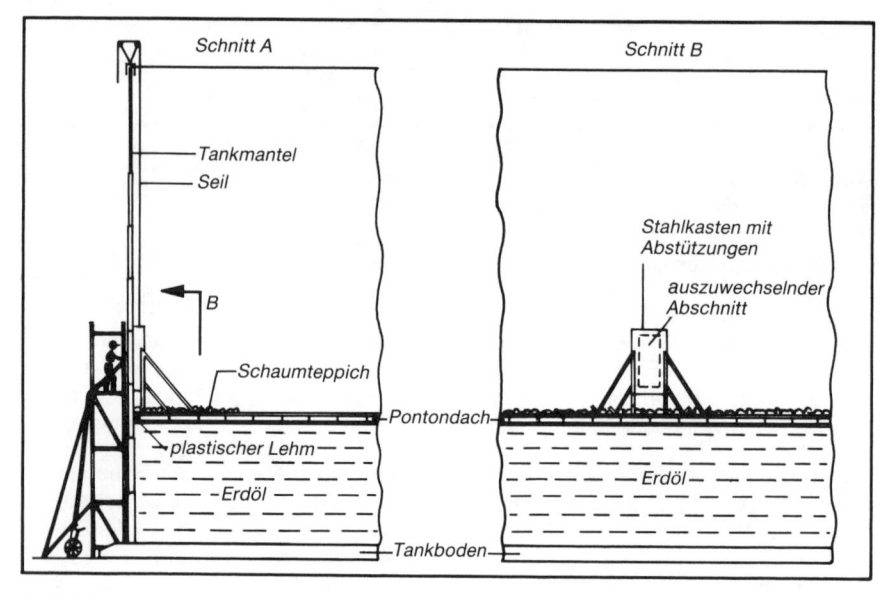

Abb. 70
Reparaturarbeiten an einem mit Erdöl gefüllten Tank

Reinigen der Tankwand im Reparaturbereich wurde dort ein flacher Stahlkasten angebracht, der an allen vier Seiten jeweils 250 mm über die Ränder des zu schneidenden Loches hinausragte. Die Abdichtung zur Tankwand erfolgte mit elastischen Asbestpackungen* bzw. Lehm. Dadurch konnten keine Schweißspritzer in das Tankinnere gelangen. Beiderseits des Kastens wurden Prüfgeräte zur Bestimmung der Konzentration von Kohlenwasserstoffdämpfen angebracht. Zusätzlich sicherte man die Fuge zwischen dem Schwimmdach und dem Tankmantel mit Schaum. Nach diesen Vorbereitungsarbeiten wurde das defekte Teil herausgebrannt und die Platte mit einer V-Naht eingeschweißt.

Die anschließende Röntgenprüfung ergab jedoch einen Riß in der Wurzellage in einem Eckbereich. Eine Ausbesserung von außen erschien nicht erfolgversprechend, so daß die Reparatur von innen erfolgte. Man stellte vor den auszubessernden Abschnitt ein Gerüst mit hohen Geländern, das allseitig mit Asbestmatten* ausgeschlagen war. Schaum sicherte den Bereich unter dem Gerüst und seitlich davon. Der Schweißer arbeitete mit Sicherheitsgeschirr, das mit einer Ziehvorrichtung am oberen Tankrand verbunden war. Zum Atemschutz sind in [168] keine Aussagen enthalten. Der Atemschutz wäre jedoch unter den gegebenen Bedingungen erforderlich gewesen. Nach dem Ausarbeiten der Wurzellage wurde nachgeschweißt und die Tankreparatur damit abgeschlossen.

* Asbest heute nicht mehr verwenden.

5. Maßnahmen für den Brandfall

Für den Fall eines Brandes ist es wichtig, daß vorbeugende Maßnahmen getroffen sind, die eine schnelle Alarmierung und Anfahrt der Feuerwehr sowie eine schnelle und wirksame Brandbekämpfung ermöglichen.
Die Anfahrts- und Zufahrtswege für die Feuerwehr zu den Objekten sind ständig freizuhalten. Es ist zu gewährleisten, daß Durchfahrten und Zugänge nicht mit Gasflaschen, Kraftfahrzeugen oder anderen Gegenständen verstellt werden. Treppenhäuser, Flure, Notausgänge usw. sind ständig in voller Höhe und Breite freizuhalten. Baustoffe und andere Materialien dürfen vor den Objekten nur so gelagert werden, daß die Rettung von Menschen und die Brandbekämpfung durch die Feuerwehr nicht behindert wird.
Löschwasserentnahmestellen (z. B. Hydranten, Brunnen) sind ständig freizuhalten und vor Verschmutzung und Zerstörung zu schützen. In den Wintermonaten sind besonders die Straßenkappen (Deckel) der Unterflurhydranten eis- und schneefrei zu halten. Geräte und Anlagen des Brandschutzes (z. B. Feuerlöschgeräte, Alarmierungsanlagen, Brandwarn-, Brandmelde- und Feuerlöschanlagen, Rauchabzugsklappen, Rettungseinrichtungen) sind ständig funktionstüchtig zu halten. Sie dürfen nicht entfernt oder zweckentfremdet verwendet werden. Brandschutzkonstruktionen, die eine Brandausbreitung verhindern sollen, dürfen nicht entfernt, beschädigt oder unbrauchbar gemacht werden.
Jeder Schweißer sollte in seinem eigenen Interesse an seinem Arbeitsplatz mit dazu beitragen, daß die Brandschutzmaßnahmen wirksam bleiben. Darüber hinaus sollte er sich rechtzeitig über die Möglichkeiten zur Alarmierung der Feuerwehr informieren und mit den Maßnahmen für eine schnelle und wirksame Brandbekämpfung vertraut machen.

5.1. Verhalten im Brandfall

Aus den vorstehenden Abschnitten geht nachdrücklich hervor, daß bei Schweiß- und Schneidarbeiten Brand- und Explosionsgefahren entstehen können. Alle möglichen Gefahren jedoch sind – das sei besonders betont – durch sinnvolle vorbeugende Maßnahmen, also durch konsequentes Einhalten der Brandschutz- und Sicherheitsbestimmungen, zu vermeiden oder zumindest stark einzuschränken.
Entstehen trotz aller Sicherheitsmaßnahmen Brände oder Explosionen, sind sofort Maßnahmen zur Brandbekämpfung einzuleiten.
Bricht ein Brand aus, so ist vor allem ein schnelles, überlegtes Handeln erforderlich. Die Feuerwehr ist sofort zu alarmieren bzw. alarmieren zu lassen. Das kann über Telefon (Notruf o. Rufnummer), Feuermelder, Feuermeldestellen oder direkte Sirenenauslösestellen erfolgen. In Betrieben ist die Alarmordnung zu beachten. Zweckmäßigerweise muß man sich damit schon vor Arbeitsaufnahme vertraut machen.

- Wird die Meldung an die Feuerwehr über **Telefon** gegeben (Notrufnummer 112 oder Rufnummer), ist hierbei größter Wert auf eine genaue Durchgabe der Meldung zu legen. Vom Meldenden ist folgendes anzugeben:
  - Wo brennt es (genaue Anschrift, gegebenenfalls kürzester Anfahrtsweg)?
  - Was brennt (z. B. Druckgasflasche, Lagerhalle)?
  - Sind Menschen oder Tiere in Gefahr (etwa Anzahl)?
  - Wer meldet den Brand (Namen)?
  - Von wo wird gemeldet (Telefon-Nr., gegebenenfalls auch Apparat-Nr.)?
- Erfolgt die Alarmierung der Feuerwehr über **Feuermelder** bzw. **Sirenenauslösung**, muß die Glasscheibe des Melders mit einem harten Gegenstand (Stein o. Schlüsselbund) eingeschlagen und der Druckknopf des Melders gedrückt werden.
  Nach der Alarmierung ist die Feuerwehr am Melder zu erwarten und einzuweisen.
  Bis zum Eintreffen der Feuerwehr muß jede unnötige Luftzufuhr zum Brandherd vermieden werden (Fenster und Türen geschlossen halten)!
- Wird ein Brand noch im Entstehungsstadium entdeckt, muß sofort die **Brandbekämpfung** mit geeigneten Feuerlöschgeräten aufgenommen werden. Die Erfahrungen besagen, daß ein Entstehungsbrand schnell gelöscht werden kann, wenn man entschlossen vorgeht und das Löschmittel nicht wahllos in die Flammen spritzt, sondern auf den Brandherd aufbringt.
  - Brände an Druckgasflaschenventilen lassen sich – bis kurze Zeit (!) nach der Entflammung der Gase – am einfachsten und sichersten durch Schließen der Ventile löschen. Ein Löscherfolg kann im Anfangsstadium des Brandes auch durch Abdecken des Ventils mit nassen Tüchern oder einer Löschdecke erreicht werden. Der Löschende muß seine Hände schützen und sich der Druckgasflasche von der dem Ventil abgewandten Seite nähern. Für eine ausgiebige Raumbelüftung ist zu sorgen.
  - Hat sich eine Acetylenflasche durch einen Brand oder auf andere Weise (z. B. Flammenrückschlag) auf mehr als 50 °C erwärmt, dann ist sie nach dem Schließen des Flaschenventils ins Freie zu bringen und von einem sicheren Standort aus mit Sprühstrahl so lange zu kühlen, bis sich nach Unterbrechung der Kühlung die Flasche nicht mehr von neuem erwärmt. Der Gefahrenbereich ist zu räumen.
  - Kann das Flaschenventil nicht geschlossen und die Flasche nicht mehr ins Freie gebracht werden, dann ist die Stromversorgung des Raumes sofort zu unterbrechen, der Raum ausgiebig zu lüften und die Flasche von einem sicheren Standort aus mit Wasser so lange zu kühlen, bis sie sich nicht mehr erwärmt.
  - Beschädigte oder undichte Druckgasflaschen sowie Druckgasflaschen, die gebrannt haben, einem Brand ausgesetzt waren oder sich durch Flammenrückschlag erwärmt hatten, sind deutlich mit Farbe zu kennzeichnen und aus dem Verkehr zu ziehen. Bei Rückgabe ist das Füllwerk entsprechend zu unterrichten.
- Hat sich ein Brand bei seiner Entdeckung schon weiter ausgebreitet und besteht keine erfolgversprechende Aussicht mehr, ihn in kürzester Frist mit Kleinlöschgeräten zu löschen, so ist sofort für eine **Evakuierung** der Menschen aus allen gefährdeten Räumen zu sorgen.

In Betrieben müssen Besucher und Gäste in die Evakuierung mit einbezogen werden. Die Evakuierung muß zügig und diszipliniert erfolgen. Fenster und Türen sind zu schließen.

5.2. Feuerlöschgeräte

Zur Bekämpfung von Entstehungsbränden sind neben anderen Kleinlöschgeräten, wie Wassereimer, Feuerpatsche, Kübelspritze, vor allem Handfeuerlöscher geeignet. Jeder Mitarbeiter sollte deshalb die gebräuchlichsten Handfeuerlöscher kennen und sie richtig zu handhaben und anzuwenden verstehen. Es ist folglich notwendig, daß eine ausreichende Anzahl Mitarbeiter in regelmäßigen Zeitabständen ihre Kenntnisse über die Feuerlöschgeräte überprüft und, wenn notwendig, an einer Unterweisung, bei der die erforderlichen Kenntnisse und Fertigkeiten vermittelt werden, teilnehmen [169].

Handfeuerlöscher	Kurz-zeichen	Brandklassen			
		 **A** Brände fester Stoffe	 **B** Brände flüssiger Stoffe	 **C** Brände gasförmiger Stoffe	 **D** Brände brennbarer Metalle
		A1 Brände fester, unter Glutbildung brennender Stoffe (z. B. Holz, Papier, Stroh, Kohle, Textilien) A2 Brände fester, ohne Glutbildung brennender Stoffe (z. B. Plaste)	B1 Brände flüssiger, mit Wasser nicht oder nur teilweise mischbarer Stoffe (z. B. Benzin, Ether, Heizöl) sowie verflüssigbarer fester Stoffe[1] (z. B. Paraffine) B2 Brände flüssiger, mit Wasser mischbarer Stoffe (z. B. Alkohol, Methanol, Ethanol, Glyzerin)	(z. B. Stadtgas, Wasserstoff, Propan)	D1 Brände brennbarer Leichtmetalle, außer Alkalimetalle (z. B. Aluminium, Magnesium und ihre Legierungen) D2 Brände von Alkali- und anderen ähnlichen Metallen (z. B. Natrium, Kalium) D3 Brände metallhaltiger Verbindungen (z. B. Metallorganische Verbindungen, Metallhydride)
Pulverlöscher mit ABC-Löschpulver	PG	●	●	●	
Pulverlöscher mit Metallbrand-Löschpulver	PM				●
Pulverlöscher mit BC-Löschpulver	P		●	●	
Kohlendioxidlöscher (CO_2)*	K		● mit Schneerohr	oder ● mit Gasdüse	
Halonlöscher*	HA		●	●	
Wasserlöscher	W	●			
Schaumlöscher mit Light Water	S	●	●		

Anmerkungen
[1] Gilt für Stoffe mit einem Schmelzpunkt < 35 °C
● geeignet und zugelassen
* Vorsicht bei Verwendung in engen, schlecht belüfteten Räumen; diese Löscher dürfen nur noch bis 31. 12. 1993 verwendet werden

Abb. 71
Den Brandklassen entsprechend geeignete und zugelassene Handfeuerlöscher

Für die Ausstattung der Gebäude bzw. Räume mit Handfeuerlöschern gelten bestimmte Kriterien [170] (z. B. die Brandklassen, die brennbaren Stoffe, die zulässige Entfernung zwischen möglichem Einsatzort und Stationierungsort). Nachfolgend sind die wichtigsten tragbaren Feuerlöschgeräte, ihr Anwendungsbereich und ihre Handhabung kurz beschrieben (s. Abb. 71). Ein kurzer Hinweis für die Handhabung ist auf jedem Feuerlöschgerät angebracht.

5.2.1. Pulverlöscher

Anwendungsbereich
Der Löscher kann bei Bränden fester, unter Glut- und Flammenbildung brennender Stoffe (z. B. Holz, Papier, Kunststoff, Stroh, Textilien, Kfz-Reifen), bei Bränden flüssiger, unter Flammenbildung brennender Stoffe (z. B. Benzin, Benzen, Öle, Fette), bei Bränden gasförmiger, unter Flammenbildung brennender Stoffe (z. B. Methan, Propan, Wasserstoff, Acetylen, Stadtgas) sowie bei Bränden in elektrotechnischen Anlagen verwendet werden. Mit Pulverbrause kann man den Löscher auch bei Bränden brennbarer Leichtmetalle (z. B. Aluminium, Magnesium) und ihren Legierungen verwenden.

Handhabung
Löscher aus dem Halter nehmen. An der Brandstelle Schlauch aushaken, Sicherungsschelle entfernen und Schlagknopf mit der Hand kräftig einschlagen bzw. Zug- oder Druckhebel betätigen. Den austretenden Löschpulverstrahl auf den Brandherd richten und diesen in eine dichte Löschpulverwolke einhüllen. Der Löschmittelstrahl kann durch Loslassen des Zug- bzw. Druckhebels beliebig unterbrochen werden.

5.2.2. Halonlöscher

Anwendungsbereich
Der Löscher kann bei Bränden flüssiger, unter Flammenbildung brennender Stoffe (z. B. Benzin, Benzen, Öle, Fette – Spiritus ausgenommen) sowie bei Bränden in elektrotechnischen Anlagen verwendet werden. **Er ist nicht bei Glutbränden und Bränden brennbarer Leichtmetalle anzuwenden.**
Vorsicht bei Verwendung in Kellerräumen oder anderen engen Räumen ohne ausreichende Lüftungsmöglichkeiten. Bei längerem Aufenthalt – abhängig von der Konzentration – besteht Vergiftungsgefahr.
Diese Löscher dürfen laut FCKW-Halon-Verbotsordnung nur noch bis zum 31. Dezember 1993 für die Brandbekämpfung verwendet werden.

Handhabung
Löscher aus dem Halter nehmen. An der Brandstelle Absperrventil durch Linksdrehen des Handrades öffnen bzw. Druckhebel betätigen und den aus der Düse austretenden Löschmittelstrahl auf den Brandherd, nicht wahllos in die Flammen richten.

5.2.3. Kohlendioxidlöscher (CO_2)

Anwendungsbereich
Der Löscher kann bei Bränden flüssiger, unter Flammenbildung brennender Stoffe (z. B. Benzin, Benzen, Öle, Fette), bei Bränden gasförmiger, unter Flammenbildung brennender Stoffe (z. B. Methan, Propan, Wasserstoff) sowie bei Bränden in elektrotechnischen Anlagen verwendet werden. **Er ist nicht bei Glutbränden und Bränden brennbarer Leichtmetalle anzuwenden.**

Handhabung
Löscher aus dem Halter nehmen. An der Brandstelle Absperrventil durch Linksdrehen des Handrades öffnen bzw. Druckhebel betätigen und das aus dem Schneerohr bzw. der Schneebrause austretende Löschmittel auf den Brandherd, nicht wahllos in die Flammen richten.

5.2.4. Wasserlöscher

Anwendungsbereich
Der Löscher kann bei Bränden fester, unter Glut- und Flammenbildung brennender Stoffe, beispielsweise Holz, Papier, Textilien, Stroh, verwendet werden. **Er ist nicht für Brände in elektrotechnischen Anlagen (!) sowie für Lack-, Benzin- und Ölbrände geeignet.**

Handhabung
Löscher aus dem Halter nehmen. An der Brandstelle Schlagknopf mit der Hand kräftig einschlagen und den aus der Düse bzw. Löschpistole austretenden Löschmittelstrahl auf den Brandherd, nicht wahllos in die Flammen richten.

5.2.5. Schaumlöscher

Anwendungsbereich
Der Löscher kann bei Bränden fester, unter Glut- und Flammenbildung brennender Stoffe (z. B. Holz, Papier, Stroh, Textilien) sowie bei Bränden flüssiger, unter Flammenbildung brennender Stoffe (z. B. Benzin, Benzen, Öle, Fette) verwendet werden.

Handhabung
Löscher aus dem Halter nehmen. An der Brandstelle Schlauch aushaken, Schlagknopf mit der Hand kräftig einschlagen und den austretenden Löschmittelstrahl auf den Brandherd, nicht wahllos in die Flammen richten.

5.2.6. Kübelspritze

Anwendungsbereich
Die Kübelspritze kann bei Bränden organischer Stoffe, beispielsweise Holz, Papier, Stroh, Textilien, verwendet werden. **Sie ist nicht für Brände in elektrotechnischen Anlagen (!) sowie für Lack-, Benzin- und Ölbrände geeignet.**

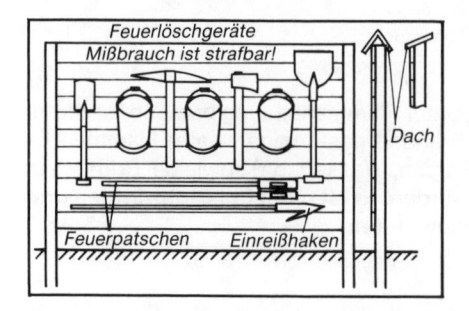

Abb. 72
Feuerlöschgerätetafel

Handhabung
Kübelspritze zur Brandstelle tragen, Schlauch aus der Halterung nehmen und auf den Brandherd richten. Kolbenpumpe gleichmäßig im Hub-Druck-Rhythmus betätigen. Löschmittel nicht wahllos in die Flammen spritzen.

Auf Betriebsgeländen sowie auch in der Forstwirtschaft sind vielerorts Feuerlöschgerätetafeln aufgestellt, deren Geräte geeignete Hilfsmittel zur Löschung von Entstehungsbränden sind (s. Abb. 72).

Literatur- und Quellenverzeichnis

[1] RIETZ, G., BÜTTNER, H.
„Materielle Gesamtschäden bei Bränden", Brandschutz, Explosionsschutz – Aus Forschung und Praxis, Band 12, S. 114 ... 129, Staatsverlag der DDR, Berlin 1985.

[2] BUSSENIUS, S.
Brand- und Explosionsschutz in der Industrie, 2., überarbeitete und erweiterte Auflage, Staatsverlag der DDR, Berlin 1989.

[3] HÄHNEL, E.
Lexikon Brandschutz, 2., überarbeitete und erweiterte Auflage, Staatsverlag der DDR, Berlin 1986.

[4] SPALKE, F.
„Schadensursache Schweißen", Vortrag auf der 4. Fachtagung „Brand- und Explosionsschutz", Technische Universität „Otto von Guericke" Magdeburg 1988.

[5] ISTERLING, F.
„Vorbeugender Brandschutz sichert Arbeitsplätze und Wirtschaftlichkeit", Schweißen und Schneiden, **33** (1981) 3, S. 107 ... 108, Deutscher Verlag für Schweißtechnik, Düsseldorf.

[6] RÖBENACK, K.-D., WEIKERT, F.
„Unfallverhütung in der Schweißtechnik – Eine kommentierte Beispielsammlung", Deutscher Verlag für Schweißtechnik, Düsseldorf 1991.

[7] WEIKERT, F., RÖBENACK, K.-D., BERGMANN, F.
„Brandsicherheit bei Schweiß- und Schneidarbeiten", Teil 17 „Großbrände im Ausland", Schweißtechnik, **38** (1988) 3, S. 131 ... 132, Verlag Technik, Berlin.

[8] RÖBENACK, K.-D.
„Arbeitsschutz und Schadensfälle", Schweißtechnik, **28** (1978) 12, S. 539 ... 541, Verlag Technik, Berlin.

[9] HÖLEMANN, H., WORPENBERG, R.
„Untersuchungen zur Entstehung von Bränden durch Schweißen, Schneiden und verwandte Verfahren – Auswertung von Schadensfällen", Schweißen und Schneiden, **38** (1986) 4, S. 180 ... 185, Deutscher Verlag für Schweißtechnik, Düsseldorf.

[10] BÜHRER, P.
Firelosses by welding in Austria 1967 to 1978, divitet in gas welding and are welding 1973 to 1978 (Feuerschäden durch Schweißen in Österreich 1967 bis 1978, unterteilt in Gas- und Lichtbogenschweißen 1973 bis 1978), IIW: IIS Doc. VIII-896-80.

[11] WEIKERT, F., RÖBENACK, K.-D.
„Großbrände in Verbindung mit Schweiß- und Schneidarbeiten", Schweißtechnik, **39** (1989) 9, S. 401 ... 404, Verlag Technik, Berlin.

[12] Unfallverhütungsvorschrift Schweißen, Schneiden und verwandte Verfahren (VBG 15) vom 1. April 1990.

[13] BUSSE, D.
„Einige spezielle Aspekte des Gesundheitsschutzes beim Schweißen und Schneiden", Schweißtechnik, **39** (1989) 9, S. 388 ... 390, Verlag Technik, Berlin.

[14] MEDACK, J., RÖDER, M.
„Schadstoffexposition beim Schweißen und Möglichkeiten ihrer Verringerung", Schweißtechnik, **37** (1987) 7, S. 299 ... 300, Verlag Technik, Berlin.

[15] SCHINDLER, W., SCHMIDT, F. O.
„Gesundheitsgefährdungen beim Schweißen", Schweißtechnik, **29** (1979) 12, S. 532 ... 533, Verlag Technik, Berlin.

[16] WERNER, U.
„Beeinflussung der oberen Luftwege durch Schweißrauche, -gase und -dämpfe", Schweißtechnik, **29** (1979) 12, S. 534 ... 535, Verlag Technik, Berlin.

[17] GROTHE, I. u. a.
Arbeitsschutz beim Schweißen; Unfallverhütung und Gesundheitsschutz in der Schweißtechnik, 2. Auflage, Fachbuchreihe Schweißtechnik, Band 29, Deutscher Verlag für Schweißtechnik, Düsseldorf 1985.

[18] DORN, L. u. a.
„Unfallverhütung und Gesundheitsschutz beim Schweißen und Schneiden", Kontakt & Studium, Band 92, expert verlag, Grafenau 1982.

[19] „Arbeitsschutz in der Schweißtechnik", Vorträge der 2. DVS-Sondertagung, DVS-Berichte, Band 126, Deutscher Verlag für Schweißtechnik, Düsseldorf 1989.

[20] Sicherheitslehrbrief für Lichtbogenschweißer (ZH 1/101), Ausgabe 1990, Carl Heymanns Verlag, Köln.

[21] Sicherheitslehrbrief für Gasschweißer (ZH 1/102), Ausgabe 1990, Carl Heymanns Verlag, Köln.

[22] Sicherheitslehrbrief für Bau- und Montagearbeiten (ZH 1/91), Ausgabe 1989, Carl Heymanns Verlag, Köln.

[23] ERHARD, H., RÖBENACK, K.-D., RÖMER, B.
Schweißen im Bauwesen, Technische Grundlagen, 2. Auflage, Verlag für Bauwesen, Berlin 1986.

[24] RÖBENACK, K.-D., WEIKERT, F.
Praktische Beispiele für Schweißerbelehrungen, 5. Auflage, Verlag Tribüne, Berlin 1990.

[25] VOLLMER, H.-J.
„Schadstoffemission beim Schweißen", Schweißtechnik, **39** (1989) 9, S. 395 ... 396, 406, Verlag Technik, Berlin.

[26] TRGS 900 – Maximale Arbeitsplatzkonzentration und biologische Arbeitsstofftoleranzwerte (MAK-Werte), 1992.

[27] LIEBMANN, L.
„Gefahren beim Schweißen infolge nitroser Gase", Schweißtechnik, **28** (1978) 2, S. 85 ... 87, Verlag Technik, Berlin.

[28] GRÜN, H.
„Absaugen an Schweißplätzen, aber richtig!", Der Praktiker, **34** (1982) 3, S. 70 ... 72, Deutscher Verlag für Schweißtechnik, Düsseldorf.

[29] SCHRÖDER, K., BRUHNS, D.
„Anwendung von Schutzgasschweißbrennern mit integraler Rauchgasabsaugung", Schweißtechnik, **39** (1989) 9, S. 390 ... 392, Verlag Technik, Berlin.

[30] BAYER, J.
„Verteilung der Schweißrauche und -gase im Nahfeld des Schweißers, Lufttechnische Gestaltungsmaßnahmen", Schweißtechnik, **39** (1989) 9, S. 393 ... 395, Verlag Technik, Berlin.

[31] STEINBACH, St.
„Belüftbares Visier für mobile Schweißarbeitsplätze", Schweißtechnik, **39** (1989) 9, S. 411 ... 412, Verlag Technik, Berlin.

[32] WEIKERT, F., RÖBENACK, K.-D.
„Anlagen zur Absaugung von Schweißrauchen und -gasen", Metallverarbeitung, Heft 2, S. 6 ... 9, C. Colemann Verlag, 1991.

[33] WEIKERT, F., RÖBENACK, K.-D., SIERIG, U.
„Brandsicherheit bei Schweiß- und Schneidarbeiten", Teil 22 „Brände mit geringer Brandausbreitungsgeschwindigkeit in der Anfangsphase", Schweißtechnik, **40** (1990) 3, S. 94 ... 95, Verlag Technik, Berlin.

[34] SCHREIBER, G.
„Vorsicht bei Schwelbränden", Der Praktiker, **19** (1967) 10, S. 258, Deutscher Verlag für Schweißtechnik, Düsseldorf.

[35] JARAUSCH, D., HAASE, J.
„Brand eines alten Schlosses in Stuttgart", Brandschutz / Deutsche Feuerwehr 2, **36** (1982) 1, S. 21 ... 25.

[36] MENGE, R.
Umgang mit chemischen Stoffen, Lehren aus Unfällen und anderen Ereignissen, Verlag Tribüne, Berlin 1989.

[37] Arbeitssicherheit durch vorbeugenden Brandschutz (ZH 1/112), Ausgabe 1989, Carl Heymanns Verlag, Köln.

[38] Richtlinien für den Brandschutz bei Schweiß-, Löt- und Trennschleifarbeiten, Verband der Sachversicherer, VdS.
[39] RÖBENACK, K.-D., TENNHARDT, R.
„Anwendung das Strafrechtes und Ordnungsstrafrechtes bei Gefährdung des Gesundheits-, Arbeits- und Brandschutzes", Schweißtechnik, **26** (1976) 8, S. 363 ... 366, Verlag Technik, Berlin.
[40] STEIN, G., KUNZE, G.
Arbeitssicherheit – Pflichten der Unternehmer und Führungskräfte, Verlag Technik und Information, 6. Auflage, Bochum 1987.
[41] RÖBENACK, K.-D., WEIKERT, F.
„Brandsicherheit bei Schweiß- und Schneidarbeiten", Teil 7 „Analysen, Öffentlichkeitsarbeit und Erfahrungsaustausch als Beiträge zur Erhöhung des Niveaus im Arbeits- und Brandschutz", Schweißtechnik, **30** (1980) 7, S. 326 ... 327, Verlag Technik, Berlin.
[42] Richtlinien für Arbeiten in engen Räumen (ZH 1/77), Ausgabe 1989, Carl Heymanns Verlag, Köln.
[43] ERHARD, H., RÖBENACK, K.-D., RÖMER, B.
Schweißen im Bauwesen; Anwendungsgebiete, 2. Auflage, Verlag für Bauwesen, Berlin 1989.
[44] BITTER, C.
„Sicherheit im Umgang mit Sauerstoff", Der Praktiker, **34** (1982) 8, S. 198 ... 200, Deutscher Verlag für Schweißtechnik.
[45] SCHREIBER, G.
„Wissen Sie ...", Der Praktiker, **37** (1985) 7, S. 337, Deutscher Verlag für Schweißtechnik, Düsseldorf.
[46] RÖBENACK, K.-D.
„Unfall- und Schadensanalysen", Schweißtechnik, **30** (1980) 9, S. 394 ... 398, Verlag Technik, Berlin.
[47] FRIČ, H.
Accidents in electric arc welding (Unfälle beim Lichtbogenschweißen), IIW-Dokument VIII-812-79, Bratislava 1979.
[48] WEIKERT, F., RÖBENACK, K., GROß, M.
„Brandsicherheit bei Schweiß- und Schneidarbeiten", Teil 15 „Brände, Arbeitsunfälle und sonstige Schadensfälle infolge Einwirkung elektrischen Stroms", Schweißtechnik, **38** (1988) 1, S. 33 ... 35, Verlag Technik, Berlin.
[49] FRIČ, H.
„Der Nulleiter und das Elektroschweißen", Metallverarbeitung, **38** (1984) 6, S. 185 ... 186, Verlag Technik, Berlin.
[50] FRIČ, H.
„Die Brandursache – ein Kurzschluß", Metallverarbeitung, **40** (1986) 3, S. 88, Verlag Technik, Berlin.
[51] OPPENBORN, G.
„Die Gefahren des elektrischen Stroms nicht in den Wind schlagen", Der Praktiker, **37** (1985) 2, S. 89 ... 90, Deutscher Verlag für Schweißtechnik, Düsseldorf.
[52] KILLING, R.
„Was hat der Schweißer im Hinblick auf die elektrotechnische Sicherheit zu beachten?", Der Praktiker, **41** (1989) 7, S. 347 ... 348, Deutscher Verlag für Schweißtechnik, Düsseldorf.
[53] HIRSCHFELD, G.
„Elektrische Schutzmaßnahmen in Lichtbogenschweißanlagen", Schweißtechnik, **31** (1981) 3, S. 116 ... 121, Verlag Technik, Berlin.
[54] Standard TGL 30 270/02 – Gesundheits-, Arbeits- und Brandschutz; Schweißen, Schneiden und ähnliche thermische Verfahren; Sicherheitstechnische Forderungen; Ausgabe September 1988.
[55] Standard TGL 30 270/03 – Gesundheits-, Arbeits- und Brandschutz; Schweißen, Schneiden und ähnliche thermische Verfahren; Arbeitsschutz- und brandschutzgerechtes Verhalten; Ausgabe September 1988.
[56] MAUTSCH, G.
„Unfall durch beschädigte Anschlußstecker einer Schweißmaschine", Schweißtechnik, **28** (1978) 8, S. 371, Verlag Technik, Berlin.

[57] SCHULZ, W.-D.
„Besonderheiten des Brandschutzes beim Thermischen Spritzen", Schweißtechnik, **39** (1989) 9, S. 408 ... 409, Verlag Technik, Berlin.

[58] Arbeitsschutz beim Lichtbogenspritzen, DVS-Merkblatt 2307, Mai 1987.

[59] DIN 14 406, Teil 1 – Pulvertrockenlöscher mit Metallbrandlöschpulver für Brandklasse D (brennbare Metalle).

[60] Unfallverhütungsvorschrift Elektrische Anlagen und Betriebsmittel (VBG 4) vom 1. April 1986.

[61] DIN VDE 0544 – Sicherheitsanforderungen für Einrichtungen zum Lichtbogenschweißen, Teil 1 – Schweißstromquellen; Deutsche Fassung EN 60 974 – 1.

[62] SCHULZ, W.-D.
„Auswertung einer Metallstaubexplosion", Schweißtechnik, **36** (1986) 1, S. 34, Verlag Technik, Berlin.

[63] WEIKERT, F., RÖBENACK, K.-D., MANIG, St.
„Brandsicherheit bei Schweiß- und Schneidarbeiten", Teil 14 „Schadensfälle, besonders Brände, bei Anwendung ähnlicher thermischer Verfahren", Schweißtechnik, **37** (1987) 12, S. 563 ... 565, Verlag Technik, Berlin.

[64] STEFFENS, H.-D., HÖHLE, H.-M.
„Gefahren beim thermischen Spritzen von Aluminium durch Staubbrände und Staubexplosionen", Schweißen und Schneiden, **31** (1979) 3, S. 93 ... 97, Deutscher Verlag für Schweißtechnik, Düsseldorf.

[65] SCHULZ, W.-D., DRÄGER, J.
„Explosionsgefährdung durch Al-Spritzstaub", Schweißtechnik, **34** (1984) 9, S. 403 ... 404, Verlag Technik, Berlin.

[66] MAUER, E.
„Mit dem Schneidbrenner Kohlenstaubverpuffung verursacht", Sicherheit, **30** (1984) 2, S. 30.

[67] „Großer Brand in einem Heizwerk", Sicherheit, **32** (1986) 3, S. 47.

[68] RÖBENACK, K.-D., SCHWARZ, P., WEIKERT, F.
„Brandsicherheit bei Schweiß- und Schneidarbeiten", Teil 1 „Entzündung von Holz- und Leichtbauplatten bei Schweiß- und Schneidarbeiten", Schweißtechnik, **29** (1979) 1, S. 38 ... 40, 48, Verlag Technik, Berlin.

[69] WEIKERT, F., RÖBENACK, K.-D., HEYNE, B.
„Brandsicherheit bei Schweiß- und Schneidarbeiten", Teil 11 „Brandschäden bei Rekonstruktions- und Reparaturarbeiten in Industriebetrieben", Schweißtechnik, **37** (1987) 3, S. 135 ... 137, Verlag Technik, Berlin.

[70] SCHREIBER, G.
„Zündtemperaturen von Holz", Der Praktiker, **36** (1984) 11, S. 586, Deutscher Verlag für Schweißtechnik, Düsseldorf.

[71] PARCHWITZ, W.
„Brandgefahr durch Schweißen, Schneiden und ähnliche thermische Verfahren", Metallverarbeitung, **37** (1983) 6, S. 179 ... 181, Verlag Technik, Berlin.

[72] RÖBENACK, K.-D., ZOBER, E.
Arbeits- und Brandschutz bei Schweiß- und Schneidarbeiten, 4. Auflage, Verlag Tribüne, Berlin 1978.

[73] SÜSS, H.
„Brandverhalten von Plastwerkstoffen", Informationsschrift des VEB Baumaschinenkombinat Süd, **4** (1974) 5, S. 7 ... 9.

[74] RÖBENACK, K.-D., SCHWARZ, P., WEIKERT, F.
„Brandsicherheit bei Schweiß- und Schneidarbeiten", Teil 2 „Entzündung von Plastwerkstoffen bei Schweiß- und Schneidarbeiten", Schweißtechnik, **29** (1979) 5, S. 209 ... 210, Verlag Technik, Berlin.

[75] RÖBENACK, K.-D., SCHWARZ, P., WEIKERT, F.
„Brandsicherheit bei Schweiß- und Schneidarbeiten", Teil 4 „Entzündung von textilem Gewebe und Gummi bei Schweiß- und Schneidarbeiten", Schweißtechnik, **30** (1980) 2, S. 81, Verlag Technik, Berlin.

[76] ISTERLING, F.
„Eine Sekunde kostete fünf Millio-

nen", Der Praktiker, **35** (1983) 3, S. 52, Deutscher Verlag für Schweißtechnik, Düsseldorf.
[77] RÖBENACK, K.-D., WEIKERT, F., SCHWARZ, P.
„Brandsicherheit bei Schweiß- und Schneidarbeiten", Teil 5 „Entzündung von Papier und Verpackungsmaterialien bei Schweiß- und Schneidarbeiten", Schweißtechnik, **30** (1980) 4, S. 177...178, Verlag Technik, Berlin.
[78] RÖBENACK, K.-D., ZOBER, E.
„Fahrlässige Brände durch Schweißarbeiten", Schweißtechnik, **25** (1975) 1, S. 27...30, Verlag Technik, Berlin.
[79] WEIKERT, F., RÖBENACK, K.-D., WINTERHOFF, S.
„Brandsicherheit bei Schweiß- und Schneidarbeiten", Teil 10 „Unfälle und Brandschäden in der Land-, Forst- und Nahrungsgüterwirtschaft", Schweißtechnik, **37** (1987) 1, S. 39 ...41, Verlag Technik, Berlin.
[80] ZINKE, L.
„Ursache exakt ermittelt", Unser Brandschutz, **38** (1988) 10, S. 12...13, 24, Berlin.
[81] WEIKERT, F., RÖBENACK, K.-D., HENNIG, M.
„Brandsicherheit bei Schweiß- und Schneidarbeiten", Teil 12 „Brandschäden bei Handwerksarbeiten", Schweißtechnik, **37** (1987) 5, S. 209 ...211, Verlag Technik, Berlin.
[82] WEIKERT, F., RÖBENACK, K.-D., SIERIG, U.
„Brandsicherheit bei Schweiß- und Schneidarbeiten", Teil 9 „Brände bei Kfz-Reparaturarbeiten", Schweißtechnik, **36** (1986) 12, S. 556...557, Verlag Technik, Berlin.
[83] ENDTER, H., BRETTSCHNEIDER, H.
„Arbeitsschutz beim Schweißen mit langen Haaren", Schweißtechnik, **24** (1974) 6, S. 265...268, Verlag Technik, Berlin.
[84] WEIKERT, F., RÖBENACK, K.-D., BERGMANN, F.
„Brandsicherheit bei Schweiß- und Schneidarbeiten", Teil 13 „Brandschäden bei Hobby- und Freizeitarbeiten", Schweißtechnik, **37** (1987) 7, S. 325...327, Verlag Technik, Berlin.
[85] RÖBENACK, K.-D., SCHWARZ, P., WEIKERT, F.
„Brandsicherheit bei Schweiß- und Schneidarbeiten", Teil 3 „Entzündung von Chemikalien bei Schweiß- und Schneidarbeiten", Schweißtechnik, **29** (1979) 7, S. 328...329, Verlag Technik, Berlin.
[86] WEIKERT, F., RÖBENACK, K.-D., RIEDEL, J.
„Brandsicherheit bei Schweiß- und Schneidarbeiten", Teil 23 „Brände und Arbeitsunfälle in Verbindung mit Waschbenzin", Schweißtechnik, **40** (1990) 9, S. 420...423, Verlag Technik, Berlin.
[87] DREES, W.
„Gesundheitsgefahren durch den Einsatz von Lösungsmitteln beim Farbspritzen", Metallverarbeitung, **41** (1987) 6, S. 176...178, Verlag Technik, Berlin.
[88] LOHSE, D.
„Auch Räume über der Schweißstelle sind gefährdet", Schweißtechnik, **34** (1984) 10, S. 455...456, Verlag Technik, Berlin.
[89] SCHMIDT, P.
„... und trotz alledem immer wieder Schweißerbrände", Schweißtechnik, **22** (1972) 10, S. 469, Verlag Technik, Berlin.
[90] ISTERLING, F.
„Sechzig Millionen Mark Brandschaden durch Leichtsinn", Der Praktiker, **41** (1989) 8, S. 420, Deutscher Verlag für Schweißtechnik, Düsseldorf.
[91] ISTERLING, F.
„Feuer ist teuer!", Der Praktiker, **36** (1984) 9, S. 456, Deutscher Verlag für Schweißtechnik, Düsseldorf.
[92] FRIČ, H.
„Explosions in electric arc welding" (Explosionen durch elektrisches Lichtbogenschweißen), IIW-Dokument VIII-810-79, Welding Research Institute, Bratislava 1979.
[93] WEIKERT, F., RÖBENACK, K.-D.
„Flammendurchschläge lassen sich

sicher verhindern", Der Praktiker, **43** (1991) 12, S. 665 ... 669, Deutscher Verlag für Schweißtechnik, Düsseldorf.

[94] BODEWELL, G.
„Unkenntnis der Zusammenhänge führte zur Explosion in einem Acetylenentwickler", Schweißtechnik, **25** (1975) 8, S. 372 ... 374, Verlag Technik, Berlin.

[95] TATTER, U.
„Verschrotten von Acetylenentwicklern, Wasservorlagen und Zubehör", Schweißtechnik, **26** (1976) 8, S. 369, Verlag Technik, Berlin.

[96] TATTER, U.
„Vorsicht beim Einsatz alter Acetylenentwickler", Schweißtechnik, **29** (1979) 1, S. 40 ... 41, Verlag Technik, Berlin.

[97] TATTER, U.
„Revision an Acetylenerzeugungsanlagen der Gruppe 1", Schweißtechnik, **38** (1988) 7, S. 325 ... 326, Verlag Technik, Berlin.

[98] WIEDSTRUCK, H.
„Zum Beitrag: Sicherer Umgang mit Gasschläuchen", Leserzuschrift, Schweißtechnik, **27** (1977) 7, S. 327 ... 328, Verlag Technik, Berlin.

[99] DIN 8521 – Sicherheitseinrichtungen gegen Flammendurchschlag und Gasrücktritt beim Schweißen und Schneiden und bei verwandten Verfahren, Sicherheitstechnische Anforderungen, Prüfung.

[100] BODEWELL, G.
„Gestaltung von Acetylen-Verteilungsanlagen", Schweißtechnik, **31** (1981) 3, S. 132 ... 135, Verlag Technik, Berlin.

[101] SCHMIDT, R.
„Schwerer Arbeitsunfall mit Propan", Metallverarbeitung, **42** (1988) 2, S. 60, Verlag Technik, Berlin.

[102] KUNZE, M.
„Undichte Acetylen-Rohrleitung als Ausgangspunkt einer Explosion", Schweißtechnik, **27** (1977) 12, S. 565, Verlag Technik, Berlin.

[103] TATTER, U.
„Brand eines Werkstattwagens durch Flammenrückschlag", Schweißtechnik, **35** (1985) 6, S. 274 ... 275, Verlag Technik, Berlin.

[104] KROWICKI, A.
„Brenngase gehören nicht in Kinderhände", Schweißtechnik, **27** (1977) 11, S. 515, Verlag Technik, Berlin.

[105] KROWICKI, A.
„Verhütet Spielereien mit Brenngasen", Schweißtechnik, **27** (1977) 9, S. 422, Verlag Technik, Berlin.

[106] KROWICKI, A.
„Unfälle beim Spielen mit Brenngasen", Schweißtechnik, **28** (1978) 1, S. 21, Verlag Technik, Berlin.

[107] KROWICKI, A.
„Verwendung von Acetylen oder Sauerstoff für unzulässige Zwecke", Schweißtechnik, **27** (1977) 12, S. 568, Verlag Technik, Berlin.

[108] RÖBENACK, K.-D., WEIKERT, F.
„Brandsicherheit bei Schweiß- und Schneidarbeiten", Teil 6 „Entflammen von Kleidungsstücken in Verbindung mit Sauerstoffanreicherung als Ursache schwerer Arbeitsunfälle", Schweißtechnik, **30** (1980) 5, S. 211 ... 212, Verlag Technik, Berlin.

[109] WEIKERT, F., RÖBENACK, K.-D.
„Der Umgang mit Sauerstoff ist sicher", Der Praktiker, **43** (1991) 3, S. 126 ... 129, Deutscher Verlag für Schweißtechnik, Düsseldorf.

[110] BILLER, C.
„Sicherheit im Umgang mit Sauerstoff", Der Praktiker, **34** (1982) 8, S. 198 ... 200, Deutscher Verlag für Schweißtechnik, Düsseldorf.

[111] AUTORENGEMEINSCHAFT
Wörterbuch der Medizin, Verlag Volk und Gesundheit, Berlin 1980.

[112] SIEMENS, C.
„Verhütung von Unfällen bei Sauerstoffanreicherung oder Sauerstoffmangel in der Raumluft", Schweißen und Schneiden, **29** (1977) 10, S. 412 ... 413, Deutscher Verlag für Schweißtechnik, Düsseldorf.

[113] KROWICKI, A.
„Erneuter Zerknall einer Sauerstoffflasche", Schweißtechnik, **29** (1979) 8, S. 377, Verlag Technik, Berlin.

[114] KROWICKI, A.
„Unfälle durch Sauerstoff", Schweißtechnik, **31** (1981) 3, S. 131 ... 132, Verlag Technik, Berlin.

[115] GOLTZ, G.
„Explosion von Sauerstoffschläuchen", Schweißtechnik, **34** (1984) 6, S. 266 ... 267, Verlag Technik, Berlin.

[116] RUHS, A., WINTER, J.
„Sauerstoffschlauchexplosionen – Beitrag zum sicheren Umgang mit Autogengeräten", Schweißtechnik, **37** (1987) 11, S. 515 ... 516, Verlag Technik, Berlin.

[117] TATTER, U.
„Warum explodieren Sauerstoffschläuche?", Schweißtechnik, **28** (1978) 7, S. 322 ... 324, Verlag Technik, Berlin.

[118] VOGT, H.
„Stoff in der Hose", Wochenpost, **30** (1983) 48, S. 32, Berlin.

[119] WEILAND, K.
„Gefahr verkannt – Stickstoff unterschätzt", Sozialversicherung, Arbeitsschutz, (1975) 11,S. 19, Verlag Tribüne, Berlin.

[120] SCHADE, J.
„Schadensfall an einer Sauerstoff-Versorgungsanlage", Schweißtechnik, **26** (1976) 10, S. 468, Verlag Technik, Berlin.

[121] GRAF, G.
„Tödlicher Unfall durch Fahrlässigkeit", Schweißtechnik, **24** (1974) 2, S. 89, Verlag Technik, Berlin.

[122] „Bei der Schweißnahtprüfung erstickt!", Der Praktiker, **40** (1988) 6, S. 297, Deutscher Verlag für Schweißtechnik, Düsseldorf.

[123] WEIKERT, F., RÖBENACK, K.-D., MÄHNERT, J.
„Brandsicherheit bei Schweiß- und Schneidarbeiten", Teil 8 „Brandschäden in der Bauindustrie", Schweißtechnik, **32** (1982) 11, S. 517 ... 519, Verlag Technik, Berlin.

[124] „Vorsicht vor Funkenflug", Der Praktiker, **36** (1984) 10, S. 518, Deutscher Verlag für Schweißtechnik, Düsseldorf.

[125] „Schuld hatten alle vier", Gewerkschaftsleben, (1984) 1, S. 12 ... 13.

[126] MÜLLER, E.
„Explosion durch defekte Propangasflasche", Sozialversicherung, Arbeitsschutz, (1980) 1, S. 20, Verlag Tribüne, Berlin.

[127] FRIČ, H.
Accidents of Animals in electric arc Welding II" (Unfälle von Lebewesen beim elektrischen Lichtbogenschweißen II), IIW-Dokument VIII-978-81, Bratislava 1981.

[128] WÜNSCHE, H.
„Schweißarbeiten trotz mangelnder Qualifikation geduldet und durchgeführt", Unser Brandschutz, **33** (1983) 11, S. 28, Berlin.

[129] FLORSCHÜTZ, P., HASLWANDER, J., HOFFMANN, R.
„Brandentstehung und -ausbreitung an Bandanlagen – Teil 1 Brandentstehung", Brandschutz, Explosionsschutz – Aus Forschung und Praxis, Band 19, S. 9 ... 16, Staatsverlag der DDR, Berlin 1989.

[130] MÜCKEL, M.
„Explosion bei Arbeitsbeginn", Sicherheit, (1985) 1.

[131] WEIKERT, F., RÖBENACK, K.-D., RODRIGUEZ, L. A.
„Brandsicherheit bei Schweiß- und Schneidarbeiten", Teil 20 „Brandschäden bei Schweiß- und Schneidarbeiten in Betrieben der Energiewirtschaft sowie beim Bau von Energieversorgungsanlagen", Schweißtechnik, **39** (1989) 12, S. 568 ... 570, Verlag Technik, Berlin.

[132] MEISE
„Großbrand im Chemie-Faser-Kombinat Schwarza", Der Walzwerker, (1987) 47, Mansfeldkombinat „Wilhelm Pieck", Hettstedt.

[133] GEORGI, H.
„Vorkommnis bei Verlegearbeiten an

[134] einer ND-Gasleitung", Sicherheit, **30** (1984) 2, S. 26.
[134] SEROWY, J.
„Explosion in einem Elektromotor bei Installationsarbeiten", Arbeitsschutz in der Chemie, **22** (1983) 4, S. 11 ... 12, Halle/Saale.
[135] PREUSKER, J.
„Schwerer Arbeitsunfall beim Schweißen eines Behälters", Schweißtechnik, **29** (1979) 3, S. 130, Verlag Technik, Berlin.
[136] ISTERLING, F.
„Wieder einmal Brand durch Schweißarbeiten", Der Praktiker, **36** (1984) 4, S. 193 ... 194, Deutscher Verlag für Schweißtechnik, Düsseldorf.
[137] OTTO, F.
„Haftpflichtversicherungsschutz für Brand durch Schweißperlen", Der Praktiker, **35** (1983) 7, S. 325 ... 326, Deutscher Verlag für Schweißtechnik, Düsseldorf.
[138] WEIKERT, F., RÖBENACK, K.-D., BEHRENDT, K.-P.
„Brandsicherheit bei Schweiß- und Schneidarbeiten", Teil 18 „Brände im Schiffbau", Schweißtechnik, **39** (1989) 1, S. 37 ... 39, Verlag Technik, Berlin.
[139] KOROTKIN, I. M.
Seeunfälle und Katastrophen von Kriegsschiffen, 2. Auflage, Militärverlag der DDR, Berlin 1982.
[140] FEDERSEN, P.
Die große Zeit der Luxus-Liner, Edition Maritim, Hamburg 1981.
[141] Berichte über Schadensfälle und Brände im Schiffbau, unveröffentlicht.
[142] VAN OETEREN, K.-A.
„Ein Toter und zwei Verletzte durch Explosion", Der Praktiker, **36** (1984) 8, S. 389, Deutscher Verlag für Schweißtechnik, Düsseldorf.
[143] KAHL, H., ZOBER, E.
„Mißachtung gesetzlicher Forderungen führte zu einem Brand in Millionenhöhe", ZIS-Mitteilungen, **29** (1987) 8, S. 873 ... 879.
[144] „Urteile im Prozeß zum Brand in Schuhfabrik", Neues Deutschland vom 6. Oktober 1987, S. 8.
[145] FUNKE, H.
„Wie schnell sich eine gute Absicht ins Gegenteil verkehrt", Unser Brandschutz, **32** (1982) 11, S. 30, Berlin.
[146] PISCHEL, F.
„Arbeitsunfall durch Wärmebehandlung eines geschlossenen Hohlkörpers", Arbeitsschutz in der Chemie, **29** (1987) 8, S. 873 ... 879.
[147] HELLER, H.
„Ein Urteil, ein Protest und die nötigen Konsequenzen", Schweißtechnik, **37** (1987) 11, S. 517, Verlag Technik, Berlin.
[148] KAHL, H., TATTER, U.
„Schweiß-Schneidfunken – Brand durch Demontagearbeiten an einer Rohrleitung", Schweißtechnik, **37** (1987) 2, S. 85 ... 86, Verlag Technik, Berlin.
[149] PIPKA, R.
„Glühende Metallteilchen zündeten", Unser Brandschutz, **36** (1986) 11, S. 29, Berlin.
[150] KNAPPE, C.
„Bei Schweißarbeiten besonders achtsam sein ...", Sächsische Zeitung Dresden vom 3. Juli 1987.
[151] TATTER, U.
„Schwere Verbrennungen in einem engen Raum", Metallverarbeitung, **41** (1987) 6, S. 186 ... 187, Verlag Technik, Berlin.
[152] DIETRICH
„Acetylenflasche brannte und explodierte", Schweißtechnik, **26** (1976) 3, S. 136, Verlag Technik, Berlin.
[153] ISTERLING, F.
„Hilfe, die ,Lötlampe' brennt", Der Praktiker, **37** (1985) 12, S. 670, Deutscher Verlag für Schweißtechnik, Düsseldorf.
[154] KROWICKI, A.
„Tanklager brannte!", Schweißtechnik, **30** (1980) 4, S. 178, Verlag Technik, Berlin.

[155] WEIKERT, F., RÖBENACK, K.-D., WAGNER, H.
„Brandsicherheit bei Schweiß- und Schneidarbeiten", Teil 19 „Brände und Unfälle bei Schweißarbeiten an und in der Nähe von Behältern gefährlichen Inhalts", Schweißtechnik, **39** (1989) 5, S. 211 ... 213, Verlag Technik, Berlin.

[156] „Sicherheitsregeln für die Fahrzeug-Instandsetzung", Ausgabe April 1988; Fachausschuß „Eisen und Metall", BG-Zentralstelle für Unfallverhütung, Sankt Augustin.

[157] TROWE, D.
„Brand in einer Karosseriewerkstatt", Schweißtechnik, **30** (1980) 5, S. 212, Verlag Technik, Berlin.

[158] ISTERLING, F.
„Schweißfunken kosteten dreihundert Millionen", Der Praktiker, **37** (1985) 8, S. 396, Deutscher Verlag für Schweißtechnik, Düsseldorf.

[159] TATTER, U.
„Großbrand eines Kaufhauses infolge Schweißarbeiten", Schweißtechnik, **31** (1981) 5, S. 211, Verlag Technik, Berlin.

[160] ISTERLING, F.
„Großfeuer im Kühlhaus", Der Praktiker, **41** (1989) 5, S. 244, Deutscher Verlag für Schweißtechnik, Düsseldorf.

[161] KAHL, H.
„Brand durch Schweiß- und Schneidarbeiten, Reaktion des Gesetzgebers", ZIS-Mitteilungen, **26** (1984) 7, S. 770 ... 777.

[162] WEIKERT, F., RÖBENACK, K.-D., MEYER, T.
„Brandsicherheit bei Schweiß- und Schneidarbeiten", Teil 23 „Brände im Gesundheits- und Bildungswesen", Schweißtechnik, **40** (1990) 6, S. 280 ... 283, Verlag Technik, Berlin.

[163] BÜHREN, D.
„Vorsicht beim Brennschneiden in Bauten", Der Praktiker, **36** (1984) 4, S. 101, Deutscher Verlag für Schweißtechnik, Düsseldorf.

[164] FRÖHLKE, K.
„Tödlicher Unfall durch Schweißen auf einem Teerfaß", Schweißtechnik, **35** (1985) 1, S. 32, Verlag Technik, Berlin.

[165] MICHALK, G.
„Leichtfertig Rechtspflichten außer acht gelassen", Unser Brandschutz, **33** (1983) 11, S. 29, Berlin.

[166] MÖBIUS, W.
„Unfall bei eigenwirtschaftlicher Tätigkeit nach Feierabend", Schweißtechnik, **31** (1981) 5, S. 210 ... 211, Verlag Technik, Berlin.

[167] ISTERLING, F.
„‚Feuermachen' mit dem Schweißgerät", Der Praktiker, **37** (1985) 3, S. 140, Deutscher Verlag für Schweißtechnik, Düsseldorf.

[168] ZIOLKO, J.
„Schweißen des beschädigten Mantels eines teilweise mit Erdöl gefüllten Tanks", Stahlbau, (1987) 4, S. 107 ... 110.

[169] Unfallverhütungsvorschrift Allgemeine Vorschrift (VBG 1) vom 1. April 1977 mit Durchführungsanweisung vom April 1987.

[170] Arbeitsstättenrichtlinie ASR 12/1, 2 Feuerlöscheinrichtungen, Sicherheitsregeln für die Ausrüstung von Arbeitsstätten mit Feuerlöschern; ZH 1/201.

Tabellenverzeichnis

Tabelle 1
Brandschäden bei Schweißarbeiten in der ehemaligen DDR 12
Tabelle 2
Beispiele für Großbrände infolge von Schweißarbeiten 15
Tabelle 3
Mögliche Berufskrankheiten und häufige Gesundheitsgefährdungen beim Schweißen und Schneiden 20
Tabelle 4
Bestandteile der Schweißrauche und Stäube 21
Tabelle 5
Schadstoffe, die beim Überschweißen organischer Schichten entstehen können 22
Tabelle 6
Wirkungen verschiedener Schadstoffe [27] 23
Tabelle 7
Zeiten bis zum Brandausbruch nach Abschluß von Schweiß-, Schneid- und verwandten Arbeiten in verschiedenen Bereichen 27
Tabelle 8
Kennwerte von Brenngasen und Sauerstoff 42
Tabelle 9
Temperaturen in der Nähe einer Schweißbrennerflamme [45] 44
Tabelle 10
Gefährdungen und Sicherheitsmaßnahmen beim Gasschweißen und Brennschneiden 45
Tabelle 11
Gefährdungen und Sicherheitsmaßnahmen beim Lichtbogenschweißen . 48
Tabelle 12
Gefährdungen und Sicherheitsmaßnahmen beim Gießschweißen 50
Tabelle 13
Gefährdungen und Sicherheitsmaßnahmen beim Widerstandspunkt- (WP) und Abbrennschweißen (WA) . . 52

Tabelle 14
Gefährdungen und Sicherheitsmaßnahmen beim Löten 54
Tabelle 15
Auswirkungen des elektrischen Stromes auf den menschlichen Körper . . 54
Tabelle 16
Beispiele für Brände infolge Einwirkung des elektrischen Stromes 59
Tabelle 17
Sicherheitstechnische Kennwerte von flammen- oder lichtbogengespritztem Aluminiumstaub [58] 62
Tabelle 18
Sicherheitstechnische Kennwerte von Aluminiumstaub-Wasserstoff-Luft-Gemischen [58] 62
Tabelle 19
Beispiele für Brände und Explosionen von Metallstäuben und -abfällen . . . 65
Tabelle 20
Sicherheitstechnische und energetische Kennwerte von Kohle und Torf . 67
Tabelle 21
Beispiele für Brände und Explosionen von Kohle und Pyrolysegas 70
Tabelle 22
Beispiele für Brände von Holzmaterialien 77
Tabelle 23
Brandschutztechnische Kennwerte einiger Kunststoffe 80
Tabelle 24
Beispiele für Brände von Kunststoffen 85
Tabelle 25
Beispiele für Brände von Papier, Pappe und Kartonagen 89
Tabelle 26
Beispiele für Brände von Pflanzen und Futtermitteln 94
Tabelle 27
Beispiele für Brände von Textilien und Fellen 98

Tabelle 28
Einteilung brennbarer Flüssigkeiten in Gefahrklassen 101

Tabelle 29
Beispiele für Unfälle und Brände beim Umgang mit Waschbenzin 104

Tabelle 30
Beispiele für Unfälle, Brände und Explosionen beim Umgang mit brennbaren Gasen 113

Tabelle 31
Beispiele für Unfälle, Brände und Explosionen bei Spielereien mit Brenngasen [104 ... 107] 114

Tabelle 32
Wirkungen von Sauerstoffmangel und Sauerstoffüberschuß 116

Tabelle 33
Beispiele für Unfälle und Brände beim Umgang mit Sauerstoff 121

Tabelle 34
Schwere Arbeitsunfälle durch Kleiderbrände infolge Sauerstoffanreicherung an Arbeitsplätzen 123

Tabelle 35
Beispiele für Unfälle und Brände im Bauwesen 130

Tabelle 36
Beispiele für Unfälle und Brände in der Landwirtschaft 136

Tabelle 37
Beispiele für Unfälle und Brände im Bergbau und in der Metallurgie 140

Tabelle 38
Beispiele für Unfälle und Brände in der Energiewirtschaft 145

Tabelle 39
Schadensfälle in der chemischen Industrie an Tanks und Behältern 151

Tabelle 40
Beispiele für Unfälle und Brände in der chemischen Industrie 152

Tabelle 41
Beispiele für Brände im Maschinen-, Anlagen- und Apparatebau 156

Tabelle 42
Beispiele für Unfälle und Brände im Schiffbau [138 ... 141] 161

Tabelle 43
Beispiele für Brände in sonstigen Industriezweigen 167

Tabelle 44
Beispiele für Unfälle und Brände in Handwerksbetrieben 172

Tabelle 45
Beispiele für Unfälle und Brände im Transport- und Nachrichtenwesen .. 179

Tabelle 46
Beispiele für Unfälle und Brände bei der Kraftfahrzeuginstandsetzung ... 183

Tabelle 47
Beispiele für Brände im Gesundheitswesen 191

Tabelle 48
Beispiele für Unfälle und Brände bei Freizeit- und Hobbyarbeiten 196

Sachwortverzeichnis

Abbrand
  synthetischer Garne 97
  von Aluminium-Verbund-Wandbauteilen 127
Abbrennschneiden
  Gefährdungen und Sicherheitsmaßnahmen 52
Abbrennstumpfschweißen 49
Abdecken der Stoffe 28
Abdeckplanen 153 164
Abdichten von Öffnungen 28 87 142
Abluftgeschwindigkeit 63
Absauganlagen 22
Absaugleitung 63
Absaugung 22 32 63 80
Absturz und Fall von Personen 24
Aceton 41 103 107
Acetylen 41 177
  explosibler Zerfall 106
  Übertritt 119
Acetylendruckminderer 107
Acetylenentwickler 40 41 106
  Aufstellung 109
  Bedienung 109
  Beschickung 109
  Entschlammung 109
  Instandhaltung 109
  Pflege 109
  Wartung 109
Alarmierungsanlagen 199
Altpapier 86 88
Aluminiumspritzen 63
Aluminiumstaub 61
  Gemische mit Luft 62
  sicherheitstechnische Kennwerte 62
aluminothermische Reaktion
  an einem Staubgemisch 64
Ammoniak 148 150
  Vergiftungen 83
Änderungsarbeiten
  Erlaubnisschein 39
Anlagenbau 153 156
Anstrichstoffe 100
  Pyrolyseprodukte 150 155

Anwärmen 125 180
Apparatebau 153 156
arbeitsbedingte Gefährdungen 36
Arbeitskleidung 68
  leichtbrennbare – 119
  Sauerstoffanreicherung in der – 33 116 119
  Waschbenzindämpfe in der – 104
Arbeitsmittelinstandsetzung 125
Arbeitsregime 124
Arbeitsschutzkleidung 23
Arbeitsunfälle 20 105
  äußere Einwirkungen 20
  durch elektrischen Strom 20
  durch Funken 20
  durch nitrose Gase 20
  durch Sauerstoffüberschuß oder -mangel 20
  durch Schweißspritzer 20
  durch Strahlung 20
  durch Wärme 20
  Ursachen 20
Archive 187
Argon 117
Armaturen
  vereiste – 117
Atemschutz 198
Atemschutzgeräte 117 147
Aufsicht 19 35 125 142
Aufsichtsführender 28
Aufzüge 184
Ausbau 125
  Materialien 125 184
Ausbauarbeiten 67 100
Ausdämpfen 40
  von Behältern mit gefährlichem Inhalt 35
Außerbetriebsetzen der Geräte 34
Ausrüstungskai 155
Ausrüstungsteile 125
autogenes Schweißen 41
Autogenflamme
  Wärmewirkung 44
Autogentechnik 33 105
  Verbrauchsgeräte der – 33

Bandanlagen 137
Bauhilfsmaterialien 159
Baumaterialien 169
Baureparaturen 125
Baustellen 86
  Bedingungen 34
  Montage – 120
  Ordnung 81 153
Bausubstanz 163
Bauteile
  Lagerung 86
Bau- und Montagearbeiten 17
Bauwesen 125 130
Bedienungsanleitungen 68
Bedienungsvorschrift 33
Befahrerlaubnisschein 36 40 177
Behälter 151
  Arbeiten in – 33 34 154
  Erlaubnisschein für Arbeiten in – 37
  Sicherheitsmaßnahmen beim Befahren von – 36
Behälter mit gefährlichem Inhalt 30 32 135 147 150 154 178 180
  Ausdämpfen 35
  Kraftstofftanks 35 180
  Sicherheitsmaßnahmen bei Arbeiten in – 35
Beiflamme 44
Beispiele für Unfälle, Brände und Explosionen
  an Tanks und Behältern 151
  bei der Kraftfahrzeuginstandhaltung 181 183
  beim Umgang mit Sauerstoff 118 121
  beim Umgang mit Waschbenzin 104
  bei Spielereien mit Brenngasen 114
  für gefahrloses Schweißen 197
  im Bauwesen 126 130
  im Bergbau 137 140
  im Bildungswesen 188
  im Freizeitbereich 194 196
  im Gesundheitswesen 188 191
  im Hobbybereich 194 196
  im Maschinen-, Anlagen- und Apparatebau 154 156
  im Schiffbau 158 161
  im Transport- und Nachrichtenwesen 175 179
  in der chemischen Industrie 148 152
  in der Energiewirtschaft 143 145
  in der Industrie 163 167
  in der Land- und Forstwirtschaft 133 136
  in der Metallurgie 137 140
  infolge Einwirkung des elektrischen Stromes 57 59
  in Handelseinrichtungen 185
  in Handwerksbetrieben 170 172
  in kulturellen Einrichtungen 188
  von brennbaren Flüssigkeiten und Dämpfen 102
  von brennbaren Gasen 109 113
  von Holz, Holzwolle und -spänen sowie Holzwolle-Leichtbauplatten 73 77
  von Kohle, Teer, Bitumen, Torf 68 70
  von Kunststoffen 82 85
  von Metallstaub und -spänen 64 65
  von Papier, Pappe und Kartonagen 87 89
  von Stroh, Heu, Pflanzen, Futter- und Lebensmitteln 92 94
  von Textilien, Garn, Wolle, Fellen, Haaren, Leder 96 98
Belüftung 40 80
Benzin 181
Bergbau 136 140
Berufskrankheiten 20
Bestandsunterlagen 163
Betonabplatzungen 128
Bewehrungsmatten 128
Bildungswesen 187
Bitumen 66 67 70 100
  Entzündung 69
  Pyrolyse 71
Blei 21
Blendschutz 32 57 133
Brandausbreitung 25 79 82 91 100
  in der Anfangsphase 132
  über Isolierungsmaterial 189
  über Strohreste 92
Brandausbruch
  Zeiten bis zum – 27
Brandauswirkung
  auf Gebäude 27
Brandbekämpfung 199
Brände 10 41
  an Druckgasflaschenventilen 200
  an einem Ladegerät 138
  an einer Oberbau-Goßmaschine 175
  auf einem Straßenbahnhof 176
  Ausbreitung 25 79 82 91 100 132 189
  bei Abbrüchen 17
  bei Bau- und Montagearbeiten 17
  bei Demontagen 17

217

bei der Montage einer Zellstoffentwässerungsmaschine 155
bei der Montage eines Bioreaktors 154
bei Instandsetzungen 17
beim Ausbau eines Flugzeugträgers 159
bei Rekonstruktionen 17
durch Auftauarbeiten 133
durch einen nicht ausgebauten Kraftstofftank 181
durch Entzündung von Ölresten 103
durch Entzündung von Verpackungsmaterialien 88
durch falschen Schweißstromrückfluß 58
einer Acetylenflasche 177
einer Baracke 128
einer Bekohlungsanlage 143
einer Scheune 92
eines Bioreaktors 154
eines Containers infolge Flammenrückschlag 135
eines Druckminderers 111
eines Fahrzeuges 182
eines Kaufhauses 185 186
eines mit Holz ausgebauten Dachgeschosses 73
eines Stallgebäudes 92
eines Werkstattwagens 112
Entstehung 19 25
Entwicklungstendenzen 11
in einem Altersheim 189
in einem Aufbereitungsgebäude bei der Rekonstruktion 138
in einem Baumaschinenreparaturbetrieb 129
in einem Betrieb der metallverarbeitenden Industrie 165
in einem Dachgeschoß 93
in einem Getränkekombinat 166
in einem Kabelausführungsmast 144
in einem Kühlhaus 186
in einem Laderaum 160
in einem Lager einer Schuh- und Lederwarenfabrik 164
in einem Maschinenbaubetrieb 166
in einem rohbaufertigen Gebäude 128
in einem Schulhort 190
in einem Stall durch Irrstrom 134
in einem Steingutwerk 164
in einem Tagebau-Großgerät 137
in einem Walzwerk 138
in einem Werk zur Fertigung von Betonrohren 126
in einer Papierfabrik 87
in einer Schmiedewerkstatt 171
in einer Tischlerei 171
in einer Umformerstation 145
infolge Einflusses von elektrischem Strom 57
infolge entzündeter Öldämpfe 102
infolge falscher Elektrodenhalterablage 57
subjektive Faktoren für – 9
von Aluminium-Verbundprofil 82
von Elektroisolationsmaterial 84
von Dämmstoffen 17
von Isoliermaterialien 17
von Kunststoff 84
von PUR-Schaum und Elektroisolationsmaterial 82
von Unkraut 93
Brandentstehung 19 25
Brandfall
   Maßnahmen für den – 199
   Verhalten im – 199
Brandgase 25
Brandgefahr 100 199
brandgefährdete Arbeitsstätten
   Möglichkeiten für gefahrloses Schweißen in – 197
brandgefährdeter Bereich 28 30
Brandgefährdungen 41
   Klassifizierung 27
Brandgeschehen 124
Brandklassen 201
Brandmeldeanlage 19 186 199
Brandnester 34
Brandposten 19 73 92 142
Brandschäden 9 12
   Auswertung 17
Brandschadenssumme 11 15 19
Brandschutz 25
   Schwerpunkte im – 19
Brand- und Explosionsgefahr
   Beseitigung 28
Brand- und Explosionsschutz
   Maßnahmen des vorbeugenden – 28
Brandursachen 11 17 19
Brandverhalten
   von Gummierzeugnissen 80
   von Kunststoffen 79
Brandwache 28 34
Brandwarn- und -meldeanlagen 19 186 199
brennbare Flüssigkeiten 17 100 102 169 180

Verarbeitung 125
brennbare Gase 105 109 113
sicherheitstechnische Kennwerte 41
Brenner
  Sicherheitsmaßnahmen 108
  Undichtigkeiten 116
Brenngase
  Beispiele für Unfälle, Brände und Explosionen bei Spielereien mit – 114
  sicherheitstechnische Kennwerte 42
  Übertritt von – 116
Brennschneiden 41
  Gefährdungen und Sicherheitsmaßnahmen 45

Cadmium 21
chemische Industrie 100 147 152
Chrom 21

Dachpappe 163
Dämmstoffe 17 79 169 174
Dämpfe 100 102
Dampf-Luft-Gemische 125
Demontagen
  an Einbauten 164
  im Maschinen-, Anlagen- und Apparatebau 153
  von Heizungen 125
Detonation 10 105
Dichtigkeitsprüfung 117
  bei – erstickt 120
Dichtungen 107
Diemen 91
Dieselkraftstoff 182
Diffusion 147
Druckgasflaschen 33 40
  beschädigte – 200
  Brände von – 200
  Sicherheitsmaßnahmen 108
  Transport 24
  Umgang 106
  undichte – 200
Druckminderer
  Brand eines – 111
  eingefrorene – 33
  Sicherheitsmaßnahmen 108
Druckstöße 117
Druckwellenrichtung 106

Einstellen-Schweißanlage 34
Einweisungen 31 142

elektrische Gefährdung
  Arbeitsbedingungen bei erhöhter – 55
elektrischer Strom
  Arbeitsunfälle durch – 20
  Auswirkungen auf den menschlichen Körper 54
  Beispiele für Unfälle, Brände und Explosionen 57
  Einwirkungen 24 57 59
  Gefährdungen durch – 54
  Sicherheitsmaßnahmen 56
  Unfälle durch – 54
Elektrodenhalter 34 56
  Brände durch falsche Ablage des – 57
Elektrodenhalterkabel 33
Elektroinstallation
  in Spritzräumen 63
Elektroisolationsmaterial 79 82 84
Elektroschlackeschweißen 49
elektrostatische Entladungen 62
  von Füllmasseteilchen 111
Energie
  kinetische – von Rostteilchen 117
  kinetische – von Schmutzteilchen 117
Energiewirtschaft 141 143 145
enge Räume 30 174
  Arbeiten in – 33 34
  Erlaubnisschein für Arbeiten in – 37
  Sauerstoffanreicherung 24
  Sicherheitsmaßnahmen beim Befahren von – 36
Entstehungsbrände 33 73
Entwickler 106
  Aufstellen 109
Entwicklungstendenzen der Brände 11
Entzündbarkeit von Stoffen 26
Entzündung
  eines ausgebauten Kraftstoffbehälters 181
  eines Holzbalkens durch Wärmeübertragung 74
  eines Isolationsmaterials einer Kälteanlage 82
  eines verdeckten Holzbalkens 189
  ölgetränkter Sägespäne 77
  von Altpapier 88
  von ausströmendem Wasserstoff 149
  von Farbe in einer Hobbywerkstatt 195
  von Gummimaterialien 84
  von Hartfaserplatten 77
  von Holzwolleballen 75

von Holzwolle im Dachbodenbereich 74
von Isoliermaterial in einer Wand 170
von Kabeln in einem Kabelkanal 139
von Kraftstoffrückständen 182
von Raumtextilien 97
von Schwefelkohlenstoff 102
von Stoffballen 96
von Teer 69
von Torf 71
von Verpackungsmaterial an einer Abfüllanlage 149
Erdgas 41
Erlaubnisschein
   für Änderungs- oder Instandhaltungsarbeiten 39
   für Arbeiten in Behältern und engen Räumen 37
   siehe auch Schweißerlaubnisschein
Erstickungsgefahr 41
E-Schweißen 47
Evakuierung 200
exemplarische Methode 32
explosibles Gemisch 26 100 157
Explosion 10 26 105
   an einer Flammspritzanlage 64
   beim Schweißen an einem ausgebauten Kraftstofftank 182
   durch Wasserstoffbildung infolge Korrosion 150
   in einem Getränkekombinat 166
   in einem Kesselwagen 175
   einer Sauerstoffringleitung 119
   einer undichten Acetylenrohrleitung 110
   eines Fasses 172
   eines Öltanks 178
   eines Sauerstoffschlauches 116 119 177
   eines Tanks 148
   in einem Elektromotor 150
   in einem Transformatorenbehälter 144
   von Kohlenstaub 66
   von Lösungsmitteln 103
   von Luftballons 112
Explosionsgefahr 100 199
   von Acetondämpfen 103
explosionsgefährdete Arbeitsstätte
   Möglichkeiten für gefahrloses Schweißen in – 197
explosionsgefährdete Bereiche 28 30
Explosionsgefährdungen 41
   Klassifizierung 27
Explosionsschutz 25

Fahrlässigkeit 106
Fahrstuhlschächte 185
Faktoren
   subjektive – für Brände 9
Farbcontainer 160
Farbe 101 157 184 193
Fasern
   synthetische – 96
Felle 95 98
Fett 100 107 120 184
   Pyrolyseprodukte 167
Feuerlöschanlagen 19 199
Feuerlöschgeräte 19 28 73 84 91 199 201
Feuerlöschgerätetafel 204
Feuermelder 200
Feuerpatsche 201
Feuerübersprung 26 79 98
Flächentrockner
   propangetriebener – 109
Flammen 17 44
Flammenbrand 26 71 74 92
Flammenfront 106
Flammengeschwindigkeit 106
Flammenrückschlag 33 68 112 116 177 195 200
   beim Auftauen eines Preßlufthammers 111
   Brand infolge eines – 135
   infolge elektrostatischer Aufladung von Füllmasseteilchen 111
Flammpunkt 17 101
   von Trennmitteln 12
Flammrichten 53
Flammspritzanlage
   Explosion an einer – 64
Flammspritzen 63
Flammstrahlen 53
Flammwärmen 53
Flaschenbrand 196
Flash-over siehe Feuerübersprung
Fluoride 21
Fluorwasserstoffsäuregemisch 148
Flüssiggas 41
Folgeschäden 9 16
Fördergeräte 137 138 143
Fördervorrichtungen 184
   Instandsetzungsarbeiten 185
Forstwirtschaft 132 136
Freizeitbereich 193 196
Frischluftzufuhr 32
Füllmasseteilchen 107

elektrostatische Aufladung 111
Funken
  Arbeitsunfälle durch – 20
Futtermittel 91 94 132

Gangbarmachen
  von Schraubenverbindungen 180
Garn 95 98
Gasentnahmestellen 33
Gasrohre 142
Gasschläuche 107
  Ausbessern 107
  Sicherheitsmaßnahmen 108
  Umgang mit – 109
  Undichtigkeiten 107
Gasschweißen 53
  Gefährdungen und Sicherheitsmaß-
    nahmen 45
Gasversorgungsstellen 33
Gebäude
  Brandauswirkung auf – 27
Gebrauchsvorschrift 33
Gefährdungen
  arbeitsbedingte – 36
  bei der Kraftfahrzeuginstandhaltung 180
  beim Abbrennschneiden 52
  beim Brennschneiden 45
  beim Gasschweißen 45
  beim Gießschmelzschweißen 50
  beim Heißgasschweißen 54
  beim Lichtbogenschweißen 48
  beim Widerstandspunktschweißen 52
  Brand- und Explosions – 41
  durch elektrischen Strom 54
  im Anlagenbau 153
  im Apparatebau 153
  im Bauwesen 125
  im Bergbau 136
  im Bildungswesen 187
  im Freizeitbereich 193
  im Gesundheitswesen 187
  im Hobbybereich 193
  im Maschinenbau 153
  im Nachrichtenwesen 173
  im Schiffbau 155
  im Transportwesen 172
  in der chemischen Industrie 147
  in der Energiewirtschaft 141
  in der Forstwirtschaft 132
  in der Industrie 162
  in der Landwirtschaft 132

  in der Metallurgie 136
  in Handelseinrichtungen 184
  in Handwerksbetrieben 169
  in kulturellen Einrichtungen 187
  in verschiedenen Bereichen der Wirt-
    schaft und Gesellschaft 124
  materialtypische – 61
  spezifische – in der Land- und Forstwirt-
    schaft 132
  verfahrenstypische – 41
Gefährdungsanalysen 31
Gefahrklasse
  von Trennmitteln 126
gefahrloses Schweißen 197
Geldbuße 30
Gerätedefekt 33
Gerüste 153 159
Gesundheitsgefährdungen 20 22
Gesundheitsschädigungen 20
  durch infrarote Strahlung 20
  durch Kälte 24
  durch Schweißrauch 20
  durch ultraviolette Strahlung 20
Gesundheits- und Arbeitsschutz 20
Gesundheitswesen 187 191
Getreide 91 132
  Zündtemperaturen 91
Gießschmelzschweißen 174
  Gefährdungen und Sicherheitsmaß-
    nahmen 50
Glas 184
Glimmbrand 25 92 142 185
Gras 144
Großbrände 15
Großhandelseinrichtungen 184
Gummiabrieb 80 84
Gummibelag 176
Gummierzeugnisse 80
  Brandverhalten 80
  Heizwert 80
  Zündtemperatur 80

Haare 95 96 98
Hafen
  mit Ölumschlag 174
Halogenkohlenwasserstoffe 22
Halonlöscher 202
Handelseinrichtungen 184
Handelsgenossenschaften 184
Handfeuerlöscher 201
Handwerksbetriebe 169 172

Harz 72
Hautschädigungen 23
   durch Strahlung 23
Hautverbrennungen 116
Havarieschäden 9
Heimwerker 194
Heißgasschweißen
   Gefährdungen und Sicherheitsmaßnahmen 54
Heizung
   Demontagen 125
   Reparaturen von – in Handelseinrichtungen 185
Heizungsanlage 73 162
Heizungsinstallation 125
   in Handwerksbetrieben 169
Heizwert
   von Gummierzeugnissen 80
Heling 155 157
Heu 91 94 132
   Zündtemperatur 91
Hobbybereich 193 196
Hobbywerkstätten 193 195
Hobelspäne 72
Holz 71 73 77 126 132 157 162 164 169 193
   Pyrolyse 72
   Zündtemperatur 71
Holzrüstung 154 159
Holzspäne 71
Holzstaub 72
   Konzentrationen 72
   Zündtemperatur 72
Holzwolle 71 73 77 163 166
Holzwolle-Leichtbauplatten 72 77 126
hybrides Gemisch 27 62
Hydraulikanlage 175
   Instandsetzung 175
Hydrauliköl 100 138 175

Imprägniermittel 72
Industrie 162 167
Instandhaltung
   der Acetylenentwickler 109
   von Kraftfahrzeugen 180
Instandhaltungsarbeiten
   Erlaubnisschein 39
Instandsetzungsarbeiten 67
   an einer Hydraulikanlage 175
   an Fördervorrichtungen 185
   Brand bei – 17
   im Bauwesen 125

   in der chemischen Industrie 147
   in einem Tender 177
   in Handelseinrichtungen 185
   von Arbeitsmitteln 125
   von Kraftfahrzeugen 126 132
Irrströme 24 47 57
   Brand durch – 134
Isolierlack 150
Isoliermaterialien 17 170
Isolierung
   von Kabeln 174
Isolierungsmaterial 82
   Brandausbreitung über – 189

Kabel 139 174
   Isolierung 174
Kabelverbinder 33
Kälte
   Einwirkung von – 24
Kaminwirkung 138
Karosserie 180
Kartonagen 86 89 169
Kaufhallen 184
Kaufhäuser 184
   Brand eines – 185 186
Kentern 157
   der Truppentransporter „Lafayette" und „Sirius" 158
Kinos 187
Kirchen 187
Klebemittel 72 84 100
Kleinlöschgeräte 201
Kohle 66 68 70 142
   sicherheitstechnische und energetische Kennwerte 67
Kohlendioxid 117
Kohlendioxidlöscher 203
Kohlenmonoxid 21 165
Kohlenstaub 66 142
   Ablagerungen 68
   Aufwirbelung 69
   Explosionen 66
   Verpuffung 68
Kohlenwasserstoffdämpfe 198
Koksstaub 84
Kokstransportband 84
Konservierungsmittel 180
Konstruktionsteile
   Richten von – 180
Kontrollabstände 35
Kontrollzeit 35

Kornspeicher 132
Körperschutzmittel 24 33 56
Korrosion 109 110 129 147 150
Kosmetika 184
Kraftfahrzeug
   Instandsetzung 126 132
Kraftfahrzeuginstandhaltung 180
Kraftfahrzeugwerkstätten 180
Kraftstoff
   ausfließender – 159
   Reste 180 182
Kraftstofftanks 35 180 182
Krankenhäuser 187 189
Kriminalstrafe 30
Kübelspritze 201 203
Kühlhäuser 184
kulturelle Einrichtungen 187
Kunststoffe 79 82 85 153 162 169 174 184
   Brandgefährlichkeit 79
   Brandverhalten 79
   Pyrolyse 79
   sicherheitstechnische Kennwerte 80
Kurzschlüsse 56

Lacke 72 171
Lackiererei 103 171
Lagerwirtschaft 91
Land- und Forstwirtschaft 132 136
Land- und Nahrungsgüterwirtschaft 91
Lebensmittel 91 94
Leder 95 98
Leichtbauplatten 71
Leitungsverbindungen 56
Lichtbogen 17 47
Lichtbogenschweißen 47
   Gefährdungen und Sicherheitsmaß-
   nahmen 48
Lichtbogenspritzen 63
Löschwasserentnahmestellen 199
Lösungsmittel 81 100 103 157 184
Lösungsmitteldämpfe 80 104
Löten 53 125
Lötgeräte
   Ablage 34
Lötlampe 195
Luftanalyse 35
Luftballon
   explodierende – 112

Mähhäcksler 112
Maschinenbau 153 156

Maßnahmen
   des vorbeugenden Brand- und Explosionsschutzes 28
   für den Brandfall 199
   in der Schweißgefährdungszone 19 34
   nach Beendigung der Arbeiten 34
   vor Beginn der Arbeiten 32
   vorbeugende – 199
   während der Arbeiten 33
Materialeinlagerungen
   in rohbaufertigen Gebäuden 81 86
materialtypische Gefährdungen 61
   Bitumen 66
   brennbare Flüssigkeiten 100
   brennbare Gase 105
   Dämmstoffe 79
   Dämpfe 100
   Elektroisolationsmaterial 79
   Felle 95
   Futtermittel 91
   Garn 95
   Haare 95
   Heu 91
   Holz 71
   Holzspäne 71
   Holzwolle 71
   Holzwolle-Leichtbauplatten 72
   Kartonagen 86
   Kohle 66
   Kunststoffe 79
   Lebensmittel 91
   Leder 95
   Metallstaub und -späne 61
   Papier 86
   Pappe 86
   Pflanzen 91
   Sauerstoffmangel 115
   Sauerstoffüberschuß 115
   Stroh 91
   Teer 66
   Textilien 95
   Torf 66
   Wolle 95
Mauerdurchbrüche 87
Mehrstellen-Schweißplätze 34
Metallperlen 44
Metallspritzen 47 53
Metallspritzwerkstätten 61
Metallstaubexplosionen 61
Metallstaub und -späne 61 64
Metallurgie 136 140

Metallwaren 184
Methan 41
Mindestzündenergie 27
Mineralfaserplatten 80
Montagebaustellen 120 155
Montagen
  im Maschinen-, Anlagen und Apparatebau 153
Mühlen 132
Museen 187

Nachkontrollen 19 34 67 69 73 92 125 142 188
Nachrichtenmaterial
  Lagerung 174
Nachrichtenwesen 173 175 179
Netzseite 56
Nickel 21
nitrose Gase 21
  Arbeitsunfälle durch – 20
Nulleiter 58
  thermische Überlastung 47 57

Öffnungen
  Abdichten 28 87 142
  beim Neubau von Schiffen 157
  in Decken 125 162 169
  in Wänden 125 162 169
  nicht abgedeckte – 128
Öl 101 107 120 132 144 157 162 174
Ölpapier 86
Ölrückstände 103 166 180 184
Ozon 21

Papier 86 89 169 184
  Abfälle 87 184
Pappe 86 89 184
Parameter
  arbeitsspezifische – 17
  brandspezifische – 17
  organisationsspezifische – 17
  stoffspezifische – 17
  verfahrenstypische – 17
Pech 109
Pelze 95
Pflanzen 91 94
Pflegeheime 187
Phosgen 22
Phosphin 22
Phosphorwasserstoff 22
Plasmaspritzen 63

Polyethylen 79 154
Polystyren 80
Polyurethanschaum 154
private Arbeiten 195
Produktionsanlagen 162
Propan 41
  Ansammlung 110
Propangaslötgeräte 53
prospektive Methode 31
Pulverlöscher 98 202
PUR-Isolierung 154
PUR-Schaumstoff 82
Putzlappen 160
Putzwolle 95
PVC-Abfälle 84
Pyrolyse 25
  von Bitumen 71
  von Holz 72
  von Kunststoffen 79
Pyrolysegase 22 79
  Entstehung 71
Pyrolyseprodukte 25
  von Anstrichstoffen 150 155
  von Fett 167
pyrophor 61

Rauch 25 181
Rauchabzugsklappen 199
Rauchen 117
Rauchverbot 117
Raumausstattung 126
Raumlüftung 22
Raumzellen 129
rechtliche Folgen 30
rechtliche Sanktionen 19
Reibung 117
Reinigungsmittel 101
Rekonstruktion 125
  Brände bei – 17 138
Rekonstruktionsarbeiten 96
  im Bildungswesen 187
  im Gesundheitswesen 187
  in der chemischen Industrie 147
  in der Energiewirtschaft 141
  in der Industrie 162
  in kulturellen Einrichtungen 187
Reparaturarbeiten
  an Fahrzeugen 96 100 180
  an Tanks 198
  auf dem Feld 132
  im Bauwesen 125

im Bildungswesen 187
im Gesundheitswesen 187
im Schiffbau 155 157
in der chemischen Industrie 147
in der Energiewirtschaft 141
in der Industrie 162
in der Land- und Forstwirtschaft 132
in Handelseinrichtungen 185
in Handwerksbetrieben 169
in kulturellen Einrichtungen 187
Restarbeiten
   im Rohbauprozeß 125
Restgefährdungen 32 35 96
retrospektive Methode 31
Rettungseinrichtungen 199
Risse 87
Rohbau 125
   Restarbeiten 125
rohbaufertige Gebäude 81 87 125 128 174
Rohrleitungssystem 109
Rolltreppen 184 186

Sägespäne 72 77
Sanktionen
   rechtliche – 19
Sauerstoff 41 118 121
   Ablassen von – 116
   Ausströmen von – 116
   Eigenschaften 115
   Gehalt 115
   Konzentration 115
   sicherheitstechnische Kennwerte 42
   Spielerei und Neckerei mit – 117 120
   unkontrolliertes Austreten von – 119
   unzulässige Verwendung 117
   Verbrennungseigenschaften 116
Sauerstoffanreicherungen 33 41 174 188
   in der Arbeitskleidung 33 116 119
   in einer Grube 120
   in engen Räumen 24
Sauerstoffdruckminderer 107
Sauerstoffflasche
   Zerknall 118
Sauerstoffgasometer 118
Sauerstofflanzen 137 139
   Arbeitsunfälle durch – 20
   Sauerstoffmangel 44 115
   Wirkungen 116
Sauerstoffrücktritt 106
Sauerstoffschläuche 33
   Explosion 116 119 177

Sauerstoffüberschuß 115
   Arbeitsunfälle durch – 20
   Wirkungen 116
Sauerstoffwerk 118
Sauerstoffzelt 188
Schadenersatz 105
Schadstoffe 22
Schaumlöscher 98 203
Schaumstoffe 96 184
Scheunen 91 132
Schichtregime 124
Schiff
   Stabilität 157
Schiffbau 155 158 161
Schilf 91
Schilfmatten 163
Schindeln 163
Schlackespritzer 47
Schlauchexplosion 195
Schlauchverbindungen 107
   Undichtigkeiten 116
Schlösser 187
Schmiedekohle 171
Schmiermittel 174
Schmieröl 100 138
Schmutzansammlungen 184
Schneidstromzuführung 56
Schraubenverbindungen
   Gangbarmachen 180
Schrott-Brennschneidarbeiten 138
Schutzgas 117
   Argon 117
   Kohlendioxid 117
   Stickstoff 117
Schutzleiter 56
Schutzleitersystem 174
   Überlastung 25
Schwefeldioxid 102
Schwefelkohlenstoff 102
Schweißarbeitsplätze
   mobile – 124
   stationäre – 124
Schweißberechtigung 19 28
Schweißbrände 10 41
Schweißbrennerflamme
   Temperaturen in der Nähe einer – 44
Schweißerlaubnis 19
   Erteilung 28
Schweißerlaubnisschein 10 29 33
Schweißgefährdungszone 10 17 32 125 142

Sicherheitsmaßnahmen in der – 19 34
Schweißkabel
   Unfall infolge Beschädigung eines – 58
Schweißrauch 174
   Bestandteile 21
   Einwirkung von – 21
Schweißspritzer
   Arbeitsunfälle durch – 20
Schweißstromquellen 34
Schweißstromrückfluß 58
Schweißstromrückleitung 47 56 58 133 174
Schweißstromzuführung 56
Schwelbrand 25 26 66 69 74 81 91 96 98 142 185 188
Schwelgase 92
Selbstentzündung 61
   von Öl durch Sauerstoff 120
Sicherheitseinrichtungen 107
Sicherheitsleine 40
Sicherheitsmaßnahmen 28 31 32 33
   bei Arbeiten in Behältern mit gefährlichem Inhalt 35
   beim Abbrennschneiden 52
   beim Befahren von Behältern und engen Räumen 36
   beim Brennschneiden 45
   beim Gasschweißen 45
   beim Gießschmelzschweißen 50
   beim Heißgasschweißen 54
   beim Lichtbogenschweißen 48
   beim Widerstandpunktschweißen 52
   für Brenner 108
   für Druckgasflaschen 108
   für Druckminderer 108
   für Gasschläuche 108
   für spezifische Bedingungen 35
   in der Schweißgefährdungszone 19 34
   zur Vermeidung von Gefährdungen durch elektrischen Strom 56
Sicherheitsposten 40
Sicherheitsrisiko 9
sicherheitstechnische Kennwerte
   von Aluminiumstaub 62
   von Aluminiumstaub-Wasserstoff-Luft-Gemischen 62
   von Brenngasen 42
   von Gasen 41
   von Kohle 67
   von Kunststoffen 80
   von Sauerstoff 42
   von Torf 67

Sicherheitsvorlage 112
Siedegrenzenbenzin 101
Silos 91 94
Sirenenauslösung 200
Sogwirkung 82
Spalten 87
Spanbildung 117
Spanplatten 72
Speicher 132
Sperrholzplatten 176
Spielerei
   mit Brenngasen 114
   mit Sauerstoff 117 120
Spinnweben 73 92 133 184
Sprayflaschen 186
Sprinkleranlage 186
Spritzkabine 63
Spritzräume
   Elektroinstallation 63
Spritzwerkstätten 63
Stadtgas 41
Ställe 132 134
Stärkestaub 91
Staubablagerungen 162
Staubexplosion 142
Staubexplosionsgefahr 61 143
Stickstoff 117
   Anreicherung 121
Stickstoffoxide 21
Störung
   Verhalten bei – 109
Strahlung 23
   Arbeitsunfälle durch – 20
   Einwirkung von – 23
   Hautschädigungen durch – 23
   infrarote – 20 23
   ionisierende – 23
   ultraviolette – 20 23 134
   Verblitzen der Augen durch – 23 134
Stroh 91 93 132 163
   Brandausbreitung über – 92
   Zündtemperatur 91
Strohmatten 91
Stromfluß durch den Körper 54
Stromquelle 56
Sturz von Personen 24
subjektives Fehlverhalten 56

Tank 151 154
   Reparaturarbeiten 198
Tankexplosionen 148

Teer 66 67 70 100
Entzündung 69
Temperaturfelder 47
Tender
   für Dampflokomotiven 177
Textilien 95 98 169 174 180 193
   Brennbarkeit 95
   in Fahrzeugen 181
   technische – 95
Theater 187
thermische Verfahren 124
Tiere 57 92 96 132
Torf 66 68 70
   Entzündung 71
   sicherheitstechnische und energetische Kennwerte 67
Transportgüter 174
Transportwesen 173 175 179
Treibstoff 100 132 174
Trennmittel 126
   Flammpunkt 126
   Gefahrklasse 126
Trockenabscheidung 63

Übergabebestätigung 73
Überlastung
   des Schutzleitersystems 25
   thermische – eines Drahtes 134
   thermische – von Nulleitern 47 57
Übernahmebestätigung 73
Umweltschädigungen 147
Undichtigkeiten 52 116
   von Brennern 116
   von Gasschläuchen 107
Unfälle
   bei der Anwendung von Sauerstoff 139
   durch elektrischen Strom 54
   durch explodierende Luftballons 112
   durch Explosion eines Fasses 194
   durch Waschbenzin 135
   durch Waschbenzindämpfe in der Arbeitskleidung 104
   in einem Tender 177
   in einer Säuglingsstation 188
   infolge Beschädigung eines Schweißkabels 58
   infolge Mißachtung des Rauchverbots 118
   mit Propan 109
Unterboden von Fahrzeugen 180
Unterpulverschweißen 49

Untertage 137
Unterweisungen 19 31 36 125 142
   exemplarische Methode 32
   fachspezifische – 32
   Plan 31
   prospektive Methode 31
   retrospektive Methode 31
   Zyklus 31
Unterwuchs 144
Ursachen der Brände 11
   charakteristische – 17 19
Ursachengefüge 17 153
Ursachenfaktoren 17
Ursachenketten 17

Verblitzen der Augen 23 132
Verbrauchsgeräte der Autogentechnik 33
Verbrennung
   durch Austreten von Sauerstoff 160
Verbrennungseigenschaften
   von Sauerstoff 116
Verbrennungsgeschwindigkeit 116
Verbrennungsprodukte 128
Verbrennungsreaktion 25
   Voraussetzungen 25
Verbrennungstemperatur 116
Verdünnung 100 193
Verfahren
   thermische – 124
verfahrenstypische Gefährdungen 41
   Abbrennstumpfschweißen 49
   Brennschneiden 41
   Elektroschlackeschweißen 49
   Flammrichten 53
   Flammstrahlen 53
   Flammwärmen 53
   Gasschweißen 41
   Lichtbogenschweißen 47
   Löten 53
   Metallspritzen 53
   Unterpulverschweißen 49
   Widerstandspunktschweißen 49
Vergiftungen 147
   mit Ammoniak 83
Verhalten
   bei Störungen 109
   im Brandfall 199
Verkaufsstellen 184
Verkehrsbau 67
Verkohlung
   von Puffreis 94

Verletzungen
  durch um- oder herabfallende Arbeits-
  gegenstände 24
Verpackungsmaterial 86 88 149 153 162
Verpuffung 10 26 105
  bei der Reparatur eines Betonmischers
  129
  beim Schweißen eines Behälters 155
  in einem Kamin 195
  in einer Niederdruckgasleitung 143
  von Kohlenstaub 68
Verschleiß 109
Verschrottungsarbeiten 119
Verwaltungszwang 30
verwandte Verfahren 53
  Flammrichten 53
  Flammstrahlen 53
  Flammwärmen 53
  Löten 53
  Metallspritzen 53
Verwarnungsgeld 30
Vogelnester 73
Vorfertigung 125

Wanddurchbrüche 87 142
Wärme
  Arbeitsunfälle durch – 20
  Einwirkung von – 24
wärmeableitende Pasten 73 163
Wärmedämmstoffe 157
Wärmequellen 17
  Flammen 17
  Lichtbogen 17
Wärmeschutzfolien 73 163
Wärmestau 17
Wärmeübertragung
  Entzündung eines Holzbalkens durch –
  74
  Entzündung von Isoliermaterial durch –
  170
  in Rohren 163
Wartung 52 57 120

von Acetylenentwicklern 109
Waschbenzin 100 104 129 132 135 157 166
193
Wassereimer 201
Wasserlöscher 203
Wasserschäden durch Löscharbeiten
185 189
Wasserstoff 41 149
Wegeunfall 105
Werkstätten 132
Werkstattwagen 132
Wertkonzentration 124 184
Widerstanderwärmungen 56
Widerstandspunktschweißen 49
  Gefährdungen und Sicherheitsmaß-
  nahmen 52
Winkelschleifer 126
Wirbelnaßabscheider 63
Witterungsschutz 32
Wohnungsbrand durch Entzündung von
  Papptafeln 88
Wolle 95

Zelluloid 166
Zeltplanen 154
Zerknall einer Sauerstoffflasche 118
Zink 21
Zinkspritzen 63
Zinkstaub 61
Zündenergie 116
Zündquelle 9 17
Zündtemperatur 25 27 102 115
  von Getreide 91
  von Gummierzeugnissen 80
  von Heu 91
  von Holz 71
  von Holzstaub 72
  von Stroh 91
Zündverhalten 25
Zwangsbelüftung 185
Zwangspositionen
  Arbeiten unter – 24 77